2023
室内设计论文集

中国建筑学会室内设计分会　编

2023

INSTITUTE OF

INTERIOR

DESIGN

JOURNAL

U0173208

中国水利水电出版社
www.waterpub.com.cn
·北京·

内 容 提 要

本书为中国建筑学会室内设计分会2023年年会论文集，共收录论文41篇，内容包括建筑设计、景观设计和室内设计的设计理论探讨、设计方法总结、设计案例分析、项目实践经验分享等，涉及中国优秀传统设计文化传承、设计教育改革、历史建筑室内空间环境解析、艺术与技术融合、空间设计创新、新型材料应用等论题。

全书内容丰富，图文并茂，可供建筑设计师、室内设计师阅读使用，还可供室内设计、环境设计、建筑设计、景观设计等相关专业的高校师生参考借鉴。

图书在版编目（CIP）数据

2023室内设计论文集 / 中国建筑学会室内设计分会编. -- 北京 ：中国水利水电出版社，2023.12
ISBN 978-7-5226-1825-8

Ⅰ. ①2… Ⅱ. ①中… Ⅲ. ①室内装饰设计－文集
Ⅳ. ①TU238.2-53

中国国家版本馆CIP数据核字(2023)第221023号

书 名	**2023 室内设计论文集** 2023 SHINEI SHEJI LUNWENJI	
作 者	中国建筑学会室内设计分会　编	
出版发行	中国水利水电出版社 （北京市海淀区玉渊潭南路1号D座　100038） 网址：www. waterpub. com. cn E - mail：sales@mwr. gov. cn 电话：(010) 68545888（营销中心）	
经 售	北京科水图书销售有限公司 电话：(010) 68545874、63202643 全国各地新华书店和相关出版物销售网点	
排 版	中国水利水电出版社微机排版中心	
印 刷	清淞永业（天津）印刷有限公司	
规 格	210mm×285mm　16开本　13.5印张　540千字	
版 次	2023年12月第1版　2023年12月第1次印刷	
定 价	**98.00**元	

目　录

艺术与科技——基于"平台＋模块"跨学科课程体系的设计教育模式 ………………………………………… 1

基于空间句法的高校图书馆空间分析研究——以大连理工大学令希图书馆为例 …………………………… 7

基于时间媒介化对视觉空间设计的思考 …………………………………………………………………………… 13

阳泉市辛兴村公共空间优化策略研究 ……………………………………………………………………………… 16

类型学归纳下的清代帝陵布局与建筑形制设计研究 ……………………………………………………………… 20

基于 Ladybug Tools 的乡村民居风环境研究——以贵州省黔东南苗族侗族自治州南花村苗族

民居为例 ……… 26

乡土建筑遗产活化利用视角下吕祖庙公共空间活化研究 ………………………………………………………… 32

近代重庆江北公园变迁与城园互动关系初探 ……………………………………………………………………… 36

山地传统民居生态营建经验启示——以重庆龙兴古镇刘家大院为例 …………………………………………… 40

高校非正式学习空间无效座位研究——以华东理工大学奉贤校区第一食堂非正式学习区为例 …………… 45

新技术赋能集团办公空间升级改造 ………………………………………………………………………………… 50

当代公共文化空间室内设计研究——以平凉市博物馆为例 ……………………………………………………… 56

对环境设计专业实践教学的探索与思考 …………………………………………………………………………… 65

民俗文化在西双版纳傣族民居中的体现 …………………………………………………………………………… 72

结构式并置——战争博物馆展陈空间设计策略探析 ……………………………………………………………… 75

从文化因子到"面-线-点-体"体系谈北京市轨道交通线网车站装修概念设计规划的工作方法 ………… 81

志愿与共议互助协议——大连城市边缘环境集约性治理应用与研究 …………………………………………… 87

亲生物地域文化设计的语言转译、设计特征及疗愈作用 ………………………………………………………… 93

澳大利亚 Christie Walk 公共屋顶花园营建策略对我国社区花园低碳建设的启示 …………………………… 97

城市针灸理念下大学校园消极空间活化策略研究——以福州大学旗山校区绿地空间为例 ………………… 101

基于视知觉理论的非线性建筑的体验与分析——以扎哈·哈迪德作品为例 ………………………………… 107

对批判地域主义的认知与思考——以刘家琨建筑作品为例 …………………………………………………… 112

浅析中国传统檐下空间及其在当代建筑中的应用 ……………………………………………………………… 117

情境化消费场景空间的设计特征研究 …………………………………………………………………………… 122

基于适老化理念下医院门诊部公共空间无障碍环境设计研究 ………………………………………………… 126

协同共营：古村落保护与发展 …………………………………………………………………………………… 131

基于环境行为学的校园台地空间设计——以重庆某大学校区为例 …………………………………………… 135

为妇女和儿童设计——以西北妇女儿童医院二期项目设计为例 ……………………………………………… 139

基于场所记忆营造的长沙市靖港古镇再生策略研究 …………………………………………………………… 144

室内环境中标识显著性的影响因素综述 ……………………………………………………… 148

阶梯教室改造中的声光环境设计——以某阶梯教室为例 ………………………………… 154

城市商业广场声景观的舒适度评价及影响因素研究——以重庆市三峡广场为例 ………… 161

在地性理论在室内设计中的运用研究——以南泥湾劳模工匠学院为例 …………………… 167

预制混凝土挂板在室内空间设计中的应用研究 …………………………………………… 172

办公建筑室内装修中的消防常见问题 ……………………………………………………… 176

材质与建造：解读卒姆托建筑实践中的栖居 ……………………………………………… 179

基于老年人满意度的城市社区养老服务设施适老化设计 ………………………………… 183

《全本红楼梦》闺阁空间环境设计分析 …………………………………………………… 189

清代扬州茶肆空间环境营造研究 …………………………………………………………… 195

近代上海 Art Deco 风格公寓建筑及其室内界面装饰特征初探 ………………………… 201

精装修项目全过程设计模式分析研究 ……………………………………………………… 206

艺术与科技
——基于"平台＋模块"跨学科课程体系的设计教育模式

■ 董治年
■ 深圳清华大学研究院艺术与科技中心

摘要 在数字化时代，设计概念内涵拓展，学科跨界融合，艺术设计由基于物的设计转向基于策略的设计，现代科学技术的发展将艺术设计和人联系在一起，将科学技术、艺术设计和人三者相连。科学技术的快速发展为艺术设计的发展提供了技术要素基础，将技术设计与使用者更好地联通，也体现出设计的发展都是以为人民服务为基础的。为了加强环境设计学科艺术与科技交叉跨学科研究，促进可持续发展的生态意识教学，近年来，世界范围内的环境设计教育纷纷加强了对设计课程体系中可持续发展的生态意识教育。当代设计领域呈现交叉融合的设计趋势，目前设计学各专业门类也显现"跨越多个环节"的融合设计趋势，其核心要义是跨界共生，是一种建立在突破本学科内部诸多元素组成，并相互影响的同质跨界共生。设计学作为一门新兴的基于艺术与科学整体观念的交叉学科，很大程度上必须向"平台＋模块"跨学科课程体系的教学模式改革迈出第一步。

关键词 艺术与科技 乌尔姆系统设计理论 平台 模块 变革

1 艺术与科技：第三次产业革命带来的设计变革

随着我国制造业的迅猛发展，设计受到社会的广泛关注，尤其是随着制造业的转型升级，企业对设计的需求与日俱增。然而目前的设计教育却无法满足社会的需求。在高校教育系统里，每年有大量的设计专业学生毕业，然而面对企业巨大的设计人才需求，一些毕业生却无法顺利就业，只能改行。出现这种庞大的教育规模无法匹配巨大的人才需求的现象，原因很简单，那就是当前的设计教育模式无法大量培养出符合企业要求的专业设计人才，即我们的设计教育落后于实际需求。

科学技术包括自然科学和工程技术。艺术设计是功能与审美的统一。艺术设计的三要素是艺术、科学技术和人的需要。设计的基础是科学技术，设计是科学技术发展的重要组成部分，设计为科学技术服务。

不可否认，在数字化时代，设计概念内涵拓展，学科跨界融合，艺术设计由基于物的设计转向基于策略的设计，学界将多元价值观作为设计的探究对象，远远超越了原先对功能、空间、材料、构造、色彩等传统对象的研究探讨。参与性、动态、可视性、多视点性、共同性等全新的特征都协助环境设计本身有效地完成空间交流的目的、创造良好的环境体验。当然，这种体系的构建需要建筑学、环境设计、数字媒体艺术设计、传媒学、管理学、人类学、生物学、社会学、心理学、行为学等多学科多专业领域的知识。体验设计、虚拟设计为人们创造了超越空间、超越时间的全新的世界，人们可以交互式地探索全新生活方式的智能家居，也可以随意漫步在跨越时空的虚拟博物馆中，还可以根据个人的感官与情绪与环境景观进行互动……

设计不是美术，在艺术学学科门类中，设计学、美术学是并列的两个一级学科。艺术的概念与设计的概念有时很难区分，作为物，是不是艺术品全在于感觉，因人而异；但作为对设计品（或者工业品）或艺术品的认同却全然不同。如果作为一种行为方式的结果来分析，就得从创作动机和创作过程来分析。如果说艺术是一种社会的意识形态，它是观念形态的东西，与生活中物的形态设计的思维基点有很大的不同。我们既要看创作动机，也要看创作过程。如果从两者的差异着眼，可以看到两者的生成过程中起决定作用的东西有着质的差别，设计的生产过程虽离不开设计师的艺术思维和意识的控制，但思维的基点始终围绕着人，是人类的生活方式。数字化时代到来，彻底地置换了人们原有的观看事物以及由此产生的空间感受的主体经验。文艺复兴时期，透视法的发明可以看作对人类视界及经验模式的根本性革命，然而静态的表现方式与透视的科学性限制下的表达空间狭隘，都不能像电子传媒、虚拟现实与赛博空间那样在数字化时代将鲍德里亚的"拟像与仿真"论以当代的艺术与设计形式体现出来。进入21世纪，随着电子传媒技术的发展，人们对环境空间的探索重点从实体空间转向"第三种世界"——虚拟空间。

早在20世纪50年代，美国的Morton Heilig就成功地利用电影技术，通过"轮廓体验"让观众经历了一次沿着曼哈顿的想象之旅，虚拟现实技术进入探索阶段。直到20世纪80年代初，美国VRL公司的创始人Jaron Lanier正式提出了"virtual reality（虚拟现实）"一词[1]。"Virtual Reality"在中国被译作"灵境""幻真"，这就充分体现了这一高新技术通过计算机模拟产生一个虚拟三维空间的特征，其本质是模拟现实空间与环境的人工环境。与现实空间一样，虚拟空间也要给使用者提供一种其熟悉的在日常生活中的视觉、听觉、触觉等感官的感受，从而产生一种身临其境的感觉。绘画作为一种早期人类对虚拟现实的模拟形式，主要是以艺术再现的二维图面来模拟三维的空间感受与体验。可以说，以中国古典绘画作品《清明上河图》为代表的长卷式绘画，正是早期在农耕文明科技不发达时期，对现实生活的一种描摹，并最终使观看者有一种沉浸式的原始虚拟现实体验。《清明上河图》采用散点透视的构图法，在 5m 多长的画卷里，将繁杂的景物纳入统一而富于变化的图画中。图中通过二维绘画形式模拟的城市环境（如城郭、市桥、屋庐、草树、马牛、驴驼、舟车）以及居者、行者均形态俱备，内容极为丰富，生动地记录了中国 12 世纪城市生活的面貌。然而，作为一幅静默的在二维空间里显现的平面图画，在信息时代计算机虚拟现实技术出现的背景下，其信息传达的局限性也是显而易见的。在 2010 年上海世博会的中国国家馆的展示空间中，设计师运用数字化虚拟现实技术将《清明上河图》所描绘的北宋汴梁城的场景投影到 100 多 m 长的电子屏幕上，并通过多媒体手法让《清明上河图》中的 500 多个人物都动起来，使观众通过白天和晚上的不同场景领略到一个"活"的北宋汴梁生活场景（图 1）。设计师还利用视觉、听觉、触觉等感官模拟技术，使参观者在虚拟空间中体验到超现实的赛博空间带来的身临其境的仿真感觉。

现代科学技术的发展将艺术设计和人联系在一起，将科学技术、艺术设计和人三者相连。科学技术的快速发展为艺术设计的发展提供了技术要素基础，将技术设计与使用者更好地联通，也体现出设计的发展都是以为人民服务为基础的。当代社会的科学技术发展进步，使其与艺术设计的关系变得非常密切。在艺术设计领域，设计师们在设计的产品中显露了各种新的设计思潮与设计流派，为艺术设计的独立创新性实践开辟了新的路径。例如，布鲁塞尔原子球展览馆、悉尼歌剧院等现代建筑都是艺术设计和科学技术相结合的经典作品。这些作品融合了哲学思想、现代科技与艺术审美，产生了更为惊艳的视觉效果。就像著名华裔建筑师贝聿铭所说："建筑和艺术虽然有所不同，但实质上是一致的，我的目标是寻求二者的和谐统一。"

2 乌尔姆系统设计理论对现代设计的启示

乌尔姆设计学院创建于 1947 年，在批判性地继承了包豪斯的设计模式之后，针对生产方式的转变而化生出新的设计思维与设计量度，从手工艺思维转向以现代科技为基础的系统思维，运用多维思维体系应对大工业生产背景下的交叉系统。乌尔姆遵从系统论的设计原则，对设计进行全面整合，将设计发展成综合性的跨学科研究，并将系统设计理念发展为科学设计方法论。系统设计理念的关键在于综合不可思议的多样化，建立学科间的关联交叉，这与当下提倡的艺术与科技融合设计理念遥相呼应，由此可见乌尔姆前卫性的一面。

包豪斯的设计理念对中国工业化时期的设计作出过重大贡献，也符合大工业化的需求，降低了产品的生产成本。艺术设计专业与其他专业相比，从专业特性及教学模式而言，都更加注重理论与实践的结合，但我国传统的设计教学模式偏重于某一些形式美为特征的设计语言理论，与发达国家重视多学科跨界交融、强调以设计研究为特征教学的设计教育模式相比，理论与实践的结合不够紧密，这使得艺术设计专业学生毕业后无法更好地适应社会、提升自我，难以满足艺术设计专业学生的就业需求。

德国产业教育之父凯兴斯泰纳的教育理论是乌尔姆系统设计理论的思想来源，凯兴斯泰纳提倡教育的伦理性，通过社会实践结合学术科研建立职业技术学校，强调设计的社会性与民主性。受工业革命的影响，凯兴斯泰纳将学校的工作场所与科学实验室连接起来，结合劳作与方法性原则，将理论与设计实践进行整合，开创系统设计的理论先河。这也是在大工业背景下，乌尔姆设计学院一直与布朗等企业保持密切联系的原因所在。由

图 1 《清明上河图》静态与动态虚拟环境展示对比

此而产生的乌尔姆通识教育理论也并不强调对某一领域专业人才的培养，而是通过对社会科学及人文科学的思维理念进行系统整合，建立各学科间的关联，进而培养设计师的系统思维能力。

根据国外设计学院教学的先进经验，艺术设计专业在高年级设计实践阶段采用的工作室制教学模式比传统授课教学模式有明显的优势，前者能将理论知识和实践有效地结合在一起，调动学生和教师的最大主观能动性，体现以人为本的教育理念，充分发挥学生的设计综合能力，符合现代社会对人才培养的要求。早在 20 世纪初期，工作室制艺术设计教育在西方国家就已形成并发展起来，现在我国国内在开始尝试工作室制教学模式的高校也已经不少，清华大学、江南大学、同济大学等率先改革的高校已经取得了不少经验成果。艺术设计专业教学目标是培养学生的想象力、执行力和创造性思维能力。在实际教学中，教师常会给学生讲解一些基础设计方法和设计技能，让学生在此基础上进行相应训练，使学生具备一定的设计素质，以更好地融入社会。就现在我国大部分院校的教学状况来看，艺术设计专业已初步形成分班、分段的授课模式。然而，这种教学模式在长期实践中却出现了一系列的问题：各课程出现了各自为政的现象，使各学科之间不能有效地联系在一起；不同教师模块式的授课形式，使得不同模块之间不能形成有效的衔接，科学性和条理性也得不到保证。这些年来，我国各高校虽然对艺术设计专业教学模式和教学方法进行了多次改革和创新，但仍无法全面提高艺术设计专业的学生质量。而在毕业设计阶段引入工作室制教学模式，在一定程度上解决了上述问题。其最大的特点就是将基础理论与社会实践紧密结合在一起，学生在掌握理论知识的同时，也要参加社会实践。在毕业设计阶段教学过程中，工作室导师需要充分发挥其主观能动性，将自己的学术思想、实践经验和良好思想品质融入教学中，并帮助学生确立专业计划和自身发展方式，使学生在潜移默化中学会知识、运用知识。

3 环境设计专业学科艺术与科技交叉跨学科研究

为了加强环境设计学科艺术与科技交叉跨学科研究，促进可持续发展的生态意识教学，近年来，世界范围内的环境设计教育纷纷加强了对设计课程体系中可持续发展的生态意识教育。国内的清华大学、东南大学、同济大学、中央美术学院、江南大学等高校率先进行了可持续环境设计研究性设计教学改革的大胆尝试，可以看到，我国高校环境设计学科已开始陆续对以往传统经验性的教学模式进行反思，逐步开始探讨和实践可持续发展思维课程教学改革与研究开发。值得庆幸的是，我们国内的环境设计教育中对于设计的"研究"正在呈现出良好积极的开拓局面，例如上海交通大学设计课程中以 workshop 的方式提出以"巴比伦塔"为概念，要传达出可持续发展的思想的设计竞赛。其中一组同学以关键词"可

持续发展（sustainable development）""当地材料（local materials）""事件（event）""快速建造（quick construction）"为设计切入点，选定上海交大原有的一条商业街（因为一些原因已拆除了）作为一个珍贵的记忆，以新的形式恢复，并赋予其新的内涵。设计组进行调研、分析、研究后，确定了"巴比伦塔"设计不是一定要造一个塔，而可以是设计一个不同的人进行交流、活动的地方的解题思路。塔的形式来源于水果筐。水果筐适合受压，不适合受拉。拱的形态非常符合这种特性。然后以拱为基本单元，发展出一套能够随基地地形不同而随意变化的形态。节点选择了可以方便调节和允许一定的变形且价格低廉的白色绳套这种柔性的材质。材料使用水果筐这种常见的"成品材料"，建造过程中不易损坏，拆了之后还能完好无损地继续使用（图 2）。这一课程最终实现了设计教育研究从创意到可持续发展理念的实践实验。这种建立在"研究"基础上的设计教学与实践，在传统设计要求的形态、色彩、空间、构造等基础要求上又加入了可持续环境伦理为指导的设计思想，把对自然资源的开发利用和减少废物排放提高到环境伦理道德高度上，并将重点放在调节人类与自然生存环境系统的道德行为关系上，即是以思考解决人类在生存发展过程中怎样善待自然生存环境系统的问题进行设计研究。

环境设计专业与其他设计学科专业相比，从专业特性及教学模式而言，都更加注重理论与实践的结合。因此，研究性设计阶段作为整个环境设计专业教学体系中的重要环节，有着非同一般的意义。作为走向生命时代共生设计观的当代可持续环境设计教育，其本质就是主动学习、吸收和形成基于可持续发展理念的当代先进设计理论和设计方法，将环境设计教学体系中原本以"物"为研究对象的课程系统中加入以可持续发展设计为导向的共生环境设计理念，从而真正凸显环境设计学科的创造性、前瞻性、责任性。可持续发展设计为导向的环境设计理念在设计教学中需要重点提出的问题包括：①设计与可持续发展概念的关系问题；②可持续设计的价值（手段价值，内在价值）问题；③可持续设计的科学基础问题；④可持续设计规范的确立与评价的问题；⑤可持续设计的具体研究方法问题。

教学中就研究性、创造性思维的培养而言，应建立在有利于人、建筑、环境和谐共生的基础之上的可持续发展设计系统中。诞生于 20 世纪 60 年代的生态学新思潮改变了人类看待自然的方式，"人类与地球共生"的观念逐渐深入到设计教学与研究中。在环境设计教学的全过程中，我们应当强调土地、空气和水等不可再生资源在环境设计中的可持续应用，对于人造物质也应当精于重复使用以维持自然生态的稳定、维持地球的共生系统。可持续设计倡导下的"绿色消费"要求在设计教育这个环节就成为人与地球环境共生的最重要一环，"三 R"［Reduce（减量）、Reuse（重复使用）、Recycle（回收）］和"三 E"［Ecology（生态）、Economy（经济）、Equitable（平等）］的设计原则应当从环境设计专业教

育的一开始就被行业、学校、教师导入到环境设计专业入门课程中。在低年级设计基础课程中就增加设计对环境发展的重要性，尊重自然环境景观，设计结合节约能源、考虑气候、增加生态环保意识等方面的可持续设计思想及相应技术设计手段的普及，从而代替以往单纯以三大构成形式训练为主体的设计基础训练。在高年级的设计课程中，可以要求学生在住宅设计、酒店设计、商业环境设计等以往以常规功能空间为划分的环境设计课程中融入可持续设计的要求，或者开设可持续设计专题

的阶段性设计工作营，从而明确为大多数人创造更适宜生活环境、有利于社会可持续发展、具有环境价值观的设计才是创造性设计的基础这一全球化背景下的通用设计理念，而不仅仅是追求设计形式本身的标新立异，从而将可持续发展理念与环境设计教学课程系统有机结合起来，将可持续发展建筑理论教学与原有教学内容有机地结合起来，建立一套具有中国特色的基于共生跨界设计观的，以研究型设计为特点的系统、渐进性整体可持续环境设计教学模式。

图 2　上海交通大学设计课程中以"巴比伦塔"为概念的可持续设计研究实践

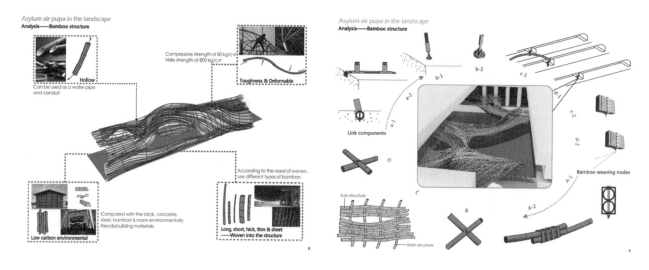

图 3（一）　艺术与科技的探索：ASLA 国际景观设计协会荣誉奖作品及实践研究（获奖作者　董治年等）

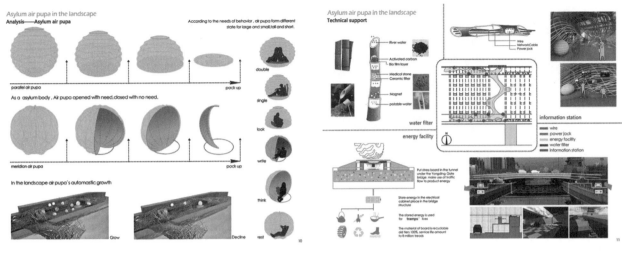

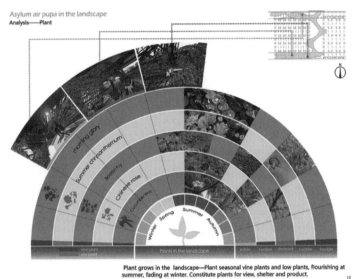

图3（二）　艺术与科技的探索：ASLA国际景观设计协会荣誉奖作品及实践研究（获奖作者　董治年等）

4　基于"平台＋模块"跨学科课程体系的设计教学模式

当代科学在20世纪以来的一个重要发展趋势就是与技术的融合以及科学、技术与社会的相互渗透，当代科学表现出了明显的整体性、自组织性和动态演化性等"有机"特征，使得在人文的意义上扩展对科学的理解成为可能。钱学森先生曾指出科学与艺术在本质上相互贯通、相互促进、不可分割的紧密关系。科学思维方式与艺术思维方式互补，从科学家与艺术家的思维素养上来看，科学与艺术原本就是难以分离的，科学需要艺术，艺术也需要科学[2]。随着经济社会的成功转型，全球化背景下，信息化社会正在改变着当代艺术设计内涵的广度与深度：一方面，新的科学理论正逐步为设计界所借鉴；另一方面，全新的科学思维方式与方法也正在通过交叉领域的研究渗透到设计的各个门类以及设计的全过程中。尽管设计学科分成了工业设计、视觉传达设计、信息设计、环境设计、建筑设计等多个专业领域，但彼此在基础层面却有着千丝万缕的共生关系。当代设计领域呈现出的交叉融合设计方法与当前正在设计学各专业门类中形成的"跨越多个环节"的融合设计趋势，其核心要义是跨界共生，即一种建立在突破本学科内部诸多元素组成，并相互影响的同质跨界共生，从而体现出跨学科间诸多更为复杂影响因子间异质跨界设计观的研究基础（图4、图5）。

基于跨学科人才的培养需要，"平台＋模块"跨学科课程体系的设计教学模式被提上议事日程。

图4　可以进行全方位运动的虚拟实境Virtu Sphere

图 5　结合动作捕捉与快速原形三维打印技术设计的家具

4.1　"平台＋模块"课程体系

大量研究表明，高校专业人才培养的核心不是教学内容、教学方法，而是课程体系。设计专业教学模式的改革得从传统的课程体系改革着手，构建与人才培养目标相适应的课程体系，这才是设计专业教学模式改革和人才培养的关键。所谓"平台＋模块"课程体系，是指由平台课程（公共基础课程、学科基础课程、专业基础课程）和设计专业方向模块课程群共同组成的课程体系。其中"平台"好比建筑的骨架，起到结构承重的作用。它针对学生必须掌握的共同基础知识和基本技能，体现专业人才培养的基本要求和全面发展的共性要求。"专业方向模块"是根据设计专业细分出来的不同专业方向而设置的体现专业方向的课程群，它为设计学生向不同专业方向的发展提供了条件。"平台＋模块"课程体系可以满足从底层基础到高阶拓展的一系列要求，既符合学生基本素质和基础知识的共性要求，又能满足个性化的专业发展需求，实现了不断细化的社会分工与宽口径培养的有效对接。

4.2　"平台＋模块＋导师设计工作室"教学模式

基于"平台＋模块"课程体系的"导师设计工作室"教学模式，即"平台＋模块＋导师设计工作室"，是促进T型知识结构的设计人才培养的教学模式。

（1）导师设计工作室的性质和职责。专业方向模块和导师设计工作室是根据社会需求、高校自身专业特点和师资情况等因素的综合考虑而设定的。专业方向模块对应该方向的导师设计工作室。导师设计工作室在管理上具备设计公司的某些特征，不过它首先是一个教育的场所，承担教学科研任务和肩负人才培养的责任是它的根本任务。

（2）导师设计工作室的教学管理机制。各工作室通常由经验和学识丰富的专业教师主持工作，有明确的专业主攻方向，具备一定的产品设计研究和开发实力。工作室教师团队对工作室负责，直接承担专业尤其是专业方向的教学和科研工作，但工作室却由学生在工作室教师的监督下自行管理，这样既可以让工作室教师集中精力专注教学科研工作，同时也提高管理效率和学生的积极性。

（3）导师设计工作室的教学内容和方式。

1）深度参与专题研究和企业实际项目，通过教师自己的科研课题或企业项目架设设计专业与市场实践的桥梁，将实际项目纳入教学科研过程，让教师直接主导实际设计课题项目开展，并由教师和学生共同完成设计，同时把设计案例带到课程教学中，形成专业理论与实践的结合。

2）通过课程设置、学术交流活动实现专业方向的横向交叉，学生在必须选修本专业方向的专业模块课程群的基础上，还可以根据自身知识结构的需要选修其他专业模块课程群中的选修课程，以实现学科专业方向之间的适度交叉，提高学生的综合素质和拓展专业能力。

5　结语

在互联网时代市场经济的冲击下，构建合适的教学模式、系统的管理制度才能更好地培养适应社会经济发展、科学技术变革的人才。数字美学的崛起使得曾经分道扬镳的艺术与技术又一次重新融合。当虚拟世界的矩阵成为了新时代设计的主角后，数字化时代的新技术为环境设计带来了诸多新的可能，而虚拟现实作为计算机生成的一种特殊环境，也使得今天的环境设计师比以往任何时候都更依赖技术并将设计的更多精力与重点置入到这个虚拟环境中。如果说，我国的艺术设计教育从单一的设计艺术拓展到层次更加丰富的科学与艺术结合的设计学是一次学科壁垒突破尝试的话，那我们21世纪的设计学科将面临一个真正意义上的质的飞跃。设计学作为一门新兴的基于艺术与科学整体观念的交叉学科，很大程度上必须向"平台＋模块"跨学科课程体系的教学模式改革迈出第一步。

参考文献

[1] 王葆华，王晶晶．数字化时代对建筑设计的影响 [J]．中外建筑，2009 (6)：43.

[2] 钱学敏．钱学森关于科学与艺术的新见地 [J]．民主与科学，1998 (3).

[3] 克里斯·弗里曼，弗朗西斯科·卢桑．光阴似箭：从工业革命到信息革命 [M]．北京：中国人民大学出版社，2007.

[4] 罗卫东．跨学科社会科学研究：理论创新的新路径 [J]．浙江社会科学，2007 (2).

基于空间句法的高校图书馆空间分析研究
——以大连理工大学令希图书馆为例

■ 于世伟[1]　张险峰[1T]

■ 1　大连理工大学建筑与艺术学院　　T　通讯作者

摘要　图书馆作为高校建筑中的文化价值高地,其内部空间使用效率与其功能布局和空间组织密切相关。空间句法作为一种表述空间形态的有力工具,在结合可见性分析与拓扑计算方面具有显著优势。本文以大连理工大学令希图书馆为例,借助 Depthmap 分析软件,建立整合度、连接度、遮蔽度、控制度与可理解度组构的五个指标集并进行图示化剖解,进而通过现场调研协同验证空间句法分析的可行性。最后,基于空间可达性、可视性与可读性三个层面总结相应设计策略,以期为建构以读者为中心的高校图书馆空间设计提供一定参考。

关键词　空间句法　高校图书馆　空间分析　使用效率

1　研究背景与意义

城市进程的快速推进一方面推动着城市 CBD 热潮的兴起,另一方面,这种追求高效能、高集聚化的建设模式也催生着大学城等新型城市功能空间的蔓延扩张[1-2]。图书馆建筑单体作为校区的主体内核,逐渐从"一线串联、流线分明、区划严格"的传统模式发展为"藏借阅管一体"的模块化图书馆,即以复合化的多功能大厅为核心,各读者单元以分区模数化布置,基础设施以功能块形式安排在核心空间内环或外围。小空间通过并置同类项复合为大模块空间,水平向与竖向的交通核串联起多维空间流线,共同组构起高校群体科研学习、休闲娱乐与社会教育等日常行为的基准面,同时其使用模式的转渡也促使着各类型空间边界的彼此消隐与弱化[3-4]。

然而这种大开间、弹性化、流动性的公共空间在丰富学生群体空间行为的同时,也带来诸多问题(如忽视空间效能、使用率不足等),进而致使空间组织系统无法快速、高效地引导读者完成相关操作流程。究其根本,在于在建筑设计初期并未提供基于物理形态界面的定量化分析调整,其平面形态布局无法适配人流在空间内的动态表征规律,从而导致人群对空间感知与形成认知同步过程的差异化表达。梅洛·庞蒂曾在其《知觉现象学》一书中将这种组构认知描述为空间中的体验主体基于思维与身体的共存状态,在空间运动位移过程中建构起"身体-空间"的耦合机制,从而形成群体对空间结构整体可达性、可见性的判断,影响着其空间转译与解读的正确输出[5]。

2　句法分析的理论基础与研究设计

相较于空间本身,空间句法(space syntax)所强调的是空间与空间之间的关系。它是由英国伦敦大学比尔·希列尔(Bill Hillier)等人创造的一种对包括建筑、聚落、城市甚至景观在内的人居空间结构的量化描述,其研究核心概念是"空间组构",即对空间进行分割,运用拓扑分析方法研究整体空间中各元素形态之间的定量关系[6]。目前关于空间句法的研究大多集中至应用线段模型(segment map)进行城市范围内的研究,如陈玉婷等学者应用空间句法,针对自行车维修点、寒地夜市以及历史城镇等展开的空间分布规律研究[7-9]。既有研究多从城市宏观尺度上进行探讨,并未对中微观空间进行全面挖掘,且对图书馆建筑类型的研究明显不足[10]。

为此,本文基于空间句法理论,通过 Depthmap 软件建立空间模型,从可达性(整合度)、可视性(连接度与遮蔽度)与可行性(控制度与可理解度)三方面进行相关变量数值模型的模拟分析并形成相应彩色特征图。其次,为验证空间句法分析与群体行为之间的相对一致性,通过现场调研进行协同研究,进而比较分析整体建筑空间构形与人群在空间中的运动规律的耦合关系(图1)。

整合度又称集成度,是反映空间可达性的重要指标。它是在平均深度值基础上经过剔除不对称要素干扰后,关于深度值的一个倒数,衡量着一个空间吸引到达交通的潜力。连接度反映的是空间内各节点与空间体系的连接程度,连接度的值越高,则证明其空间的渗透性越好,节点之间的联系越紧密,群体在该空间中所获得的视域越全面。遮蔽度则代表视域网格单元的隐蔽程度,一般其值越高代表空间更易被遮挡。而可理解度则是连接度与整合度线性回归的相关系数 R^2,表征着从局部空间理解整体空间的可能性,是判断空间系统整合度与连接度之间关系协同的重要指标[11]。

3　基于空间句法的高校图书馆内部空间

由于大样本图书馆其他阅览层与三层平面一致,因

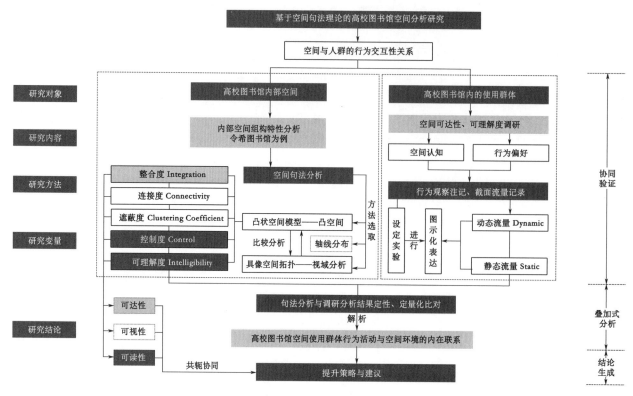

图1 空间句法下的高校图书馆空间研究脉络框架
（图片来源：作者自绘）

此本文仅选取二层主入口层与三层阅览层作为研究样本，通过设定空间构型关系的五个因变量对样本进行全面客观的评价。视域分析方法是将数量特征点进行视区计算后以深浅不同的颜色表示每个点句法变量的大小，并用等值线绘出点与点过渡区域，进而根据这些空间交接关系来计算句法变量[11]。

3.1 全局整合度——空间可达性

二层整合度大体呈现出由东侧主入口大厅向西、南、北三方向递减的分布特征。样本图书馆主要功能空间、中央垂直交通及南北翼中庭整合度值较高，空间可达性较好，后部辅助用房及培训教室等空间组构值较低（图2）。三层空间整合度较高的区域基本覆盖由门厅联系的南北向通道一线，而二层仅覆盖北侧约50%的部分区域；其次，三层后厅与阅览连接处的峰值区域与阅览室东西侧的研讨间组构值则进一步验证三层整合度的优势。二层南侧空间可达性较佳区域的缩减导致读者止步于201阅览室连接处，直接沿旋转楼梯进入三层，进而导致201南侧空间的低频率使用。后期改造时可适当考虑整合三层整合度优势，在主通道上舍弃部分设备交通与服务性空间，将其下移至二层201南侧，适配其空间组构优势（图2）。

3.2 连接度与遮蔽度——空间可视性

按每股人流550～600mm的尺寸设置方格网，利用视域分析得到图3。不难发现，三层视域最佳覆盖范围比二层扩大近三倍面积（5∶2），因此廊式通道相较于厅式空间，在连接不同主体空间、提高可视域范围等方面

更具有其优势效果。此外，从前厅c点经过连廊到达后厅d点，连接值下降幅度近1/2，由此可见挑空形成的桥式连廊会降低前后空间可达性。三层南阅览区通过e点与西走廊连接，提升了整体三层南阅览区的连接值，而二层阅览区由于空间的分割，只保留单一入口，其组构值较低，不易出现空间主次动线的交汇点，视域连通度欠佳，读者在此空间内被引导性较差，从而影响其在空间动线组织中高效完成检索图书、借阅等相关活动。

从视域遮蔽度的分析结果来看，三层遮蔽度均值大于二层，受此影响的阅览空间面积约为二层的1.3～1.5倍，且301阅览室的通道东侧受其影响较大。二层西北侧的培训室遮蔽情况较强，致使读者参加培训活动时难以发现其空间位置，不利于空间快速、准确引导人流，进而导致空间使用效率不高。后期可考虑将其与东侧部分研讨自习间调换位置，保证其较好的可视性。此外，三层西北侧卫生间遮蔽度大于二层对位区域，其私密性虽优于二层，但应设置相应导视系统以方便人群到达，在改变低效使用现状的同时适度分担中庭西侧主卫生间的运维压力。

3.3 控制度与可理解度——空间可读性

控制度表明该空间对周边的影响与监视水平，该值越高，表明其更易形成空间认知。样本图书馆二层、三层的控制度峰值均集中于中庭区域，呈现由中央向四周发散的分布特征。总体来看，峰值出现的位置大致集中于前厅通道与阅览空间的交界处，从设置上更需要问询、导识、监控等功能的介入，以此实现对周边空间的引流

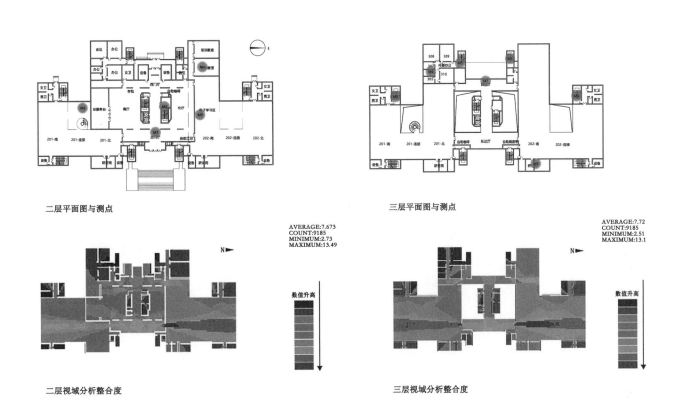

二层平面图与测点

三层平面图与测点

AVERAGE:7.673
COUNT:9185
MINIMUM:2.73
MAXIMUM:13.49

AVERAGE:7.72
COUNT:9185
MINIMUM:2.51
MAXIMUM:13.1

数值升高

数值升高

二层视域分析整合度

三层视域分析整合度

图2　二层、三层测点及视域分析整合度结果
（图片来源：作者自绘）

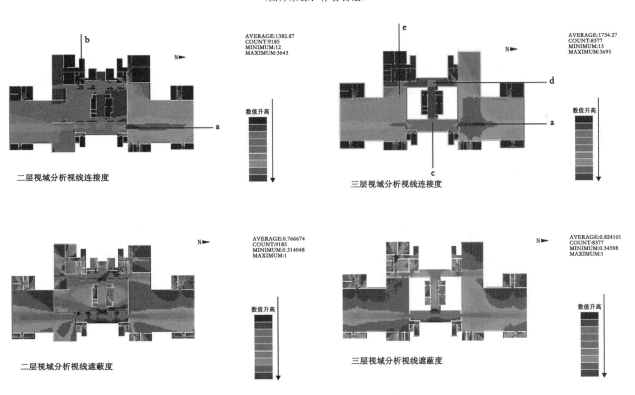

AVERAGE:1382.87
COUNT:9185
MINIMUM:12
MAXIMUM:3643

AVERAGE:1734.27
COUNT:8377
MINIMUM:15
MAXIMUM:3695

数值升高

数值升高

二层视域分析视线连接度

三层视域分析视线连接度

AVERAGE:0.766674
COUNT:9185
MINIMUM:0.314048
MAXIMUM:1

AVERAGE:0.824101
COUNT:8377
MINIMUM:0.34598
MAXIMUM:1

数值升高

数值升高

二层视域分析视线遮蔽度

三层视域分析视线遮蔽度

图3　二层、三层凸空间与视域连接度、遮蔽度结果
（图片来源：作者整理自绘）

与向导。三层控制度在点d（内区办公部分）附近出现峰值，而在二层同位置却并未出现，由此可见墙体分割产生的通道转角更易产生控制极值；空间的适度整合可以降低控制度，因此要注意空间分割在转角处的导视指引与空间并置，避免产生内部空间陌生化等问题。

可理解度方面，样本二层、三层空间赋值近0.7，从局部空间单元理解整体空间的可能性较强。样本两层空间整体形态方正平直、界面简洁有序，但三层空间形式上通过附加中庭上方的廊式通道，将收紧颈口与中央放大的交通核相连，虽增加其空间的可理解度，但其空

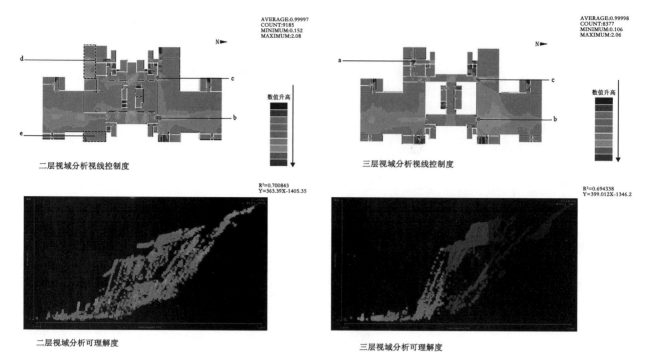

AVERAGE:0.99997
COUNT:9185
MINIMUM:0.152
MAXIMUM:2.08

N➤

数值升高

二层视域分析视线控制度

R²=0.700843
Y=363.39X-1405.35

二层视域分析可理解度

AVERAGE:0.99998
COUNT:8377
MINIMUM:0.106
MAXIMUM:2.06

N➤

数值升高

三层视域分析视线控制度

R²=0.694338
Y=399.012X-1346.2

三层视域分析可理解度

图4　二层、三层视域控制度与可理解度结果
（图片来源：作者整理自绘）

间层次得到丰富与活跃。由此可见，空间设计需要在丰富空间的基础上，综合其可达性、可视性与可读性的补足联系，达到多元主体共轭下的空间动态平衡（图4）。

4　读者行为协同研究与提升策略

　　为验证句法分析结果的有效性，笔者前期通过预调研以确定功能用房使用现状、人群活动概况以及空间连通性等。另外，考虑考试周、周末日等因素干扰，笔者在图书馆开放时段（8:00—22:00）进行基于不同时间节点的4次现场调研，选取12个观测点，通过现场照相、计数等方式，以10分钟为截面单位统计受众在14个不同时间段内主要交通空间的动态流量（图5）。其次对13处主要功能用房中的使用人数与分布范围进行静态统计，共获取动态数据14768组，静态数据5642组。

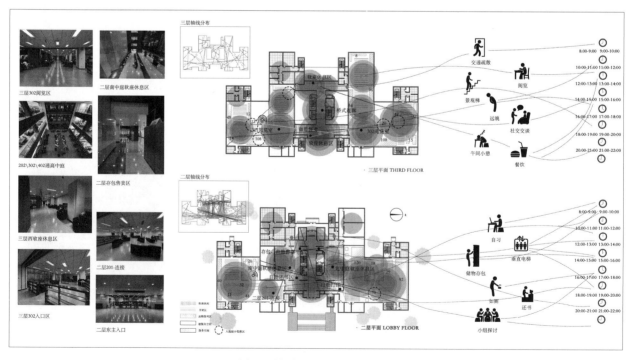

图5　图书馆人群调研实景与分析
（图片来源：作者自绘）

总体来看，读者使用强度高的交通空间，其整合度、连接度、控制度均较高，深度值较小。人群使用分布统计与软件分析结果基本一致，结果准确性较高，空间句法分析可行性较强。但仍存在两者结果相悖的情况：如二层西走廊整合度较低，但它是所有读者去往卫生间、开水间的必要路径，同时附近设置的存包柜、自助售卖机等设施也提升了其使用强度。二层201-连接区整合度较高，但实际使用强度并不高，分析其原因，该区域属于报刊阅览区，室内座位排列稀疏，仅70个左右，远低于该区域三层136个座位数。因此，基于选取的9个测点（图2），针对样本数据的量化结果，提出几点优化建议：

（1）公共空间、走廊等水平交通空间一般位于整合度核心区域，门厅的布置至关重要。为加强门厅在平面上的辐射作用，一般将其布置于几何中心，利用导向与位置标识，减少与功能空间的深度值。同时，为规避长廊等过渡空间对后厅可达性的影响，可以通过空间的收放、设施的集聚创造连续的人流动线。

（2）图书馆建筑使用性功能布局远多于开放式公共空间，这就要求其平面深度较低，能够快速疏散和到达，因此需要分散布置疏散口以提高疏散效率。

（3）针对整合度较低的功能空间，要善于整合空间或设置导引标识，提高其空间可达性，见表1。

表 1 测 点 空 间 优 化 表

测点	功能	空间句法组构值				提 升 策 略					
		因变量	凸空间	视域	轴线	引导与位置标识	疏散外开口	增加商业、休闲服务等设施	增加与走廊等空间连接口	整合空间或软分隔	增加学习桌椅数量
M1	主门厅＋展厅	可达性↑↑	1.928	10.613	116	•			•		
		可读性↑↑	4.119	1.525							
		可视性↑↑	8	2003							
M2	核心交通设施	可达性↓	1.033	4.616	71	•					
		可读性—	0.25	1.08							
		可视性↓	1	146							
M3	借阅阅览室＋内中庭	可达性—	0.855	6.111	5				•		•
		可读性↓	0.75	0.785							
		可视性↑↑	2	1433							
M4	培训教室	可达性↓	0.753	4.627	10	•				•	
		可读性—	0.333	1.011							
		可视性—	1	211							
M5	垂直疏散交通	可达性↓↓	0.677	3.166	4	•	•				
		可读性↓	0.333	0.846							
		可视性↓↓	1	63.25							
M6	内部办公	可达性↓↓	0.735	3.304	4	•	•				
		可读性↓	0.143	0.767							
		可视性↓↓	1	44							
M7	过厅＋休息区	可达性↑	1.168	8.711	10				•		
		可读性↑	0.833	1.199							
		可视性↑	3	742							
M8	研讨室＋公共活动区	可达性↑	0.897	4.633	12	•			•	•	
		可读性↓↓	0.167	0.581							
		可视性—	1	96							
M9	自习＋电子阅览区	可达性↑	1.303	8.733	92			•			
		可读性↑	1.06	1.208							
		可视性↑↑	4	2557							

注　↑↑、↑、—、↓↓、↓代表高、较高、均值、较低、低五级。

5 结语

综上，从空间句法组构值与现场调研的协同论证中可以看出，为了实现图书馆空间组织与人流动线趋势的适配，本文以大连理工大学令希图书馆为例，在实地调研的数据支撑下，应用空间句法对其空间组构参数进行测算，以期为研究基于"身体－空间"耦合机制的空间反馈规律提供相关参考。基于以上研究，笔者试从可达性、可读性以及可视性三方面提出高校图书馆室内空间优化设计策略：

（1）在空间"可达性"上，为加强空间对图书馆内人群的引导，应充分利用门厅、休息厅等水平交通空间，并将其布置在整合度较高的核心区域（如几何形心等位置），并善于利用导向与位置标识减少与阅览室等主要功能空间的深度值。此外，应结合空间句法的定量分析结果，分析并调整其空间使用模式，维系空间整合度的组构优势。

（2）在空间"可读性"上，应重视发挥控制度等组构值的优势，将问询、导引、归还处等功能加以整合，形成读者对于空间较好的理解认知。此外，应注意空间分割导致的控制极值区，及时适配疏散系统或整合空间边界，实现快速导流与空间译读。最后要把握空间丰富度与可理解度的空间博弈过程，既要避免空间单一界面所带来的审美乏味，同时又需创造整合度与连接度统一的高阶空间系统[12]。

（3）图书馆空间在满足"可达性"与"可读性"基础上，还应满足"可视性"的要求。设计时考虑阅览空间的私密性要求，通过空间句法测算介入，计算其轴线分布特征图并适配私密性与公共性等差异化设施。其次还要结合空间句法组构值，适当调配桌椅数量，以实现空间的最大化利用。最后，针对组构值较低的功能空间，要善于整合空间或将边界用玻璃等做软分隔，扩展视线捕捉区域并提高空间使用效率。

以上提升策略既保证图书馆内部空间组织能够对使用群体的自组织运动规律产生合理引导，同时又能维持其空间的高效运行。此外，研究表明空间句法可以在一定程度上❶成为评估和指导图书馆设计的工具，用数学的方法客观模拟读者的感官体验，为建筑师提供空间改进的依据，提升使用者的服务体验[13]。

参考文献

［1］石钰，王兴平，胡畔．从大学城到环高校创新圈：环高校地区规划的嬗变与启示［J］．规划师，2021，37（20）：22－28.
［2］于世伟，张险峰，张天雪，等．属性导向下的高层建筑近地空间开放性设计研究［J］．室内设计与装修，2022，335（7）：116－117.
［3］范征宇，孙东贤，刘加平．寒冷气候区高校图书馆空间组织节能设计研究［J］．南方建筑，2022，（4）：1－7.
［4］马秀峰，王立雄．高校图书馆阅览室照明环境质量分析与评价：以天津大学科学图书馆为例［J］．室内设计与装修，2018，284（4）：138－139.
［5］CSORDAS T J. Embodiment and cultural phenomenology［M］. New York：Routledge，1999：143.
［6］HILLIER B，HANSON J. The social logic of space［M］. Cambridge：Cambridge University Press，1989.
［7］陈玉婷，梅洪元．基于多元数据分析的寒地夜市空间优化策略研究：以哈尔滨地区为例［J］．新建筑，2021（3）：142－146.
［8］胡彦学，盛强．自组织功能的空间规律：以北京二环内自行车维修点的空间分布特征为例［J］．新建筑，2020（5）：129－133.
［9］吕微露，李游．基于空间形态解析的丰惠古镇复兴策略研究［J］．室内设计与装修，2022，335（7）：120－121.
［10］霍珺，卢章平．基于空间句法分析的高校图书馆建筑空间可达性研究［J］．图书情报工作，2017，61（6）：53－60.
［11］张愚，王建国．再论空间句法［J］．建筑师，2004（3）：33－44.
［12］易田，陈雄．枢纽机场航站楼商业区设计比较研究：以广州白云国际机场二号航站楼为例［J］．南方建筑，2022（11）：60－67.
［13］比尔·希利尔．空间是机器：建筑重构组理论［M］．杨韬，张佶，等译．北京：中国建筑工业出版社，2008.

---

❶ 例如在计算视域时，软件只能计算不透明完全遮挡的边界以及无高差的空间互视问题。在现实样本中，二层、三层的东侧隔间阅览均为玻璃隔断，故所呈现结果存在一定误差。

基于时间媒介化对视觉空间设计的思考

■ 郭旭阳　李宥萱
■ 鲁迅美术学院

摘要　哲学语境下的"时间"，不仅连接了人们与"存在"的桥梁，也给予了人们与"空间"交流的契机。在建筑发展的过程中，人们逐渐将"时间"视为构成场所的重要元素，并借此传达自身所想展现的精神意志。本文从哲学语境与建筑语境的角度对时间概念进行对比探究，从而进一步阐述哲学语境下的"时间"在被建筑空间转换运用后，作为媒介化所产生的发展及其媒介化后与空间秩序的紧密关系，继而思考时间媒介化为视觉空间职能带来的影响。
关键词　时间意识　媒介化　视觉空间　感知　秩序

1　哲学"时间"与建筑"时间"

"时间"一词在哲学与建筑范畴内都蕴含了极其深刻的含义。西方哲学语境里的"时间"是物质存在和运动的持续性与顺序性。康德通过将知识和经验进行分离得到了纯粹的、作为内感官形式的"时间"，并认为它是所有具体事物存在于此的一大环境；海德格尔则认为时间是"时间性"的，具有不可逆的线性状态；而德勒兹将时间定义为意识的"绵延"，认为其魅力在于变化本身[1]。在中国传统哲学体系中，哲学家们更多是运用全方位的感悟、感触途径去引导人们认识自身与客观环境、主观意境的联系，其中的"时间"与"空间"很少被分开谈论，例如《周易》中的"时空统一"是指古人运用"天干地支"纪时法在展现时间时刻的同时也能运算出地面环境与时间的对应情况；在老子假设的"天下有始"的宇宙论中，"时间"和"空间"寄于自然本体论和相对时间观之中，前者讲究以虚静心体，守自然常道，后者则需要人们以柔弱心志，应古今时变。

一直以来，中西方哲学都是站在不同角度去理解同一个世界的不同角落。中国哲学在于积极探索自身经验性与悟性的识用方法，西方则更多在详细研究和梳理相关的概念序列，它们都将对"存在环境"的认知带入了本体的思考。而在此影响下生长的中西方建筑环境对于"时间"的表现自然也有所不同，不过发展至今，双方都渐渐出现向"追溯与回归"主题靠拢的趋势。诺伯舒兹在《迈向建筑现象学》中指出了西方现代环境让人们难以形成方向感从而丧失了场所认同性的问题，这种认同性恰恰是场所可以引导人们回到起源与本质的重要参考标志；关于这一点王澍在其撰写的《造房子》中也有所强调，他呼吁中国建筑师应回归中国传统的文人思想，即追求"自然之道"，重返"自然之路"。

西方建筑空间对于时间的展现，与其说是基于其哲学层面的序列性研究，倒不如说是将"时间"看作一种连续且变化秩序的现象。排除某些易变元素，设计者用物、秩序、特性、光线和时间去描述建筑空间，将其形象化、象征化后使生活事实转化为场所，意味着时间成功地被"构筑"出来。在中国传统建筑的代表——园林中，设计者对自然的引入和再现结合了当时的文人情趣，古人通过分离自然、制造另一方天地，将动与静、虚与实、人与园的关系在其中逐一展现后，营造出了"居于自然"的状态；他们在园林自身所蕴含的时空整体观念的基础上明确表达了"天人合一"的人文观念。

据上述所见，当中西方哲学对"时间"进行长久探讨时，受其潜移默化影响下发展的建筑空间将各自哲学语境中的"时间"转化为设计者自身所想表达的被感知的"时间意识"。换言之，中西方建筑通过转化各自哲学层面的"时间"，为自身"舞台"增添了表达意志的一大媒介。

2　时间的媒介化与被感知

时间和空间的联通，不只受到人对所处客观场所流逝的自然时间影响，还受到了人们心理时间感知和视知觉的影响，这也成为了时间被媒介化的切入点。作为建筑空间中传统表现媒介，形、色、质以及它们之间的相互关系是建构艺术精神内容的重要物质载体，设计者将"时间"列为与其同等地位的构建媒介，很好地展现了各自体系下所想表达的"精神"意志[2]。

人们长期生活在自然场所中所习惯的自然时间，包括四季变换、昼夜更替等，生成了自身对时间感知的基础条件，而其所拥有的对于时间的心理感知，如一日不见如隔三秋、度日如年等，是经验客体结合自身感受与自然具体表象产生的时间变换流转情况；而视知觉的存在，则代表了人们逐步挖掘自身感官与时间空间以及运动三者之间的联系。

我们先放开伊尼斯提出的宏观意义上媒介本身所存

在的时空偏向性，单单在建筑范畴中，时间之所以能够被媒介化，是因为设计者们利用了人的知觉原则从而在建筑内部或外部的流线导向、格局规划、材质色调、象征符号以及质地感触上埋下了"被感受"的种子，是将时间寄存在了建筑空间的氛围之中。龙迪勇在《空间叙事学》中谈到了人所拥有的"六根互用"以及人自身经验性集合的"意识剧院"，他在这两个部分中不光论述了人类通过"联觉"和"通感"去感觉世界的整体性和时间的线性特征，还提到了人类在建筑里利用线性时间性媒介与空间性媒介去互补地呈现空间。人类从视觉上收到的图像转化成了存于脑内的抽象内容，当置身于建筑空间中可以迅速在构建环境中找到与之呼应的情境与遐想，捕捉其"意象"，感受其"物象"，串联其"事象"。在中国传统园林中，古人立"人"为空间中的"方中"，将循环往复的生命"表象"与线性的时间观互通互融，加入推动事物发展的"阴阳"内因思考，在格局规划中尝试呈现"四时五方"的空间关系，表达"天人合一"的思想，营造出了传统园林具有的"屈曲不息""阴阳二律""节奏秩序"等特征；其中对于日光测度的利用、景物配置的对位、厅堂楼阁台及建筑群的营建都是古人构建观者在方位对应与内外穿梭之中所需慢慢体会的主客观时间[3]。

3 时间媒介化与视觉空间秩序的关系

对时间媒介化的探究是与研究视觉空间秩序密不可分的。设计者们认为要想处理好空间中的秩序，首先要平衡好几何中的秩序和混沌，这反映在视觉空间中意味着设计者需梳理好人与点线面体的关系。程大锦在《建筑：形式、空间和秩序》中列出了建筑在满足使用功能的同时，也要注意空间区域之间的组合、流线格局上的排布、人与空间的比例尺度等事项，这是在物质、直觉和观念上去把握人的视觉惯性、直觉经验和所处空间结构的层次关系，其中包含了体系组合、人的感官知觉与连续体验对物质因素的认识或是人对视觉空间中有序和无序的理解反应等。路易斯·康在设计索克生物研究所时明确了清晰的轴线构图，在空间组合上重现历史等级序列，并在其空间形体大小、开阔明暗上加入了古典场所的特征，展现了科学与艺术结合的力量，它不光给予了观者思绪翻飞的环境，其视觉中的"留白"也呈现在了心里。

不过时间媒介化与视觉空间秩序的关系不只体现在视觉空间的组合、序列及形式的整合上，因为人们在感受建筑时需要不断移动视线[4]，因而时间媒介也会受到"运动"的影响。张永和认为人与空间是相对而言运动的，运动的物体和空间的一致性影响着动静状态物体与形态的统一。而时间是借助空间中的个体或群体的行进速度去展现空间密度的衡量单位，设计者通过运动流线展示视觉空间，同时在视觉空间中营造多点透视去强化这种运动。无论是中国传统林园林还是现代媒体博览建筑空间，只有当视线和动线均被认知，且相互分离时，时空才能分离；当运动成为必然，"时间"就产生了[5]。

视觉空间中的动静结合是延时片段与瞬时景卷的交织，设计者在参与主体与事件空间的叙述关系中利用路径、节点和视域分析构图，暗示了内在的时间机制。

由此看来，人们将时间进行媒介化是可以做到举一反三的。时间既可以作为视觉空间中的流逝背景，也可以转移到观者游憩的环境格局上，还可以转移到观者本身和空间的运动关系，甚至可以深入到通过新型虚拟技术引起人们心理知觉层面的共鸣与反思。

4 时间媒介化对视觉空间职能的影响

麦克卢汉曾提出"媒介即讯息"，他认为媒介的重要意义在于其技术直接影响了变化着的传播体系、变化着的社会结构、变化着的人与人之间的关系、变化着的社会政治权力形式，尤其是变化着的个人及其感觉等[6]。如果从建筑范畴来理解这句话，我们可以认为视觉空间是表现人类社会的媒介工具，其集合着人类文化的全部内涵；而追寻和发掘各类型媒介一直以来都是设计者们重要工作的内容之一。麦克卢汉认为媒介是通过具体"情境"对人产生影响的，因此他关注的是在社会生活中突破时空界限的"舞台"[7]。在建筑语境中，设计者们通过对人与空间、人与环境和人与世界的主客观关系研究，结合知觉感受、沉淀思考，将时间浮现或暗藏于视觉空间的氛围之中，并借其展现自身的"精神"内容，而探寻创新更多形式的时间媒介去丰富视觉空间的设计手法，也是设计者增添表达自己的途径。

构建文化性质的视觉空间不光是人们为了延递文明，也是在满足自身对于多元文化与时俱进的相应需求。中西方建筑中的情境再现或叙事穿联吸收了时间作为媒介元素，将各自漫长历史中的一片时刻拾起放在如今的视觉空间里，不仅有效传达了设计者的"精神"意志，也在有意无意中展现了各自地域的文化风采。

人们在对视觉空间的研究中逐渐发现了自己其实是置身于某种意义上的"中间"，既可以迈向外面也可以窥探内里。而时间媒介在视觉空间中所起的作用，不只是在客观层面上搭建了人与空间的交互环境，它还在主观层面上打开了人与"意识"的对话框架。可以说，时间媒介是设计者穿越主客观时间向观者展现人类丰富文化内涵的重要依托，它也在一定程度上影响着视觉空间的"构筑"。

参考文献

［1］李科林．时间概念与形而上学：比较康德、海德格尔和德勒兹的时间理论［J］．中国人民大学学报，2014，28（6）：60－66．

［2］李伟．"时间"作为建筑媒介的表现方式及其感知［J］．天津城市建设学院学报，2007（1）：1－4．

［3］张群，张青云．基于中国古代时间观念下的传统园林空间形态探析［J］．建筑与文化，2023（3）：228－231．

［4］时洁．基于时间维度的建筑设计探析［J］．智能城市，2016，2（11）：13，16．

［5］田朝阳，陈晶晶，冯艳．中国传统园林时间设计的空间"法式"初探［C］//中国风景园林学会．中国风景园林学会2015年会论文集．
北京：中国建筑工业出版社，2015：420－424．

［6］曹智频．媒介偏向与文化变迁：从伊尼斯到麦克卢汉［J］．学术研究，2010（8）：129－133．

［7］张好．媒介偏向理论空间观的发展与现实意义［J］．青年记者，2019（21）：26－27．

阳泉市辛兴村公共空间优化策略研究

■ 李杨　王小斌　胡国需　黄诗瑶
■ 北方工业大学建筑与艺术学院

摘要 随着乡村振兴建设的不断落实推进，针对乡村的公共空间优化设计构想和实践取得了很多的成果，然而同时也存在很多乡村公共空间过度效仿城市而忽视地域性和村民空间体验的情况。文章在总结现有乡村公共空间优化策略的基础上，以阳泉市辛兴村为例，采用实地调研、文献研究的方法，分析其乡村公共空间中所存在的问题，并针对这些问题提出了针对空间体验、文脉传承、技术优化三方面的优化策略，作出了相对详细的空间节点设计、消极空间优化设计以及雨水收集利用设计，进而为未来乡村建设提供参考借鉴。

关键词 乡村振兴　乡村公共空间　空间优化　地域文脉

引言

乡村公共空间顾名思义是供全体村民进行社交、娱乐及锻炼等活动的场所，它是数代村民共同生活记忆以及当地民俗文化记忆的载体。改革开放以来，我国的城市和农村发生了翻天覆地的变化，其中城市变化尤为巨大，然而城市与农村发展的脱节等因素促使我国颁布了具有重大意义的乡村振兴政策。时至今日，全国各地的乡村振兴建设已经取得了不错的成效，其中针对乡村公共空间的更新研究与实践更是成果斐然。但是，当前全国各地乡村振兴建设实施过程中所出现的盲目跟从城市样式、忽视村落传统文化习俗以及对乡村公共空间设计的不重视现象也时有发生，这值得我们进行更进一步的、更具针对性的设计和研究。

本研究以阳泉市辛兴村为例，分析当地的公共空间状况，剖析其存在的一些亟待解决的问题，并选取其中特定的公共空间进行多方面的优化策略设计，以期对当地乃至其他地区的公共空间优化提供有效借鉴和参照。

1 乡村公共空间研究现状

1.1 公共空间概念界定

公共空间概念的提出最早可追溯到 20 世纪 50 年代的社会学与政治学著作中。德国著名社会学家 Habermas 将公共空间解释为一个自发、松散、开放，同时又处于私人与国家之间的，并且具有弹性的交往网络[1]。而在建筑学领域，公共空间往往是与私密空间相对存在的一个概念，即私密空间以外的所有空间，具体可以阐释为：面向公众开发，承载人们公共生活的物质实体空间[2]。在各个学科领域的共同拓展下，公共空间的概念并不仅仅局限于物质场所和空间，也包括精神等方面，本研究仅在物质层面上针对公共空间进行论述和设计。

1.2 乡村公共空间的概念界定

有关乡村公共空间的概念，在不同的学科领域中各

有论说，政治学领域将乡村空间定义为乡村公共权力主体与公民权力主体相互作用过程中所产生的各种关联模式和交往结构方式[3]。社会学领域倾向于用物质和精神两个层面对其进行解释，认为其在物质的层面上可以被认定为承载公众群体生活的物质场所，如村口、桥头、庙宇等；而在精神层面上，乡村公共空间则可以认定为是制度化的组织和活动形式，如集体会议、传统婚丧活动等[4]。在建筑与规划领域，陈金泉、谢衍忆等认为乡村公共空间是一个供人们自由进出，并进行各项活动和各种信息、思想交流的场所[5]。陈铭、陆俊才认为公共空间是村民公共生活、邻里交往的场所，包括但不限于村庄的门户空间、公共活动场、滨水空间[6]。本研究从建筑角度，将乡村公共空间界定为供村民进行交流、生产、交易等群体活动的三维空间。

1.3 乡村公共空间形态分类

有关乡村公共空间形态的分类，目前的解释方法较为多样。以空间的几何形态特征为切入点，麻欣瑶、丁绍刚将乡村公共空间分为点状空间、线状空间和面状空间[7]。以功能作用为切入点，陈金泉、谢衍忆等将乡村公共空间分为休闲空间、道路空间、交易空间、生产空间[5]。以乡村公共空间的开放程度为切入点，郑霞、金晓玲等将乡村公共空间分为开放性公共空间、半开放性公共空间以及半私密性公共空间[8]。不同领域将乡村公共空间做出了不同的归类，以便于从不同的角度去更好的研究乡村公共空间，本研究倾向于采用几何形态特征的视角，将乡村公共空间分类为点、线、面状空间，以便于更好地对研究对象进行归类整理并提出适宜的优化策略。

2 辛兴村公共空间现状

2.1 辛兴村概况

辛兴村地处山西省阳泉市郊区，距离市区 8km，307 国道横穿村落。自然状况方面，该村占地面积 8.4km²，

耕地面积438亩，温带季风气候，周边山峦起伏。人口状况方面，有633户，共计1700人，主要从事农业和当地工业。建筑状况上，村内有现代砖混民房若干、传统砖砌硬山顶民居、传统木构歇山顶阁楼、传统合院形式关帝庙以及窑洞等，具有较高的历史研究价值。

2.2 辛兴村公共空间梳理

本研究采取乡村公共空间形态分类方式，可以将辛兴村公共空间归纳为点、线、面三种空间，进而对这些空间进行针对性的调查与分析，在分别归类的基础上对其进行以不同角度分析，提出它们存在的问题，进而对这些问题进行针对性的优化策略设计。

本文中"点"状空间指代的是村落中相对独立，所占领域较小的空间，如村口、水井、寺庙等。而根据对辛兴村的调研结果来看，已知的村内"点"状空间包括村内古庙、阁楼、古树下等空间，这些都是村内位置比较显著且村民停留意愿较强的空间。"线"状空间指代的是村落中的道路、街巷、河岸，其承担着村内的交通功能，体现着村落的脉络和肌理，是将"点"和"面"空间串联组织在一起的独特空间。辛兴村内的线性空间，由大到小可分为村内国道、村内主干道、宅间小道等。"面"状空间指代村落中点状、线状空间拓扑组合成的相对宽阔、围蔽感不强的面域空间，包括活动广场、晒谷场等。辛兴村内的面域空间目前已知的有关帝庙前广场、村民活动广场等。

3 辛兴村公共空间存在的若干问题

3.1 公共空间维护机制的衰败

与城市完善的维护建设机制不同，目前乡村对于村落内部公共空间的维护和更新建设对标城市存在一定程度上的落后，这是乡村近些年空心化所造成的必然结果。辛兴村村内的公共空间由于维护机制并不是特别完善，这导致了村落内部逐渐产生了一些消极空间，如村内的废弃兽医站（图1和图2）。此外兽医站附近的古树消极空间一定程度上使得村落的整体形象显得较为消沉。对消极空间进行适当的优化改造设计，可以增加村落内部公共空间，确保村民聚集、交流和休憩等需求的满足。

图1 兽医站内院（图片来源：作者自摄）

图2 兽医站鸟瞰图

3.2 传统公共空间的文脉断层

传统公共空间作为村落历史文脉的最佳记录，承载着许多代村民的共同回忆，无论是传统早期的庙会、祭祀，还是计划经济时期的集体生产、露天电影，每一个公共空间中的活动都或多或少承载了村民们的许多共同回忆，这种过去的活动不断在公共空间留下自己的痕迹，是记忆在实体世界的投射。然而当进入现代社会，原有的村落内的集体活动逐渐减少，新的生活方式带来了原有邻里关系的淡化。同时，新的建筑设施也让村落的面貌变得与原来的固有形式逐渐背离，直至出现断层，这种断层体现在建筑符号、建筑色彩、建筑材质、建筑尺度等方方面面，同时也在改造着原有的公共空间，比如说关帝庙前广场（图3）南侧，同时也是兽医站废弃窑洞上方的空地，在过去有一个戏台，随着村庄的发展和变化，这个戏台如今已不见踪影。

图3 关帝庙前广场（图片来源：作者自摄）

4 村落内公共空间优化策略

4.1 优化消极空间以提升公共空间品质

针对村内的废弃兽医站进行改造提升，以扩大村民的公共活动场所。从辛兴村鸟瞰图（图4）视角看，村落内部占据主要位置的便是传统合院形式的关帝庙，作为村落内部最显著的公共场所，其南部接着一个小广场，小广场南部便又是一个与小广场高差为2m的废弃兽医站，对废弃兽医站进行改造，可以将关帝庙的轴线和公共空间进行强化，形成更加顺畅和合理的动线。完成这一设计需要的是对场地内的废弃建筑进行改造和利用，对废弃院落进行植被的清理和利用。结合高差将关帝庙前广场的流线从广场经过废弃兽医站留存建筑的屋顶向南部延伸直至地面。对废弃的兽医站建筑进行部分修复和部分拆除，节省成本的同时可以保留原有的场所记忆，尤其是废弃的窑洞可以体现当地的独特文化特色。对保留建筑加设挡雨屋顶，在提供遮风挡雨功能的基础上延续了关帝庙的屋顶形式，加强了整体的脉络和轴线。而对保留建筑进行修复和更新后可以充当村内儿童的自习室、阅读室以及老年人活动室、棋牌室等，形成一个小型的文化活动中心（图5和图6），目的是优化村民的公共场所体验和休闲体验，并最终提高村落主要公共空间品质至一个新的层次。

图6　院落改造效果图
（图片来源：作者自绘）

图4　辛兴村鸟瞰图
（图片来源：作者改绘）

图5　整体改造效果图
（图片来源：作者自绘）

4.2　优化公共空间以延续地域文脉

形式上，村落内的传统建筑即砖砌传统坡屋顶民居、窑洞等，其坡屋顶元素、拱形元素代表了村落的传统地域文脉一部分，对其进行提取和再利用可以在一定程度上弥合传统建筑和当代建筑之间的断层。例如将坡屋顶元素运用在关帝庙前广场上，即原来老戏台的位置，通过对传统形式的复现，延续已经失落的古戏台，衔接历史与现在，修复村落的文脉（图7）。肌理上，村落内的

原有建筑表皮如砖墙、土墙、石墙，构成了村落传统的肌理意向，针对这些表皮进行提炼和运用，可以最大程度上保持村落内部整体风格的协调性，同时提取传统建筑的色彩运用到新的建筑上也可以达到很好的效果。具体到公共空间上，可以提取传统的砖砌、石砌、土墙表皮，加以运用到乡镇主干道的沿街建筑上，赋予其独特的风格，也使得村落文脉得到延续。此外，针对村落内的点状空间（如古树树冠下空间）进行优化（图8），完善其作为村民交流休憩的基础设施并将其作为联系广场和兽医站内院的交通节点，进一步阐释其重要性。针对村落流传下来的传统技艺如煤雕、剪纸等非物质文化遗产，则要进行一定程度上的展示和融合，将当地的独特工艺品融入设计，融入公共空间，在更小尺度上对地域文脉进行修复和继承。

图7　戏台效果图
（图片来源：作者自绘）

4.3　结合技术手段以优化空间适应性

乡村公共空间的优化不单单包括对街道、建筑界面等方面的风貌优化，同样也要结合现代技术的发展，针对性地做出合理的技术改进。结合近几年在国内出现的特殊旱涝天气，尤其在2021年10月阳泉市的特殊暴雨情况，针对公共空间进行雨水回收利用显然是一个很值得探讨的方向。根据调研走访来看，在阳泉当地有一定数量的村民取水相对不便，用水要依靠汽车运送，部分民居在院落内部会修建地下蓄水池来供应日常的饮用水

图 8 古树下空间改造效果图
（图片来源：作者自绘）

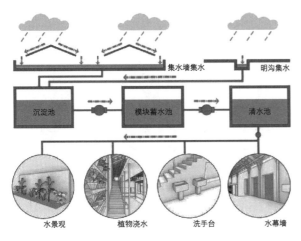

图 9 雨水回收利用系统图示
（图片来源：作者自绘）

和院落植物灌溉需求。根据村民对院落内部植物的灌溉用水、村落公共空间对景观用水等需求，针对性地结合建筑形式设计了雨水回收利用系统。该系统主要以水泵为动力，下雨的时候由集水系统收集屋顶上的降水，收集到沉淀池中进行初步的沉淀净化，再接着进行一系列简单的净化，变成了可以直接供景观、植物灌溉、厕所冲厕的非饮用水（图9）。针对街巷空间，则可以优化排水系统，对街道进行合理的渗水处理，减少地表径流。多种雨水处理手段合理应用，尽可能地增大村落内部对降雨的积蓄能力，更好地应对如暴雨等特殊天气情况，减少对自来水、地下水的依赖，节约水资源。

5　结语

乡村振兴的基本要求是让乡村居民的生活变得更好，随着国家相关政策的继续出台，对乡村的优化改造力度还会进一步加大，在乡村振兴建设过程中，我们必须避免在城市建设中出现的千城一面的问题，而这就需要我们对不同的村落进行细心梳理和研究，重视设计方法、居民需求、文脉保护，确保乡村振兴建设能够切实提升乡村风貌和人居体验。对于我国的广大乡村来说，乡村振兴建设是一次机遇，也是一次挑战，需要我们建筑从业者对乡村这一命题有更深入的了解以及更真切的体会。同时对于辛兴村来说，它的传统文化遗产相对比较丰富，还有更多的发掘潜力，受限于调研时间、知识储备等问题，对于辛兴村公共空间的优化改造策略仍存在一些问题，有待进一步地改进。

参考文献

[1] TREY G A. The Structural Transformation of the Public Sphere [J]. Quarterly Journal of Speech，1991，72（1）：26 - 28.
[2] 沈启凡. 乡村振兴中传统村落公共空间特色营造研究 [D]. 苏州：苏州科技大学，2019.
[3] 吴兴智. 公民参与、协商民主与乡村公共秩序的重构 [D]. 杭州：浙江大学，2008.
[4] 高子婷. 乡村振兴背景下美丽乡村公共空间营造策略研究 [D]. 荆州：长江大学，2021.
[5] 陈金泉，谢衍忆，蒋小刚. 乡村公共空间的社会学意义及规划设计 [J]. 江西理工大学学报，2007（2）：74 - 77.
[6] 陈铭，陆俊才. 村庄空间的复合型特征与适应性重构方法探讨 [J]. 规划师，2010，26（11）：44 - 48.
[7] 麻欣瑶，丁绍刚. 徽州古村落公共空间的景观特质对现代新农村集聚区公共空间建设的启示 [J]. 小城镇建设，2009（4）：59 - 62，65.
[8] 郑霞，金晓玲，胡希军. 论传统村落公共交往空间及传承 [J]. 经济地理，2009，29（5）：823 - 826.

类型学归纳下的清代帝陵布局与建筑形制设计研究

■ 于世伟[1]　张险峰[1T]
■ 1　大连理工大学建筑与艺术学院　　T　通讯作者

摘要　帝王陵寝不仅是封建君主的礼法仪轨，同时也是进行相关礼制活动的重要场所。清代现存陵寝建筑形制之完善、遗存实物之完整以及图档资料之丰富决定着利用类型学归纳方法介入研究的可行性。本文通过研究归纳出原始"品"字形、过渡"回"字形、标准"目"字形以及异变"凸"字形四种基本布局类型，进而以神道碑亭为转折点，前后划分出礼制活动引导与展开空间两部分，并按门式、桥式、亭式、殿式以及杂式五种不同的建筑单体形制展开论述。通过研究发现，关外三陵与关内九陵、以慕陵为界的关内前后各帝陵，在整体布局与单体形制方面均存在一定差异。

关键词　类型学　清代陵寝　布局　单体形制

引言

陵寝，作为历朝历代象征帝王仪轨与皇权封建统治的礼制建筑，从最早商周时期的"无封土、不起坟"到战国时期材料技术发展所形成的封土之上建"享堂"的象征式做法，再到秦汉时期的"方上"与"庙寝分离"，标志着我国陵寝制度的正式形成。清代陵寝建筑取制于明陵基本原型，不同于唐代借助自然山体营造皇权的统治与压迫，更注重营建出山脉环列、拱卫侍从、水流潆洄的山川与建筑之布局。这种根植于中国传统文化，将"视死如生"的鬼神与祖先崇拜、儒家之礼制孝道、天人合一的自然环境观以及"君子比德山水"的自然审美观[1]糅合于一体的建筑类型是研究中国古代建筑设计思想与理论的重要载体。

沿袭于明代的清代皇家陵寝建筑，一方面它所体现的是封建礼法制度，另一方面它又是承载相关祭祀与仪制活动的建筑空间。明清时期的陵寝实物遗存之富足、保存程度之完好，是其他历朝历代无可比拟的。史料参考上有诸如"样式雷"家族的建筑图档与烫样以及20世纪二三十年代中国营造学社踏勘测绘后编撰而成的《清式营造则例》《易县清西陵》等著述文献；实物遗存上，清代陵寝除自身保存完整外，具有自清太祖至光绪帝、自关外至关内这种时空分布跨度大、范围广的整体特征。同时帝陵作为清代陵寝中地位最重要、等级最高贵、规制最完整、仪轨最烦琐、最具有研究价值的建筑类型[2]，将其空间置于类型学归纳的视角下探讨其整体营建布局与单体建筑的形制组成，能够在竖向维度上拓展清陵研究的深度，从而有利于全面探究清代帝陵等礼制建筑背后的营建思想与规制的形成原因。

1　概念界定

1.1　类型学

类型学（Typology）对建筑设计创作的意义，旨在从"原型"获得新形式创造的内在动力，表达了协调环境和延续历史的愿望[3]。自20世纪60年代以来，类型学被作为建筑设计研究的一种方法论，在指导建筑生成逻辑的基础上依托建筑空间功能，寻求空间形式的溯源与变化[4]。将类型学置入清代帝陵的形态生成研究中，依托于其历史文脉与封建礼制思想，通过大量的个案研究分类归纳出其组群布局与单体建筑形制的"原型"。

1.2　类型学归纳下的清代帝陵布局与建筑形制研究

清代帝陵布局一般以神道碑亭为折点，分割为以南与以北两部分：碑亭以南各陵有繁有简，各有差异，是皇家礼制活动的引导空间；而碑亭以北至宝城宝顶为帝陵的核心区，按照皇帝生前"前朝后寝"的空间分布，以陵寝门为界又可将其划分为前殿与后寝两部分，属于礼制活动展开空间[2]。本文提出清代帝陵布局的四种类型，并以此为导向从礼制活动引导空间与展开空间两个层面对门式、桥式、亭式、殿式与杂式等五类单体建筑形制进行剖解与类型学归纳，以期为研究清代帝陵陵寝的建筑特点、营建思想与艺术特色提供一定参考（图1）。

2　清代帝陵布局研究

自后金初年至清朝瓦解共历时约300年，除宣统帝未建陵寝外，其余各皇帝、帝后以及妃嫔均分布在关外三陵与关内清东陵与清西陵。其中，关外永陵、福陵、昭陵建于1644年清军入关前，埋葬着包括清太祖努尔哈赤及其祖辈、清太宗皇太极及其妻室等；顺治帝入关后建设关内九陵，包含以孝陵为代表的景、裕、定、惠陵等组成的"清东陵"以及以泰陵为代表，包含昌、慕、崇陵等组成的"清西陵"。

相关学者大致将其归结为开创、成熟以及衰落三个阶段[5]：关外三陵处于开创期，孝、景、泰、裕、昌陵处于成熟期，而之后的慕、定、惠、崇陵则属于衰落期，

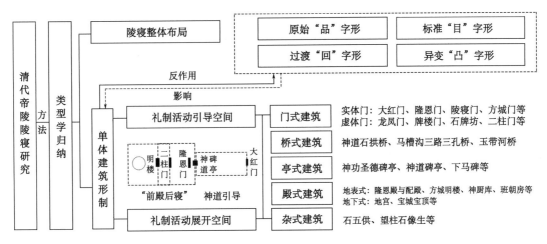

图 1　论文研究框架示意图
（图片来源：作者自绘）

且总体呈现出由简单至复杂、由初探至完善的演变趋势。笔者以清代 12 座帝陵为研究对象，按照其整体布局特征与各单体建筑的数量与形制特点，将其归结为原始"品"字形、过渡"回"字形、标准"目"字形以及异变"凸"字形四种类型（图 2）。

2.1　原始"品"字形

永陵作为原始"品"字形形制布局的代表，在延续其满族及先世女真族的种族文化基础上，没有利用方城宝顶进行形式化的强调，而是将先世的土坟宝顶与其家庭墓冢进行聚集式埋葬。陵寝正门设置对开的木制栅栏门，延袭其"树栅为寨"的民族遗风；同时，4 座单檐神功圣碑亭呈一字式排开，侧院拱卫主院，单檐碑亭与正红门构成礼制主轴，组成"品"字形的原始布局形态。

2.2　过渡"回"字形

关外其余两陵在借鉴明陵做法的基础上，受厚葬文化影响，不仅在规模上有较大扩展，而且在单体建筑规制上渐趋完备。首先，自清初延续下的火葬习俗、不设地宫的做法在福陵、昭陵中得以打破。下马碑、神功圣德碑亭等两座亭式建筑均已出现，且大碑亭屋顶已由单檐歇山转换至重檐歇山顶。此外，叫法上改"启运门"为"隆恩门"，并在形制上仿沈阳故宫凤凰楼，做成下部单层拱形门洞、上部三层重檐歇山楼阁式外形。两陵陵墙外砌雉堞、内砌宇墙，中间为马道，四周建角楼的城池防御式做法成为清帝陵设计中的孤例，陵墙与外围风水墙双壁结构围合成"回"字形布局。

2.3　标准"目"字形

"目"字形作为清代帝陵的标准营造形制，从东西二陵首陵孝陵与泰陵的建造始，以大肆缩减规制的慕陵为转折点，最后衍变为向祖陵复归的定、惠、崇陵。三进式的院落以明楼与琉璃花门相互连通，神功圣德碑亭、

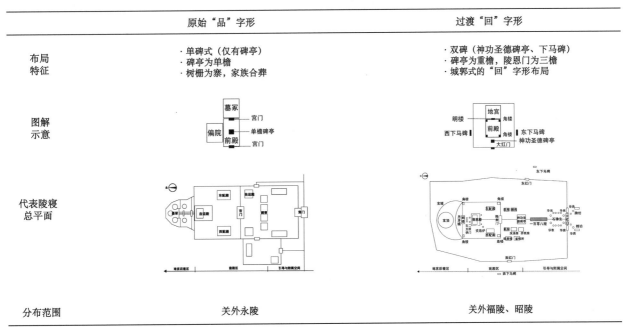

	原始"品"字形	过渡"回"字形
布局特征	·单碑式（仅有碑亭） ·碑亭为单檐 ·树栅为寨，家族合葬	·双碑（神功圣德碑亭、下马碑） ·碑亭为重檐，陵恩门为三檐 ·城郭式的"回"字形布局
图解示意		
代表陵寝总平面		
分布范围	关外永陵	关外福陵、昭陵

图 2（一）　清代帝陵陵寝布局分类
（图片来源：作者自绘）

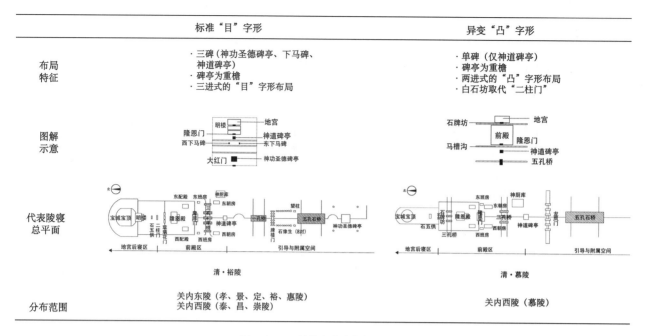

	标准"目"字形	异变"凸"字形
布局特征	·三碑（神功圣德碑亭、下马碑、神道碑亭） ·碑亭为重檐 ·三进式的"目"字形布局	·单碑（仅神道碑亭） ·碑亭为重檐 ·两进式的"凸"字形布局 ·白石坊取代"二柱门"
图解示意		
代表陵寝总平面	清·裕陵	清·慕陵
分布范围	关内东陵（孝、景、定、裕、惠陵） 关内西陵（泰、昌、崇陵）	关内西陵（慕陵）

图 2（二）　清代帝陵陵寝布局分类
（图片来源：作者自绘）

东西下马碑与神道碑亭由南至北依次递进，借助行进序列上横向展开的马槽沟与玉带河，通过布置孔数与形制各不相同的桥式连接体，共同组成节奏交替、高低错落的仪式空间序列。

2.4　异变"凸"字形

在清代所有的帝陵营建中，道光帝的慕陵是最为曲折复杂的一座，前后经历过两建一拆，建设时间长达 10 年。一方面慕陵打破乾隆帝"昭穆相建"的营建制度，另一方面在建筑形制上大肆进行改革与缩减。首先，裁撤神功圣德碑亭，仅保留重檐式神道碑亭一座，成为后来定、惠、崇陵的重要遵循。此外，裁撤石像生、方城明楼等，宝顶直接附于月台之上，使得"前殿后寝"的陵寝布局呈现出"凸"字形形态。

3　清代帝陵单体建筑形制研究

3.1　礼制活动引导空间

礼制活动引导空间主要包括由石牌坊至隆恩门前方神道碑亭内的前导部分，不是葬礼或祭礼展开的核心空间，主要包括石牌坊、大红门、龙凤门或牌楼门等门式建筑，神功圣德碑亭等亭式建筑，神道石拱桥等桥式建筑，望柱、石像生等杂式建筑，以及神厨库等殿式建筑。

3.1.1　门式建筑

天津大学陈志菲在对中国古代门类旌表建筑的研究中提出：满足出入基本功能有实体门与虚体门两类，其中实体门包含城门、宫门、房门等具有门扇的门；虚体门则包含阙门、牌坊、华表等无门扇的门，两者均能起到分割与连通空间的作用[6]。清代帝陵礼制活动引导空间内的单体门式建筑可分为大红门等实体与石牌坊、龙凤门、牌楼门等虚体两类。

其中，大红门又分为"关外"与"关内"两种营建

方式。"关外式"大红门称"正红门"，除正南侧有正红门外，一般在其东西两侧各建一座红门，供皇帝谒陵进出使用。屋顶形式上，关外常作单檐歇山式，而关内大红门则为陵区内唯一单檐庑殿式建筑。此外，关内大红门常与门外两侧下马碑形成等边三角形构图，如清东西两陵的首陵孝陵与泰陵。而石牌坊作为连接山势、调和陵寝风水的虚体门，在清代 12 座皇帝陵寝中共有 8 座：福陵 2 座、昭陵 1 座、孝陵 1 座、泰陵 4 座。按其分布特征，大致可分为单体式、对双式、三合式，其中对双式一般用作下马坊，而泰陵则为三合式与单体式的结合。此外，关外牌坊式样常作"四柱三间式"，与关内气势恢宏的"六柱五间十一楼式"有较大区别。龙凤门与牌楼门作为"天门"的象征，是关内帝陵的特色。牌楼门一般为"五间六柱五楼"，木制的额枋、斗拱上施以彩绘，而龙凤门则为"六柱三门四壁"，由石材、砖与琉璃组成，柱头上有横木的云板，门额加设宝珠，因而龙凤门的材料耗费更贵、加工难度大，因而等级更高[2]。主陵一般采用等级较高的龙凤门，当非首陵连接主陵神道的分支交点位于主陵龙凤门之后时，一般常建制牌楼门划定自身陵域；而当分支交点位于龙凤门前时，则需另建一处龙凤门以保证"升天"之义。在慕陵之后，由于晚清国家财政的紧张与皇帝"以地臻全美为重，不在宫殿壮丽"的个人偏好，之后的龙凤门与牌楼门设置则打破此类型做法（图 3）。

3.1.2　亭式建筑

礼制活动引导空间序列上，亭式建筑最重要的要属神功圣德碑亭。清代神功圣德碑亭仿明帝陵做法，大致可分为关外与关内两种。其中，关外永陵 4 座均采用单檐歇山顶，其余 7 座则为重檐歇山式。与关外相比，关内 5 座帝陵均在碑亭四隅竖立一座华表以取得横竖对比的构图效果（图 3）。

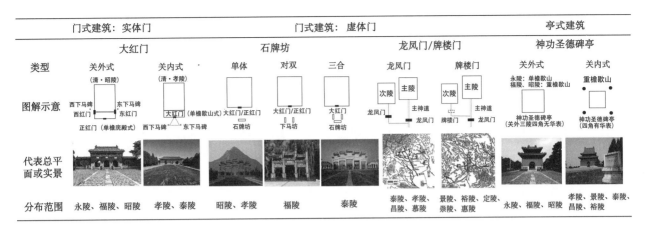

图 3　引导空间门式、亭式建筑单体形制分类
（图片来源：作者自绘）

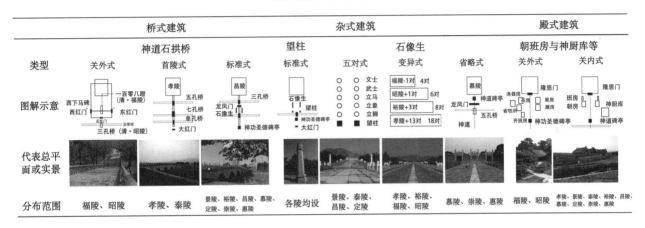

图 4　引导空间桥式、杂式、殿式建筑单体形制分类
（图片来源：作者自绘）

3.1.3　桥式建筑

神道石拱桥以泰陵为界，之前孝、景陵等以砖发券，券脸顶部设有吸水兽，后期主要以条石进行建造，且呈现出桥身由长到短、规模由大到小的演变特征。五孔桥作为神道拱桥的标准规制，在关外三陵中并无体现：永陵无拱桥，福陵借用一百零八蹬配合山势设置单孔拱桥排水，而昭陵则在玉带河上设单座三孔桥进行水法营造。关内各陵中，可分为首陵式与标准式（图 4）：首陵式配建七孔桥，且通过单孔、三孔、五孔等的配合排布于引导空间中；标准式最多设五孔，常位于神功圣德碑亭之后与石像生之前。

3.1.4　杂式建筑与殿式建筑

望柱各陵均设，一般位于石像生最前端，起到夹景的效果。但各陵石像生数量均有差别，大致分为标准五对式、变异式以及慕陵之后的省略式三类。其中标准式主要为立狮、立象、立马、武士、文士各一对，主要分布在景、泰、昌、定四陵；变异式主要为孝陵 18 对、福陵 4 对、昭陵 6 对与裕陵 8 对；末期的定陵、惠陵与崇陵则沿袭慕陵缩减形制的做法将其进行裁撤。引导空间中的殿式建筑主要有东西班房、朝房以及神厨库等：班房为值班人员居所，处在隆恩门前方，建筑体量较小；朝房体量大于班房，一般为官员候旨、等候祭礼之处。

神厨库则为准备祭祀肉品的场所，关外三陵一般将果品、膳房、涤器房等分散布置于隆恩门两侧；而在关内，除景陵受东朝房砂山的影响将其适当南移外，其余各陵均将其置于东朝房东南侧，由神厨、南北神库、省牲亭组成一组坐西朝东的院落（图 4）。

3.2　礼制活动展开空间

自神道碑亭至陵寝地宫为帝陵的核心区，建筑密度增大，与引导区变换丰富的外部空间相比更具有建筑群围合所形成的肃穆与庄严，与祭礼等活动要求相契合。单体形制上，主要包含隆恩门、陵寝门、二柱门等门式建筑，马槽沟三路三孔桥、玉带河桥等桥式建筑，神道碑亭亭式建筑，隆恩殿及配殿、方城明楼、地宫等殿式建筑以及石五供等杂式建筑。

3.2.1　门式建筑

隆恩门作为前殿部分的引导，自关外至关内可大致分为三类：基本式、防御式与标准式（图 5）。清永陵作为基本式的代表，面阔三间加回廊的平面形式与单檐歇山顶的立面造型使其成为最简朴的代表；之后，清福陵与昭陵改启运门为隆恩门，在前殿围墙四角分设角楼四座，楼阁式三重檐的歇山顶形成防御式的做法；入关之后，面阔五间、进深两间的琉璃瓦单檐歇山顶搭配青白石须弥座月台逐渐演变为隆恩门的标准形制。陵寝门又作琉璃花门，与二柱门一起，是划分"前殿后寝"的标识，在道光帝精简规制后，二柱门逐渐被裁撤，并以白石坊替代。琉璃花门在关内除慕陵外，均由神门、君门与臣门三座并排单檐歇山顶组成，中门较大，且门前月台较高，三门分别与三路垂带踏跺连接。

3.2.2 亭式与杂式建筑

关内九陵均建神道碑亭（又称小碑楼），规制大致相同，开间进深各三间，重檐歇山式屋顶覆以黄色琉璃瓦。每面檐墙开设拱券门一座，其上安装四抹头隔扇门与月牙窗，自泰陵始，券脸石被大量使用，加固建筑表皮与美化立面。石五供在关内各陵中位于二柱门（或陵寝门）以北，方城明楼之前，包括中央香炉、两侧花瓶与最边侧的两个烛台。孝陵仿明陵做法，祭坛与五供尺寸较小；自景陵始，器型渐趋挺拔、接近实物，至雍正帝泰陵时已形成基本规制[7]（图5）。

3.2.3 桥式建筑

清代帝陵展开空间中的桥建筑主要由隆恩门外马槽沟上的三路三孔桥与陵寝门前的玉带河桥组成。按神道碑亭、东西班朝房与三路三孔桥的位置关系来看，可大致分为神道碑亭之前与之后两种模式。其中，亭前模式按其与朝班房位置又可分为孝陵式（班房-朝房-神道碑亭-三路三孔桥）与景陵式（东西班房-神道碑亭-三路三孔桥-朝房）两类。慕陵中路为拱桥、侧路为平桥的做法虽与传统三路拱桥有区别，但仍可归属为亭后式做法。除景、昌、泰陵外，清代各陵均在陵寝门前、隆恩殿后玉带河上建造三座小平桥，使前殿与后寝部分联系。除裕陵采用三路一孔拱桥外，其余各陵均以三孔平拱桥作为其标准规制（图6）。

3.2.4 殿式建筑

隆恩殿作为礼制活动最高级的建筑场所，除慕陵外，关内其余各陵规制大致相同：面阔5间、进深3间，重檐歇山顶，青白石须弥座组成殿身与月台的基座。整体来看，关内孝陵等五陵选用青白石栏杆围绕殿身及月台的东、西、北三面，南侧设御路踏跺。慕陵并无在殿身与月台设栏杆，且屋顶采用单檐歇山顶；之后的定、惠、崇陵则讲求实用，只在月台部分设置青石栏杆（图6）。

清帝陵宝城共分为三种类型：八角马蹄形院墙的永陵式，须弥座上紧贴宝顶砌筑围墙的慕陵式，以及环绕宝顶设置马道的标准式。平面形制上，除永陵与慕陵外，其余十陵可分为长圆形与正圆形两类。除永陵未设置方城明楼外，福、昭二陵采用的垛口、马道配合四角角楼的做法在关内各陵中也未见。地宫处理上，清陵除永陵未设外，大致以"四门九券"为基本布局，自隧道券始，依次为闪当券、罩门券，之后附门洞券，门洞券后安放明堂；之后经过第二道门门洞券与穿堂券进入第三道门门洞券，之后为金券。慕陵地宫则与标准式有所不同，自隧道券后，自南向北经过罩门券、门洞券、金券以及石门二重（图7）。

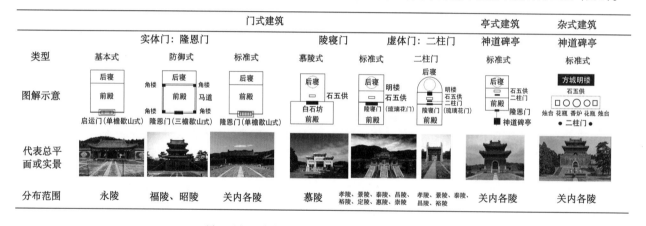

图5 展开空间门式、杂式、亭式建筑单体形制分类
（图片来源：作者自绘）

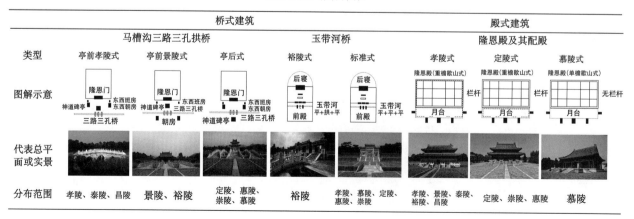

图6 展开空间桥式、殿式建筑单体形制分类
（图片来源：作者自绘）

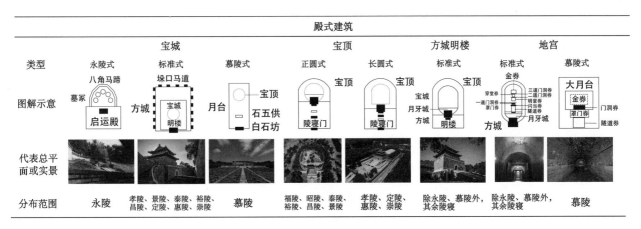

殿式建筑								
	宝城			宝顶		方城明楼	地宫	
类型	永陵式	标准式	慕陵式	正圆式	长圆式	标准式	标准式	慕陵式
图解示意	八角马蹄 墓冢 启运殿	垛口马道 方城 宝城 明楼	月台 宝顶 石五供 白石坊	宝顶 陵寝门	宝顶 宝城 月牙城 陵寝门	宝城 月牙城 方城 明楼	金券 穿堂券 三道门洞券 二道门洞券 一道门洞券 明堂券 罩门券 闪当券 隧道券 月牙城 方城	大月台 金券 罩门券 门洞券 隧道券
代表总平面或实景								
分布范围	永陵	孝陵、景陵、泰陵、裕陵、昌陵、定陵、惠陵、崇陵	慕陵	福陵、昭陵、泰陵、裕陵、昌陵、景陵	孝陵、定陵、惠陵、崇陵	除永陵、慕陵外，其余陵寝	除永陵、慕陵外，其余陵寝	慕陵

图 7　展开空间殿式建筑单体形制分类
（图片来源：作者自绘）

4　结语

清代作为封建社会的最后一代王朝，其帝陵整体布局与单体规制呈现出时序明确、规制多变的特征。首先，关外三陵与关内九陵在园区布局与神功圣德碑亭、大红门、神道拱桥、方城等单体形制上均存在一定差异；此外，关内九陵中，大致以道光帝慕陵为界，为追求"岂敢上沿诸制度，或能后有一规模"的营建思想，裁撤方城明楼、大碑亭、石像生等建筑单体，变五开间、三进深的重檐歇山式隆恩殿为三开间、三进深单檐歇山式规制，变陵寝门为白石坊，变隆恩门前马槽沟三孔石拱桥为中路三孔石拱桥，两侧五孔石平桥等减制式做法[8]。本文试图通过类型学的整体归纳，深入研究清代帝陵的发展与演变，以建造时间为轴，横向总结其在园区布局与单体形制上的不同，进而形成关于清代帝陵陵寝的类型化研究，以期为相关明清陵寝与中国古建筑设计理论探究提供思路与参考。

参考文献

[1] 谢岩松. 清西陵相度史考及格局读解 [D]. 天津：天津大学，2019.

[2] 谢怡明. 清代帝陵仪式空间研究 [D]. 天津：天津大学，2019.

[3] 薛春霖. 再议"类型"："类型"本体及其对建筑设计的意义 [J]. 新建筑，2016（1）：116 - 119.

[4] 李振宇，卢汀滢，王达仁. 宅语：类型学视角下的住宅形态设计探索 [J]. 建筑学报，2020，（6）：86 - 92.

[5] 卢德尧. 清东陵相度史考及格局读解 [D]. 天津：天津大学，2019.

[6] 陈志菲. 中国古代门类旌表建筑制度研究 [D]. 天津：天津大学，2017.

[7] 周莎. 清代帝陵五供祭台的纹样研究 [J]. 古建园林技术，2014（3）：59 - 61，4.

[8] 梁海婷. 慕陵隆恩殿做法浅析 [J]. 古建园林技术，2021（3）：53 - 57.

基于 Ladybug Tools 的乡村民居风环境研究
——以贵州省黔东南苗族侗族自治州南花村苗族民居为例

■ 郭晓阳　文泽华

■ 苏州科技大学建筑与城市规划学院

摘要　本文旨在乡村振兴视角下，利用 Ladybug Tools 节能分析工具分析贵州省黔东南苗族侗族自治州南花村苗族民居的室内外通风情况，并根据分析结果对建筑进行优化，最终提升室内外风环境质量。本次研究发现研究对象朝向、方位不佳，无法有效应对盛行风，同时建筑的开窗较局促，对通风量需求较高的房间通风情况较差，基于以上问题进行立面优化提升。希望通过此研究可以探索 Ladybug Tools 在我国乡村地区的民居被动式建筑发展中运用的可能性，并提供一些实践经验。

关键词　乡村民居　风环境　Ladybug Tools　节能分析　优化提升

引言

随着国家经济持续发展，在乡村振兴战略的大背景下，我国众多乡村的房屋建设、基础设施建设得到极大改善，但依旧存在环境保护与人居环境提升之间的矛盾。过去的乡村居民会依据地域情况、气候情况以及文化习俗设计并建造房屋，但以经验为主导的建造方式可能使居住者面临着室内舒适性不够的问题；如今，许多乡村民居会在室内引入电子设备以提升室内舒适度，但这无疑会提高碳排放以及生活费用，且对低收入的乡村住户并不友好。2019 年 8 月，我国发布实施新版《绿色建筑评价标准》(GB/T 50378—2019)[1]，面对传统民居的人居环境改造，需要将视角更加专注于绿色高质量发展，其中建筑的室内环境作为建筑的重要组成部分，它需要与外部环境之间争取一个平衡的关系，使居住环境舒适、健康、宜居[2]。

如今乡村的绿色节能人居环境建设是实现美丽中国宏伟蓝图的重要组成部分，绿色节能探索具有十分重要的实践意义。因此本文将基于 Ladybug Tools 节能分析工具，分析贵州省黔东南苗族侗族自治州（简称"黔东南州"）南花村传统苗族民居的室内外风环境情况，结合绿色评价标准，针对性地优化建筑舒适性，借此进行被动式更新探索。

1　研究背景

1.1　参数化工具介绍

参数化设计是将参数与对应的函数进行有机关联，通过控制参数的变化进而改变计算结果的设计过程[3]。Ladybug Tools 是搭建在 Rhino 的插件 Grasshopper 上的一款开源、可修改、精准的参数化节能分析工具，它可以对气候情况、太阳辐射、风环境、建筑能耗、采光情况等内容进行模拟分析和可视化呈现[4]。同时 Ladybug Tools 具有极强的包容性和可塑性，使用者可以利用 Grasshopper 后台插件进行设计、拓宽，以此满足设计者的设计需求[5]。

Ladybug Tools 主要包括四部分（图 1），即利用 Ladybug 进行气候分析、日照分析；利用 Honeybee 进行采光分析及热舒适分析、建筑能耗分析；利用 Butterfly 进行风环境分析，其内核是利用计算流体动力学（CFD）

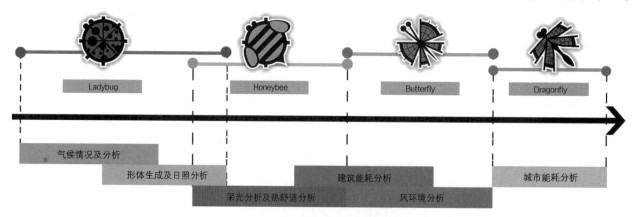

图 1　Ladybug Tools 包含的功能模块
（图片来源：作者自绘）

进行运算模拟；利用 Dragonfly 进行城市能耗分析[6]。其中，Ladybug Tools 中的 Butterfly 使用了经过验证的 Open FOAM 计算引擎，使模拟结果具有准确、完成精度较好的特点[7]。

1.2 研究现状

目前国内外已出现许多使用节能工具进行建筑能耗分析及优化设计的案例。科希策技术大学的 L. Kabošová 教授使用 Ladybug 和 Swift for Grasshopper 分析了雷克雅未克机场的风况，并且在盛行风中评估了机场建筑的空气动力学形状，最后以风环境舒适度为导向进行优化[8]；麻省理工学院的陈庆艳和 J. Srebric 将 CFD 用于室内和室外环境设计，以此用来评估建筑通风的有效性[9]。国内，南京大学的谭子龙将 Rhino + Grasshopper 平台与 Fluent 的对接，对室内外风环境进行模拟计算，并根据计算结果进行优化[7]；苏州科技大学的罗小华利用 Ladybug Tools 中的 Butterfly 工具对上海某高级中学综合楼进行风环境模拟，通过模拟得出两套优化方案，并针对两套优化方案进一步对比出方案的更优解[5]。

2 室内外风环境模拟分析方法

风是相对于地球表面运动的空气，地面的风环境情况由风向标测量与风速相关联。本文建筑室内外风环境模拟分析方法流程主要包括建筑 rhino 建模、Ladybug Tools 气候模拟分析和 Butterfly 风环境 CFD 模拟计算。

Butterfly 风环境 CFD 模拟计算是本文的重点部分。Butterfly 需通过偏微分方程来解释研究物理场，在计算数值时，需要利用边界条件（boundary condition）确定精确结果，由于 Butterfly 通过 Open FOAM 计算引擎进行计算，在模拟分析时需要为 Open FOAM 查找边界条件的物理参数、域中的位置，以及确定边界条件类型。

室外风环境舒适度主要靠平均风速比（MVR）来反映，当 MVR 为 0.3～0.7 时，人体舒适度较适宜[10]。同时本次模拟分析室内风环境主要考虑的是风压环境下的自然通风，建筑房间内的通风量直接决定人在内部空间中的舒适度情况，关于风压通风的通过开口的气流量可用下式表示[11]：

$$Q = (C_d A) \sqrt{\frac{2\Delta_{P_w}}{\rho}}$$

式中：Q 为通过开口的空气流量，m^3/s；Δ_{P_w} 为开口内外压差，Pa；ρ 为空气密度，一般取 1.2kg/m³；C_d 为流量系数，无量纲量，一般取 0.6～0.7；A 为开口的流通面积，m²；$C_d A$ 为风口的有效流通面积。

3 项目概况

3.1 地势、环境情况

项目位于贵州省黔东南州凯里市南花村（图2），凯里市位于云贵高原，南花村位于凯里市东南部。南花村是一处古老且充满民族韵味的苗族村落，村落民居盘山而建，村寨分为上寨与下寨，内部由一条盘路作为主路

径将山坡上的各个建筑串联起来，本次研究对象位于下寨的山坡上，该民居立于盘山路旁，建筑临山边布置（图3）。

图 2 研究对象——黔东南州南花村传统苗族民居
（图片来源：作者自摄）

图 3 黔东南州南花村航拍图
（图片来源：作者自摄）

3.2 气候情况

凯里市是典型的季风气候，属于夏热冬冷地区，据中央气象台对黔东南州气候统计[12]，全年最高平均温度 30.5℃，全年最低平均温度 2.4℃，其中 6—9 月温度处于高温时段，12 月至次年 3 月温度处于低温时段。

3.3 地域文化及空间形式

贵州地处高原，山水延绵，南花村是典型的苗族村寨，苗族文化崇尚"道法自然"和"自然宗教"，反映在建筑上便是依山而居。黔东南苗族民居形式具有较为典型的组合形式，在平面划分上，总体的建造思路皆遵循以堂屋空间为核心，其他生活用房围绕堂屋布置。例如火塘、卧室、厨房等，最终形成放射性布置的空间序列；在结构划分上，面阔以三开间居多，即明间和两个次间，但根据具体的生活需求，也有衍生出更多的开间，或增设稍间，用以存放粮食、养殖牲畜等；在垂直划分上，一层多为储物、厨房、养牲畜，二层为生活层，三层多为阁楼用以放置粮食等。南花村村寨民居同样遵循这样的建造思路。

(a) 立面图

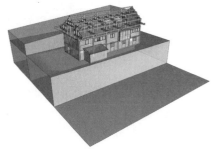
(b) 结构示意图

图4　研究对象——传统苗族民居
（图片来源：作者自绘）

4　分析及优化

4.1　建筑形式与空间分析

本次研究的对象位于南花村下寨，建筑临山坡而建，建筑前方开阔无遮挡，方位为坐东朝西，面阔方向无法获得有效的日照。经实地测绘后，绘制出CAD平面图，并在Rhino中建立模型。从外形上看，民居是典型的传统建筑形式，即三段式划分：屋顶、屋身、基座（图4），结构为穿斗式木结构，由六榀屋架构成室内空间；从立面上看，建筑在二层顶棚与屋顶间做了架空处理，有利于通风，提高建筑的隔热性，建筑立面开窗针对不同功能设以不同大小的窗户，例如堂屋、卧室、客厅开窗较大，其他辅助用房开窗较小；通过平面观察，可以发现该民居在总体布局思路上遵循着典型苗族民居的平面形式，即以堂屋为核心分别布置卧室、厨房、火塘间及其他附属用房，二层布置客厅、卧室、出挑阳台以及较大的仓库（图5）。

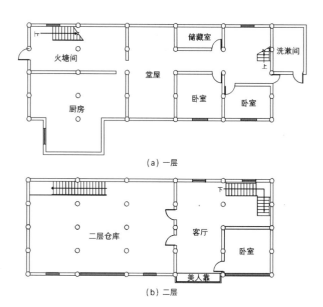

(a) 一层

(b) 二层

图5　苗族民居平面图
（图片来源：作者自绘）

4.2　室内外风环境分析

在夏季，建筑室内外风环境质量对人体舒适度产生极大的影响。如果可以有效引入风资源进入室内，则可以减少对调节温度的设备的依赖，降低室内温度，提高室内舒适度。

（1）利用Ladybug Tools进行建筑的室外风环境分析。研究室外风环境情况需要先观察黔东南全年的风玫瑰图情况。具体操作如下：利用Ladybug导入黔东南地区的气象文件，进一步输入气象参数、频率线、方向数量等相关参数。方向数量参数取我国玫瑰图常用的方向数量，即16[13]。通过以上操作最终获取全年风玫瑰图（图6），同时得到南花村全年静风风速为0.82m/s，全年盛行风角度为67.5°，全年盛行风平均风速为2.65m/s及全年各角度风的时间及平均风速情况（表1）。

表1　全年各角度风的起风时长及平均风速表

方向	角度/(°)	全年起风时长/h	平均风速/(m/s)
1	0	120	1.57
2	22.5	120	2.37
3	45	120	2.70
4	67.5	120	2.65
5	90	120	2.1
6	112.5	120	2.3
7	135	120	2.13
8	157.5	120	1.87
9	180	120	1.89
10	202.5	120	3.07
11	225	53	2.27
12	247.5	120	2.17
13	270	51	1.70
14	292.5	119	1.68
15	315	120	1.35
16	337.5	120	1.43

（2）模拟分析该民居在室外风环境下的状态。首先利用Butterfly建立一个高度为15m的风箱，基于《民用建筑绿色性能计算标准》（JGJ/T 449—2018），风箱模拟需要输入建筑各部的边界计算距离、网格数量。建筑各部的边界计算距离[14]数值分别为5、5、5、10；X、Y、Z方向的网格数量分别为50、50、20。最后模型将在该风箱中进行模拟计算。

（3）通过Butterfly计算获取case文件，将文件置入Paraview软件中进行可视化模拟（表2）。

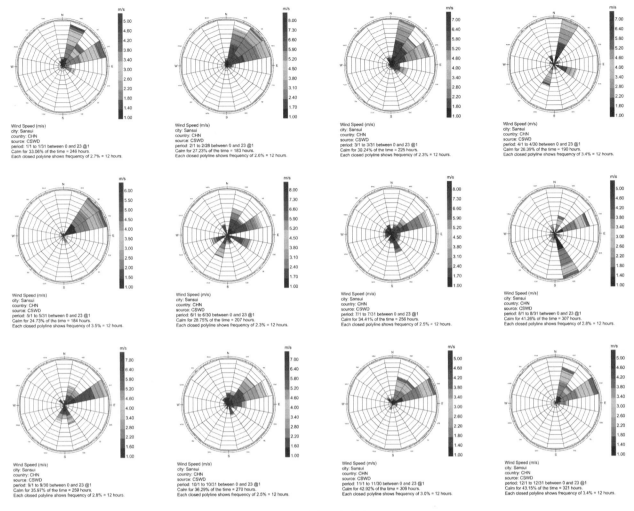

图 6　全年风玫瑰图
（图片来源：作者自绘）

表 2　室外风环境可视化分析列表（图片来源：作者自绘）

立面方向	可视化呈现	结 果 分 析
正立面		通过模拟分析可以观察到建筑正立面的左侧风速较小，右侧风速较高，符合盛行风方向的迎风情况
后立面		通过模拟分析可以观察到建筑后立面的右侧风速较小，左侧风速较高，与正立面相互对应
右立面		通过模拟分析观察到建筑右立面情况，发现建筑的左右两侧风速极低，几乎没有风穿行
左立面		通过模拟分析观察到建筑左立面情况，反映出来的情况与右立面相似，即几乎没有风穿行
总平面		从宏观上观察到建筑总平面情况，可以直观地反映出建筑室外的受风情况，在 67.5°的盛行风方位下，建筑的右立面可以获得迎向较高的风速，获取较多的风资源

综上分析，可以总结出由于建筑坐东朝西，朝向不佳，同时全年的盛行风角度为67.5°，建筑的面阔方向，即建筑的正立面和后立面以及建筑的左立面皆无法有效获取极佳的风资源，不利于进行被动式节能。

在进行室内风环境模拟分析时，分析手段主要是利用 Ladybug Tools 中 Honeybee 插件分别对建筑的一层、二层室内各房间平均通风流量情况进行模拟。首先，将建筑模型转化为 Honeybee 模型；其次，在此模型基础上划分内外墙体以及各墙面上的窗户、门、空气墙等；最后，连接 Butterfly 得到可视化分析结果。本次分析依据《绿色建筑评价标准》（GB/T 50378—2019）中提及的关于室内热湿环境需要在过渡季典型工况下进行通风换气分析[1]，于是本次研究选取过渡季为 4 月 29 日—5 月 5 日这 7 天进行通风分析，测试时间为 0:00—23:00，最终获取室内一层、二层各房间平均通风流量情况（表 3）。

表 3　室内各房间平均通风流量情况分析列表
（图片来源：作者自绘）

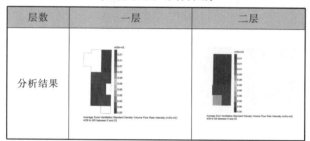

层数	一层	二层
分析结果		

通过分析结果观察到一层的入口、堂屋的通风量较高，具有良好的通风情况，说明住户针对人流量较高的空间进行了通风处理，但卧室（西侧）、火塘房（北侧）通风量较小，同时空间中还出现了如洗漱间（南侧）、储藏室（东侧）、厨房（西北侧）等区域基本无通风量。

观察二层的通风量情况，发现二层的通风情况相对一层较好，二层堂屋开设较大面积的窗户，能够较大程度地获取通风，二层卧室的通风量相对较弱，但也具有一定的风量接纳能力；此外，由于二层储物间面积较大，原住户可能为了保证储物间干燥、密闭，设置了较小的窗户，因此可以观察到空间通风量较小。

综上，由于建筑的朝向方位不佳导致无法有效利用盛行风方向的风资源，同时建筑立面开窗局促，仅针对二层堂屋和二层卧室开设较大面积的窗户，这导致其他较重要的房间，例如一层卧室、厨房、洗漱间、火塘间的通风情况极差，而这些房间无疑需要较高通风量来改善室内舒适度。

4.3　室内风环境优化

通过模拟分析可知建筑无法有效利用盛行风改善室内外风环境，同时因为开窗设置导致室内的通风量不足，针对以上问题，在保持原有建筑形象不变的基础上调整开窗情况，扩大室内对风环境的利用。但值得注意的是，根据住户的生活需求，一些房间，例如一层储藏室、二层较大储物间需要较干燥、密闭的环境，对通风的要求并不高。于是调整见表 4。

表 4　立面开窗优化对比表（图片来源：作者自绘）

层数	方位	原立面	新立面	增设内容
一层	西立面			一层两间卧室增设四扇窗户，增加通风量
一层	东立面			洗漱间增设开窗，火塘间增设为四扇窗户，满足盛行角度通风
一层	南立面			厨房侧向增设开窗，满足盛行角度通风
一层	北立面			厨房北侧增设窗户，满足盛行角度通风，排除厨房异味
二层	南立面			卧室南侧增设窗户，满足盛行角度通风

将新建立好的模型置入 grasshopper 中，进一步将模型转化为 Honeybee 模型，在此基础上进行 Butterfly 室内通风量分析，得到结果见表 5。

通过表 5 得到如下结果：①通过增设窗户后可以观察到一层的卧室、洗漱间、厨房、火塘间的通风量皆有了极大改善，能够较好地提升室内舒适性；②通过增设窗户后可以观察到二层卧室的通风量得到极为显著的提升，有助于改善卧室的居住舒适性。最终，当有效针对盛行风去调整建筑的开窗情况时，室内风环境情况得到了较显著的改善，由此一定程度地改善住宅对风通量的利用，在过渡季环境下改善室内的通风舒适度。

表 5　室内通风量优化前后对比表
（图片来源：作者自绘）

层数	原通风量情况	更新后通风量情况
一层		
二层		

5. 结语

本次研究在乡村振兴视角下，基于参数化分析工具对黔东南州传统乡村民居风环境进行研究。通过分析，观察到建筑对风资源的利用不足，于是针对该地的盛行风调整建筑的开窗情况，最后得到优化模型，通过可视化结果论证该优化改善了室内通风量的情况，一定程度改善了室内的舒适度。可以得出结论：面对当下一些被动式节能不足的乡村建筑，可以借助分析工具探究建筑的室内舒适度情况以及利用自然资源时存在的缺陷，科学化地改善建筑室内的节能情况，提升乡村民居的舒适度，降低改善室内环境的成本。

参考文献

[1] 中华人民共和国住房和城乡建设部，国家市场监督管理总局 . 绿色建筑评价标准：GB/T 50378—2019 [S]. 北京：中国建筑工业出版社，2019.

[2] 郭荣军，刘敬东，王玺文 . 基于 BIM 的绿色建筑室内空气质量改善研究 [J]. 家具与室内装饰，2014 (5)：62 - 63.

[3] 李众，承恺，张亚平，等 . 参数化技术下室内空间设计的算法应用研究 [J]. 家具与室内装饰，2020 (11)：101 - 102.

[4] 周白冰，董宇 . Ladybug 与 Honeybee 自然采光性能模拟精度验证 [C] //2017 全国建筑院系建筑数字技术教学研讨会暨 DADA2017 数字建筑国际学术研讨会论文集 . 北京：中国建筑工业出版社，2017，169 - 174.

[5] 罗小华 . 基于 Ladybug 工具集的绿色建筑性能分析方法及应用研究 [J]. 苏州科技大学报，2020 (1)：40 - 44.

[6] 李玉萍 . 基于参数化风环境模拟的岭南地区多层建筑中庭优化设计研究 [D]. 广州：广州大学，2021.

[7] 谭子龙 . 基于建筑风环境分析的 Grasshopper 与 Fluent 接口技术研究 [D]. 南京：南京大学，2016.

[8] KABOŠOVÁ L. The search for an optimal architectural shape using wind performance analysis [C] //IOP Conference Series：Materials Science and Engineering. London：IOP Publishing，2019，566 (1)：12.

[9] CHEN Q，SREBRIC J. Application of CFD tools for indoor and outdoor environment Design [J]. International Journal on Architectural Science，2000，1 (1)：14 - 29.

[10] BOTTEMA M. Amethod for optimisation of wind discomfort criteria [J]. Building and environment，2000，35 (1)：1 - 18.

[11] 刘森 . 基于自然通风的西安城市住宅设计与室内风环境模拟研究 [D]. 西安：西安建筑科技大学，2020.

[12] 中国气象台网 . 1981 年—2010 年（凯里）月平均气温和降水 [EB/OL]. [2022 - 11 - 01]. http://www.nmc.cn/publish/forecast/AGZ/kaili. html.

[13] 王新生 . 浅谈风玫瑰图在城市规划中的应用 [J]. 武测科技，1994 (3)：36 - 38.

[14] 中华人民共和国住房和城乡建设部 . 民用建筑绿色性能计算标准：JGJ/T 449—2018 [S]. 北京：中国建筑工业出版社，2018.

乡土建筑遗产活化利用视角下吕祖庙公共空间活化研究

■ 李杨　胡国需　李岩　蒋帆
■ 北方工业大学建筑与艺术学院

摘要　乡土建筑遗产的活化和利用，是实现乡村振兴的重要途径。研究基于对山西省阳泉市孟县神泉村吕祖庙建筑遗产以及公共空间的调研分析，对其公共空间的现状和问题进行分析，并结合当地政府规划政策对其建筑遗产利用策略进行了分析，并在分析结果的基础上对吕祖庙公共空间针对性提出活化利用策略，以期为同类研究提供有益借鉴。

关键词　乡土建筑　建筑遗产　乡村公共空间　活化利用

引言

　　文化遗产保护对于社会发展和民族认同具有不可替代的作用，而建筑遗产作为文化遗产的重要组成部分，如何对其进行保护与更新在当下成为了一个重要议题。建筑遗产要求建筑包含三个基本内容：历史痕迹、建筑群和文化意义，而乡土建筑作为中国农耕文明、村民共同记忆的载体，历史价值和文化价值的物质体现，显然完全契合建筑遗产的定义。中国自改革开放以来城市化进展迅速、发展成果显著，而在乡村的发展上却存在很大的欠缺，乡村的潜在价值没有被完全发掘、乡土建筑遗产以及乡土公共空间针对现代人物质和精神需求所进行的活化利用仍然有很多亟待改进之处。借此，本研究以山西省阳泉市孟县苌池镇神泉村吕祖庙为研究对象，提出更新策略，以期助力当地乡村振兴并提供有益借鉴。

1　相关概念辨析

1.1　乡土建筑遗产

　　国际古迹遗址理事会于 1999 年提出的《关于乡土建筑遗产的宪章》对乡土建筑遗产所具有的特征进行了阐释，包括未通过正式途径以外路径传承下来的建筑设计技术及建筑施工工艺、具有当地特色和辨识度的地域特征、在同一社区内广泛流传的建筑的营造方法、在各种条件限制下满足使用功能、社会形态和自然条件要求的解决之道以及对传统建筑形制和营造方法的有效运用[1]。乡土建筑具有独特且巨大的价值，其本身在具有维持所在乡村聚落人居环境稳定性和连续性这一功能的同时，还具有文化教育、保障生活品质和社会平衡的现实功能[2]。因此，乡土建筑遗产具有极高的历史文化价值和现实价值。

1.2　乡村公共空间

　　乡村公共空间这一概念，在不同的学科中其定义也各不相同。在社会学领域，黄浩原、王一惟等认为乡村公共空间包含了物质层面上的物质场所和精神层面上的组织和活动形式[3]。在建筑与城市规划领域，王勇等将乡村公共空间定义为承载了乡村居民生活和交往需求的实体空间，具有引发乡村社会生活交往的功能[4]。陈金泉等认为乡村公共空间是一个可以自由进出的，可供使用者进行各种活动和信息交流的物质场所[5]。综上，本文所研究的乡村公共空间主要侧重在其物质层面，即实体空间。

1.3　活化利用

　　在文物保护领域，活化利用这一概念专指通过适宜的利用方式，来发掘历史古迹在当代社会中蕴含的社会价值和经济价值，并最终为当地经济发展提供助力[6]。在建筑学领域，张妍认为建筑遗产的活化利用指的是延续传统建筑的原有功能抑或是将传统建筑空间拓展至其他用途，并最终使功能满足当下的使用需求[7]。综上，乡土建筑遗产和乡村公共空间的活化利用旨在将村庄的历史文化、人文特色结合现代材料和技术理念面向现在的使用者进行针对性的设计，在提升村民生活品质的基础上，为乡村注入新的活力、助力乡村的长期发展。

2　吕祖庙现状及遗产活化利用策略分析

2.1　神泉村概况

　　神泉村位于山西省阳泉市孟县中部苌池镇，区位条件良好，自然资源丰富，景色壮丽。有 4980 亩农田，多为基本农田，主要作物为玉米、小麦、大豆等，兼有连翘等经济作物；水资源丰富，龙华河贯穿村落南北，北邻兴道泉地下水源地，靠山处多泉井、村域内多水塘；自然风景极佳，森林覆盖率高达 80%。文化遗存丰厚，诸如"白鹿神泉"的传说和"藏山"，更有古照壁、李氏古宅、吕祖庙等历史古迹，是为旅游价值的重要体现。综上，神泉村具有较高的以农业为基础的旅游产业发展优势及前景。然而就神泉村公共空间现状来看，存在一些不足：村内主要公共空间（图1），如戏台前广场、村委会前广场以及街巷空间，其空间形态和铺装风格都偏向现代风格，无法体现地域文脉和乡土特色。而地处村庄高处视野开阔，最能体现当地历史文化的吕祖庙，却没有充分发挥其作为公共空间应有的作用。

戏台前广场　　　　　　　吕祖庙　　　　　　　街巷空间　　　　　　　村委会前广场

图1　神泉村公共空间现状
（图片来源：作者自摄）

2.2　吕祖庙概况

吕祖庙位于神泉村西北部，白鹿山山脚，西边紧邻白鹿山，位于村庄内南北向主干道的北端，由此向北可达普贤村，东侧为天然巨石平台"大石场"，南侧是整齐排列的民居等建筑。始建年代不详，于2009年重修。吕祖庙为一进院落，北部为正殿"纯阳宫"，正殿两侧连着体量更小的"吕祖殿""奶奶殿"，三个殿均为硬山顶，砖木结构，"纯阳宫"南立面上施斗拱且有一前廊。正殿南侧为一面阔三间进深一间的卷棚顶凉亭，木结构，部分柱子替换为水泥柱，设有斗拱。院西侧为南北向一小庙，砖木结构硬山顶。寺内有泉，名曰"鹿泉"，亦称"鹿洞泉鸣"。此外西侧小庙的西侧近处，正殿西北、东北侧近处均有一处泉井。吕祖庙东南接一半圆形洗砚池，正南有一水泥台作为戏台使用，西侧白鹿山半山腰处有一摩崖石刻，石刻内容为佛像和佛经。

2.3　吕祖庙公共空间及遗产现状梳理

吕祖庙公共空间（图2）包括吕祖庙本体建筑群、大石场、吕祖庙前广场和洗砚池。根据调研了解，以上部分空间存在利用率不高、风貌欠佳、缺乏特色等问题，具体表现为：①洗砚池环境杂乱，缺乏长效利用；②庙前广场处水泥戏台风貌欠佳，缺少观演设施，使用不便；③庙东南侧大石场作为观赏远处群山的绝佳场所，未充分利用。

吕祖庙内最近一次大规模修缮为2009年，庙内有《重修吕祖庙碑记》记载："吕祖庙暨鹿洞创建不详其始，而终毁于'文革'十年。垣颓壁断，蓬蒿丛生，仅存遗址。"重修后的吕祖庙最大程度上还原了吕祖庙的原貌，具有一定的历史价值。而据庙西侧碑文《白鹿山摩崖佛碑记》记载，白鹿山山腰处的石刻是北魏年间制成，历史悠久，但石刻内容经长年风化变得较为模糊，且要观

图2　吕祖庙公共空间现状
（图片来源：作者自摄）

赏石刻只能走一条简陋的小山路，与吕祖庙关系显得较为疏远，缺乏整合。

2.4 吕祖庙遗产活化利用策略

关于建筑遗产的活化利用，在国内经过近些年的实践，已经探索出了多种路径。这些模式目前可总结归类为三种，分别为政府与资本主导模式、政府引导村民参与模式、村民与资本合作模式[8]。而前文所提到的吕祖庙位于的神泉村具有优越的交通条件、农业资源、自然资源，因此十分适合进行文化旅游开发。此外，孟县苌池镇人民政府2021年10月编制的《孟县苌池镇神泉村乡村振兴发展建设规划》对神泉村进行了详细的发展定位，即"打造以乡村振兴为核心，多元文化共融共促，形成生态、生活、生产一体发展的乡村文旅发展格局；打造集生态观光、农业体验、乡村旅游为一体的省市乡村振兴示范村"。

因此，基于神泉村当地优势以及当地政府实际规划，对吕祖庙的遗产活化利用策略可以总结为：①基于当地旅游产业规划，将吕祖庙建筑遗产予以充分的保护和改造；②更新吕祖庙场地基础设施，梳理游览路径，打造特色空间，使游客和村民获得更好的游览体验和生活体验。

3 基于乡土建筑遗产活化利用的吕祖庙公共空间活化策略

在明确对吕祖庙遗产活化策略的基础上，对吕祖庙周边公共空间即吕祖庙砚池、荒地、大石场、摩崖石刻进行更新，更新方案（图3）是基于吕祖庙作为向村民和游客提供一些参观神泉村当地建筑与文化遗产、观赏神泉村自然景色以及举办当地特色活动的空间的出发点来设计的。通过对以上公共空间更新活化，路径串联，形成一个具有吸引力的、能够改善村民与游客使用体验的特色公共场所。

3.1 空间结构梳理

对吕祖庙公共空间整体进行重新梳理，即采用了"一面二线三点"的结构。"一面"是场地内的大石场，登上此石场，空间开阔，群山环抱，使人心旷神怡，故做成开阔的大广场，尽量减少建筑植入，防止遮挡视线。"二线"是两条轴线，南北轴线为古栈道、吕祖庙、照壁和村庄，为人文轴线，东西轴线为登山栈道、洗砚池、大石场和群山，为自然轴线，整个设计紧紧围绕两条轴线展开。"三点"是围绕吕祖庙设计的三个视线交点，分别为瞭望塔、悬崖展厅和戏台，在吕祖庙上可同时与这三个点上的人进行视线交流，强化场地各元素与吕祖庙的整体联系。

3.2 砚池地下展厅

吕祖庙右侧的"砚池"，是一个半圆形的土台，顶部与吕祖庙前广场平齐且雨天蓄积少量雨水后形成镜面可映衬山色，顶部与右侧大石场高差达到5米。在维持吕祖庙本体建筑主体地位、体现泉水文化、避免新建建筑与吕祖庙本体建筑产生违和感的前提下，针对砚池地下空间进行了拓展利用，将一个包括阳泉艺术展览、特色农产品展览、茶室、阅览室空间的展厅"藏"在砚池这个土台的内部，为村民和游客提供一个可以了解神泉村故事、体验神泉村特产、欣赏神泉美景的艺术展厅（图4）。同时，将顶部改造浅水池，从而倒映吕祖庙周围的壮美山色，丰富吕祖庙的游览体验，同时用一个穿过水池的下行楼梯将吕祖庙前广场与大石场连接起来，水池的顶部设置几个圆洞作为地下空间的采光天窗。这样一系列设计的目的在于尽量降低对吕祖庙传统风貌的影响，同时体现出不一样的特色，形成新旧并存的局面。

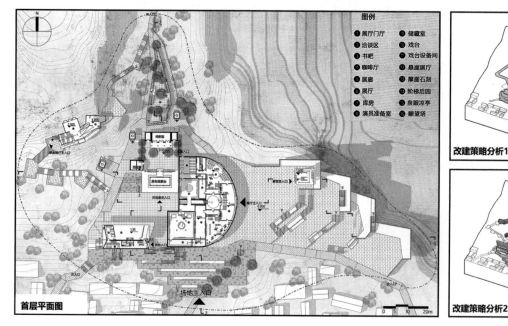
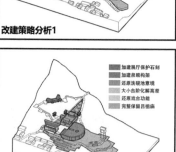

图3 吕祖庙公共空间整治方案
（图片来源：作者自绘）

图 4　吕祖庙公共空间更新效果
（图片来源：作者自绘）

3.3　摩崖石刻展厅

吕祖庙西侧白鹿山腰处的摩崖石刻具有悠久的历史，但是并没有得到应有的突出体现和保护，因此对摩崖石刻设置轻质钢结构外壳进行保护覆盖，同时形成一个小的展厅和空间节点。在摩崖石刻旁的自然崖壁上向内开凿出一小部分空间作为摩崖石刻文化的展室（图5），原有的通往石刻的土路改为石板阶梯路并穿插一些观景休息平台，丰富摩崖石刻的观赏体验，室内设计上以突出石刻佛像为主设置狭小天窗，外表皮材质上采用与山体颜色接近的石板材料。

3.4　石场、戏台与荒地改造

西南侧空地的戏台一直作为村内表演传统戏曲的场所，如今在重振神泉传统文化习俗的大前提下，针对性地做出了能够满足现代人观赏传统戏曲等表演的活化改造（图5）：在原戏台上方设置遮蔽的屋顶；增设准备室和设备室以满足演员使用需求；戏台北侧小绿地改造为观众席位。吕祖庙北侧三角形狭长荒地连接着通往摩崖

石刻的一条土路，设置为小型公园（图5）供游客和村民休憩。而吕祖庙东南侧天然大石场则平整为广场（图5），在石场外边缘设置向外挑空的平台以更好地观赏自然景色，并在石场上设置一高度略低于吕祖庙的瞭望塔以瞭望周边景色，同时成为这个大广场的视觉中心，打破平面感。

4　结语

乡村振兴根本在于提升村民的生活品质，这不仅需要完善村民的公共基础设施、提升村民收入，也需要活化利用乡村的建筑遗产、文化遗产，在利好村民未来生活的前提下，结合村庄未来产业规划对建筑遗产进行活化利用，振兴传统文化习俗，这样才能避免乡村面貌同质化。乡村公共空间的重构要重视村庄特色的呈现，为村民提供良好的精神指引，延续村庄的文脉，最终促进村民物质富裕、精神富裕。

参考文献

[1] 屠李，赵鹏军，张超荣．试论传统村落保护的理论基础 [J]．城市发展研究，2016，23（10）：118－124.

[2] 张松．作为人居形式的传统村落及其整体性保护 [J]．城市规划学刊，2017，61（2）：44－49.

[3] 黄浩原，王一惟，文志远．论川西林盘体系在新型人居环境下的保护与发展 [J]．中国地名，2020（7）：42－43.

[4] 王勇，李广斌．裂变与再生：苏南乡村公共空间转型研究 [J]．城市发展研究，2014，21（7）：112－118.

[5] 陈金泉，谢衍忆，蒋小刚．乡村公共空间的社会学意义及规划设计 [J]．江西理工大学学报，2007（2）：74－77.

[6] 吕舟．《中国文物古迹保护准则》的修订与中国文化遗产保护的发展 [J]．中国文化遗产，2015（2）：4－24.

[7] 张妍．乡土建筑遗产视角下川西林盘的空间价值与活化利用 [J]．成都大学学报（自然科学版），2022，41（1）：97－102.

[8] 范成贤，陈雳，张瑾．乡土遗产活化利用视角下的乡村公共空间重构研究：以北京海淀永泰庄村东岳庙为例 [J]．华中建筑，2022，40（10）：117－122.

[9] 王河，饶祖浩，胡嘉茵．村落公共空间的活化研究：以同和村美丽乡村风貌活化设计实践为例 [J]．华中建筑，2021，39（6）：118－121.

[10] 刘怡，雷耀丽．乡土建筑遗产视角下传统窑洞民居的价值特征保护：以陕北地区大型地主庄园为例 [J]．建筑与文化，2020（10）：108－110.

近代重庆江北公园变迁与城园互动关系初探

■ 冯子铭 黄弋航 张海燕
■ 重庆大学建筑城规学院

摘要 随着人们对园林绿地等自然环境与日益增长的美好生活的需要不断提高,实现城市可持续、高质量、高品质发展也成为了学界关注的主题。本文以近代重庆江北公园为例,通过文献和地图研究来分析不同时期的公园空间结构变迁,通过讨论城园互动的方式来分析公园衰落的原因。只有以人的日常生活为导向的公园设计,才能成为与城市居民生活环境良性互动的重要组成,历史园林作为城市的重要锚固点之一需要被更慎重地对待。

关键词 近代公园 江北公园 城园互动

引言

城市公园作为市民生活环境质量、城市文化氛围以及城市形象的重要组成,在城市空间建设工作中具有积极意义。而在城镇化进程中,使用率与功能适配性低下的近代公园逐渐衰败,难以实现可持续、高质量、高品质发展。因此,从问题与需求的双重角度考虑,对历史上的城市公共园林进行研究是十分有必要的。

已有研究大多聚焦于古代府城中的城市园林与近代开埠城市、通商口岸的公园,近代公园的相关研究又可细分为两类:一是公园设计理论与方法的学科内部探讨;二是从文化社会学角度研究具备公共空间属性的近代公园与城市空间、生活、政治文化等的关系。其中熊月之[1]借助个案研究剖析晚清上海社会公共空间的发展情况,为后续的诸多研究提供了一个很好的研究方法,如李彩等[2]、张健等[3]、余洋等[4]、张安[5]等对重庆、东北、上海的近代公园研究,而段建强[6]从上海公共园林转型的三个案例出发,探讨了"城园互动"机制的基本理论框架。

江北城在重庆近现代城市转型中扮演着重要角色,而目前有关重庆公园的讨论大多围绕中央公园展开,对同期建设的江北公园的研究则有所欠缺。本文对不同历史时期的江北公园的空间结构变迁进行梳理,试图厘清不同时期江北公园与江北城的城园互动关系及其衰落的原因,为当下城市公园的可持续发展提供启示。

1 近代重庆江北公园的空间变迁

1.1 江北公园建设背景

鸦片战争后,租界内的"公园"作为文化入侵的载体,构成了城市内重要的娱乐空间,其间的"西洋景"亦是国人新奇的对象。此后,随着近代中国城市转型的启动与开埠城市的拓展,租界作为城市建设的"范本",成为了建筑规划的效仿对象,而公园也因此实现了"舶来品"的本土化——"私园公用"与"与民同乐"。到了

20 世纪初,公园所代表的"进步""民主"的文化内涵推动了公园建设的兴起,"马路公园……几成一时风尚"[7]。此外,为满足市政建设思想的启蒙与应对权力合法性象征的需要,确立了以物质空间建设为主的方针,而人们对美好生活向往与"市廛栉比,街巷逼仄……故无隙地以种花木,空气之恶,亦遂为全川最"[8]这样的客观现实之间形成的强烈反差使得城市公园成为了重要的建设内容。

在内外因素的共同作用下,"江北虽非繁华之区,因曾并入市区之故,不能不勉求有所表现……经前市政办事处郭又生、涂华珊两处长一再与县绅协商,始拟就文庙后荒坡数亩辟为公园"[9]。它的选址本以"新城最佳",但经费无法承担,故被舍弃。而文庙孔林因其"面积宽广,地位适中,古木参差,培植甚易"的地理优势与"建筑崇宏,市民可以随时瞻仰先师的遗范,耳濡目染之余,尤足养成伟大之国民性"文化优势,成为了江北公园的落位之处[10]。此外,为解决经费与管理,江北县建设局局长唐建章组织成立了江北公园筹备委员会并拟定建设计划,划定建设范围[11]。公园最终于 1929 年完成基本建设。

1.2 1929—1936 年:城市中心,中西结合

江北公园(图1)位于江北城的中心,被撑花街划分成上、下两部分,功能空间与建筑单体都集中布置在上公园部分。园内景观风格融合了中西园林的精华,既有分区组织方式,也有借势造景之说。规划布局上按游览区、运动区、管理区、教育区分布,各区沿游览路线一一展开,空间抑扬结合,造景小巧与开放并重。入园大门与县政府共用入口广场,位于公园东侧,文庙一侧亦有一门直通上公园。主入口处以狭长的路径空间为引,步行至喷水池与运动场处,空间由抑转扬。公园的东南隅为动物园与园圃区。沿着园路向西北行,假山旁侧为公园事务所。经街下隧道至下公园,造景依山势而建,过"弘轩、听风廊而登土山,虽不高峻,颇具山林气象"。"嵌空玲珑"的假山迷园,俗称为八阵图,是整个

公园最重要的景致之一。茅亭之西皆为草坪，空间再次由抑转扬[12]。

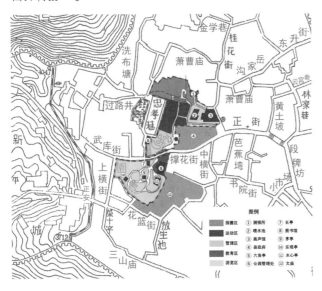

图1　江北公园建设初期景观布局
（图片来源：作者改绘）

园内建筑大多是与山水互为对景的亭台楼榭，"土山之北有亭曰乐观……土山之东为风烟奇古亭，西北隅为水心亭，渡小桥而西有茅亭"[13]。大小形状不一的景观亭以借景的方式与不同位置与方向的公园景观相呼应。除此之外，以测候亭与江北县图书馆最为重要。前者曾是西南地区唯一的官办气候观测机构，后者则承担了江北城内的文化教育功能。

1.3　1937—1949年：公私混杂，百废待兴

抗战时期，公园面积有所扩大，但基本保留了原有的规划布局。景观受空袭、公共防空避难壕的建设、机构内迁安置、租借、道路建设等多方因素的影响，遭受了较大破坏，园内空地也转变为工务局、宪兵学校等行政、军事功能。此时的公园成为公私混杂的区域，原有空间结构与流线的完整性被破坏（图2）。园内建筑如画声馆、八角亭等，皆被新的权力空间取代。虽有"来薰阁前面拟建小花坛三个……篮球场拆除，现建草坪……测候所小院，改建花圃，原有餐馆、茶社、戏院仍招租

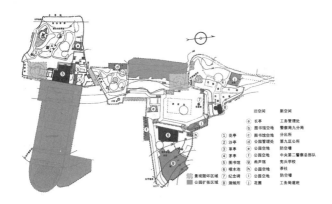

图2　1946年江北公园平面图
（图片来源：作者改绘）

复业"[14]，但小规模的改建与复业并也没有改变商业、文化功能几近凋零的状况。

1.4　1950—2003年：点轴布局，功能为重

1953年，江北公园由市建设局接管，1958年，园内新建了文化会堂、茶园与篮球场，将画声室改为藏书与阅览，强化了公园的活动与文化功能。1963年，公园的基础设施得到维护，"分房屋建筑、公园设施、电杆线路、危岩堡坎、排水防洪、供水、道路等七个项目"[2]。但好景不长，公园在"文化大革命"时期被当作是侵蚀无产阶级生活的场所，沦为堆料场。1980年后，市人民政府与园林局拨款恢复了部分公园景观，重修山门、水池、长亭、六角亭以及园圃区（图3）。

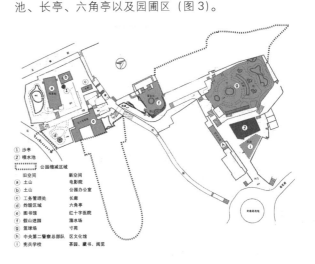

图3　1980年江北公园平面图
（图片来源：作者改绘）

相较于初期的"步移景异"，这一时期的公园景观集中分布在东南隅与西北角，形成"点轴"关系。依山就势与随景造园的古典园林特征有所弱化，园地的功能性更为凸显。园内最重要的节点为"寸苑"。前有假山障景，"曲水碧池，花草成荫"，后有古典庭园，小池、喷水池、半圆廊及其后的步道空间构成了线性景观。而电影院旁侧的景观以假山、水池为主要景观要素，公园边缘的六角亭立于土山之上，为登高远眺之所，"半岭岚光绿，满声花影香。看云坐幽石……林梢挂夕阳"[15]。

2　江北公园与城市的互动方式以及衰落原因探讨

2.1　不同时期江北公园的城园互动变迁

三个时期的江北公园与城市的互动方式是不同的（表1）。建园初期，江北公园既是游乐与文化并重的园林空间，也是融入城市的公共空间，始终保持了"极为开放，任人游览"的状态。受到"发人兴趣，助长精神，俾养成一般强健国民"的初衷影响，园圃、运动场、图书馆等功能在公园景观中占较大比重，而画声馆、动物园、喷泉的建造满足了民众对于"西洋景"的猎奇心理。此时的"人园互动"是积极与频繁的，江北公园也成为联系文庙、县政府、居住区的纽带和城市的中心。

表1 江北公园空间、边界、定位以及互动方式

功能类型	1929—1936年	1937—1949年	1950—2003年
	功能空间		
景观	园圃、假山亭榭喷水池	园圃、假山亭榭喷水池、纪念碑	园圃、假山亭榭喷水池
活动	运动场、图书馆	草坪	溜冰场、文化馆、阅览室
商业	画声馆、动物园	—	电影院、茶园
其他	公园事务所、测候所	机构、军队	公园办公室
空间边界		扩大	缩减
功能定位	游乐与文化并重的城市中心	行政与军事为主的城市中心	社区活动中心
互动方式	人园互动为主	公共权属的迭代为主	人园互动为主

1937年后，江北公园与城市的互动涉及空间边界与景观变迁、公共权属的迭代与文化内涵扩展。忠孝巷与文庙的划入使得公园边界得到拓展，而受抗战与空袭影响，公园景观损毁过半，园内活动与商业等功能有所衰落。此外，由于"只有江北公园尚有余屋，且地当要冲"，导致公园被机构内迁、租借以及军队驻扎等强管控渗透，游乐功能成为战时的"牺牲品"。从一开始的借用、挪用到最后的占用，江北公园不再作为城市重要的公共空间，而是江北县权力博弈的焦点，医护委员会的短暂进驻与公所、工务局、军队长期占据都意味着公园已然转变为江北的行政、军事中心。数次临时性封园与公私界限的模糊使得人们的活动频率大幅减少，活动由多样转为单一的因空袭引发的被迫性集中，加深了人们对公园行政与军事属性的认知。虽有碑、中山亭等纪念性空间的建设，丰富了公园的文化内涵，但也只是暂时性的。当公园不再是革命和抗战的主阵地，生产与重建成为人们关注的重点，它与城市的互动就被人们所"搁置"与遗忘。

新中国成立以后，公园的边界进退、空间建设与公共性的变迁成为主要的城园互动方式。随着政权的统一，公园（乃至江北城）行政中心的地位转移至主城，园内景观类型并无转变，而文化活动类的空间有所增加，公园开始向社区活动中心转变。茶馆里的"荷叶和竹琴"、节庆时的"旱船、高跷、莲花闹"以及露天坝里的"评书大腕"共同构成了市井图景[10]，"敦教化，淳风俗"的公园重回开放的公共空间。但随着城市重心的迁移与小游园的相继建成，江北公园不再是举办活动的唯一选择，公园的空间认知也愈发衰微。1998年，建设用地的紧缺使得江北公园再一次成为市发展与市民生活博弈的"牺牲品"，土地被划作商业开发用地，所占面积一再缩减，城园互动也趋于消极。

物质空间的边界与景观变迁是最直接的城园互动方式，虽然公园意象始终是中西结合的，但其建设从大兴土木到小规模重建再到多次恢复直至消失，互动频率各有高低。公园不单是经过景观设计的或公共活动的空间容器，而是多方势力不断"斗争"的社会载体。作为城市主体的人与权力始终交织在城园互动的过程中，并影响着公园的活力与存续。

2.2 物质、社会与观念影响下的公园衰落

公园初期是由办公室和地方绅士共同管理的，1938年后由市府收管，出现管理人员与工作不匹配的状况，申请调配人手。这一状态在重庆市档案馆工务局全宗21/12卷6页民国28年（1939年）江北公园周久康给工务局吴局长的《申请增派园丁的签呈》一文中有所记载："恳请钧府局准招园丁8名……并函警察局江北分局派园警6名"，可视为公园管理系统失衡的开端。另外，侵占园区土地的机构以及附近的居民对公园的景观造成了较大破坏。1946年，"移交第九区区公所接管"，园内设施皆记录在移交清册上，但部分设施并未明晰地权关系，花圃区被划作商业开发区域，公园面积缩小了至少1/5。同年颁布的《重庆市公园管理办法》对公园建筑形式、功能布局以及行商摊贩、露天游艺者的出入作出规定，此后江北公园又改由市建设局、区城建科、城建局负责，这期间亦颁布了与公园管理相关的诸多政策文件（表2），进一步对人园互动起到抑制作用。

表2 江北公园拆除前相关重要规定一览

时间	文件名称	文件主要内容
1954年	重庆市公园管理暂行办法	对公园开放时间、禁入人群、游览等内容作出规定，要求携带锣鼓等喧闹乐器以及小贩未经许可不可入内
1962年	重庆市园林技术管理工作若干规定	涉及苗木生产与管理、规划设计、园林修建、养护管理、技术管理等内容
1977年	重庆市城市园林绿化管理办法	在一切宅屋旁、村旁、路旁、水旁，只要有可能，都要有计划地种起树来
1981年	重庆市城市园林绿化管理暂行条例	对于公园、动物园、风景区重点保护的建筑、文物古迹、风景点，要单列档案，专人护理；不准拆毁古迹文物及风景建筑。公园、风景区内为游客服务的饮食、照相、小卖等商业服务业由园林部门统一管理

注 根据重庆市档案馆工务局全宗16卷整理。

在建成至消失的几十年间，管理机构的多次变迁使得政府对于公园的控制与干预难以持久。受到政策要求与管理机构财权、事权大小的约束，江北公园的增建与维护并不在少数，但它们均缺乏整体性的规划。机构交接过程中难免会有信息的遗漏与误传，公园内复杂的地权关系成为难以解决的"历史遗留问题"，进一步抑制了景观再设计的可能性。此外，缺乏政府支持与倡导的公园处于权力交织中的弱势地位，园内空间被不断侵占与挪用，空间边界亦处于动荡中，它成为机构的"后花园"和建设的"牺牲品"，不断让位于有更大话语权的城市发展需求。在这样的情况下，江北公园难以发展，加深了人们消极负面的空间认知。

相较于物质空间的"生产"与"繁盛"，江北公园的社会性在持续弱化。管理的失控与公私界限的模糊使得人们难以在公园内享受游乐与美的体验。"俗文化"的兴起似乎挽回了一定的颓势，但公共性并不等于无序，其负面的影响不可忽视。随着政策对出入公园人员管控得愈发严格与兴起的游园建设，江北公园的中心性地位被弱化，人与公园交往受到限制，公园也不再是人们最乐意游乐的公共空间。在观念层面上，政治性、纪念性意涵的植入，公园被改造成意识形态宣传的"空间"，闭园与游行替代了游乐。从建成初期的"进步"到"文革"

时期的"批判"，不同时期的主流观念影响了人们对于江北公园的认知。当公园不再符合城市的预期，不再满足人们的需求，它的衰落就成为了一种必然。

3　结论

从江北公园的变迁可以看到，物质层面的空间边界、地权关系以及景观变迁，社会层面的"人园交往"以及观念层面的空间认知都是城园互动中的重要方式，但公园衰落的根本原因并不是城园互动关系的不足，而是在正负两面互动中，消极处于上风。在互动主体是"权力—人"的二元结构中，权力的强势介入更多地带来了负面的影响。

人的活动串联了城市与公园，生活在城市中的人们激发了公园与城市的活力。只有以人的日常生活为导向的公园设计，才能更为长久地成为城市的重要组成部分。城市的发展固然重要，但历史园林是城市的重要锚固点之一，公园本身具有的历史价值、文化价值、景观价值加深了人们对于城市传统与文化的认知。它值得被更慎重地对待，而不是成为权力博弈的"牺牲品"。一方面将其视为古物，并以历史遗产和文保单位的标准进行保护；另一方面，赋予其新的时代内涵，将其主张改造后，融入这一方不断发展与变迁的土地上。

参考文献

[1] 熊月之. 晚清上海私园开放与公共空间的拓展 [J]. 学术月刊, 1998 (8)：73-81.

[2] 李彩, 詹萍, 李明河. 近代四川万县市西山公园的规划建设研究 [J]. 华中建筑, 2020 (6)：154-157.

[3] 张健, 李萌, 李竟翔. 清末沈阳的城市与园林建设情况 [J]. 华中建筑, 2017 (3)：90-94.

[4] 余洋, 张琦瑀. 文化变迁的产物：东北近代公园演化进程与机制解析 [J]. 风景园林, 2021, 28 (6)：32-37.

[5] 张安. 上海复兴公园与中山公园空间变迁的比较研究 [J]. 中国园林, 2013 (5)：70-75.

[6] 段建强. 城园互动：上海近代城市化中公共园林转型机制研究 [J]. 风景园林, 2021, 28 (6)：38-43.

[7] 李珊珊. 重庆中央公园：一个城市公共空间的演变及其机制研究 [D]. 重庆：重庆大学, 2013.

[8] 潘文华. 九年来之重庆市政 [M]. 不详, 1936：53-54.

[9] 江北县政月刊 [J]. 1925 (4)：47-50.

[10] 重庆商埠督办公署月刊 [J]. 1927 (4)：4-6.

[11] 重庆商埠督办公署月刊 [J]. 1927 (7)：62-63.

[12] 重庆市政府秘书处. 重庆市一览 [M]. 1936：103.

[13] 重庆市政府秘书处. 重庆市一览 [M]. 1936：104.

[14] 周久康. 整理江北公园炸后初步计划书 [M]. //重庆市档案馆工务局全宗 9/12 卷 27 页.

[15] 胡兴贵. 重庆市园林绿化志 [M]. 成都：四川大学出版社, 1993：21-22.

山地传统民居生态营建经验启示
——以重庆龙兴古镇刘家大院为例

■ 李卓颖
■ 重庆大学建筑城规学院

摘要 研究传统民居对于保护和传承我国优秀的乡土建筑遗产，以及在现代建筑营建进程中拓展一种更加环保、更加生态、更具地域的研究视角具有重要意义。为此本文选取位于重庆市渝北区龙兴古镇的刘家大院作为研究对象，通过对其选址布局，材料选用，通风、采光、防雨防潮、防震、防晒、防虫技术等一系列生态营建理念与技术的简要分析，总结了山地传统民居世代传承的适应于夏热冬冷山地的生态营建经验，进一步得出对于该地区居住建筑生态营建的设计思考。

关键词 山地民居 生态营建 夏热冬冷地区 传统民居

引言

重庆是亚热带季风性湿润气候，湿热、山地是它的显著气候与地形特点，独特的地理环境造就了当地极具特色的民居建筑，催生了丰富的生态营建技术，留存下的传统民居就是这些营建技术的"活化石"。因此研究传统民居营建技术，一方面可以借鉴当地经验为绿色生态建筑设计提供思考，另一方面体会传统民居人与自然和谐共生的营建智慧，为走低碳节能、可持续发展的建筑设计道路提供借鉴。

1 重庆地区环境特点及民居建筑特征

1.1 地理环境——山地

重庆地处青藏高原与长江中下游的过渡地带，四川盆地东南边界。北部和东南横亘大巴山、武夷山两座山脉，西北部分和中部地区以丘陵为主，长江和嘉陵江穿插其中，共同构成了重庆山高谷深，沟壑纵横的"山水格局"。重庆整体地势起伏变化较大，多山地，面积约占76%，丘陵约占22%，河谷平坝仅约2%。

1.2 气候环境——夏热冬冷

重庆属亚热带季风性湿润气候，年平均气温 17～18℃，冬季最低均气温 6～8℃，春季升温较早；夏季雨量充足分配不均，连年高温蒸发量大，有极端高温天气出现（40℃左右）。总日照时数 1000～1200h，冬暖夏热，无霜期长，雨量充沛，温暖多云，雨热同季，年降水量 1000～1400mm[1]，春夏之交多夜间降雨，素有"巴山夜雨"之称。

总体而言，重庆是夏热冬冷地区，气候特点是夏季炎热潮湿，冬季寒冷潮湿。年平均降水量比较大，静风率比较高。冬季风向为北，夏季为南。夏季和冬季较长，空气相对湿度大，人体感受较不舒适。

1.3 民居建筑特征

重庆地区的传统民居是适应当地自然条件的产物，是当地人经验和智慧的结晶。独特的山地地形导致建设用地紧张，一方面催生了传统民居场镇密集式布局的特点；另一方面民居建筑依山而建，因地制宜，形成鳞次栉比的吊脚楼等架空式建筑，充分利用了有限的土地资源。在夏热冬冷的气候条件下，重庆的夏季高温湿热、雨量充沛，密集布局可以增加每栋建筑之间的互相遮挡，架空部分既可以防雨防潮，又能增加室内通风，达到降温效果。民居建筑往往使用当地材料，重庆地区盛产木、竹、石材，当地居民将这些材料的性能与空间需求紧密结合，呈现石材勒脚、石柱础、石材铺地，木材作为结构主材，竹材作为围护结构的特点。在营建技术方面，更多地围绕湿热多雨的气候特征，通过出檐、天井、架空、镂空部件、老虎窗、亮瓦等方式解决通风、采光、排水防潮、防晒等实际问题。

2 研究对象概况

2.1 选址环境

刘家大院坐落于龙兴古镇，是重庆地区规模最大、保存最完整的大地主庄园。龙兴古镇位于渝北区东南部，距离重庆市老城区约 36km，距渝北区政府约 18km，2005 年被列入第二批中国历史文化名镇。据《江北县志》记载，龙兴古镇始建于元末明初，于清初设置隆兴场，因传说明建文帝曾在此一小庙避难，小庙经扩建而命名龙藏寺，民国时改称为龙兴场[2]，是西南商贸型历史城镇的典型代表之一，市场繁荣，亦是渝北区主要的旱码头[3]。地形地貌上，龙兴古镇处于四周高中间低的小盆地里，属于低山河谷地形，区域内土地肥沃，被亚热带常绿阔叶林覆盖。全年气候温和，降雨量较大。

刘家大院处于龙兴古镇北部藏龙街与回龙街交汇处，街心凉亭旁（图1）。建筑布局呈东西走向的长方形，南北有 12m 高的封火墙围绕，西侧紧邻龙兴古镇主街藏龙街，东侧后院被茂密植被覆盖。

图1　龙兴古镇平面示意图
（图片来源：作者自绘）

2.2　建筑形态

刘家大院原是旧时集地主、商人、实业家为一体的大富豪刘登吉的街房，建于清道光年间，占地面积约 2000m²，建筑面积 1800m² 左右，其建筑风格反映了清代巴渝民居建筑形态和民俗传统（图2）。

图2　刘家大院临街立面
（图片来源：作者自摄）

刘家大院进深约 31.6m，面宽约 11m，是典型的三开五进式建筑（图3）。第一进为商铺，二进为会客娱乐，三进为敬祖神龛，四进为客厅，五进为小姐楼。从前到后，可以分为商贸、会客、生活三个部分，每个部

分之间都有天井隔开。采用前店后宅的布局，与传统的室内商铺不同，大院房屋和店铺既紧密相连，又相互独立。沿街店铺由夹在两侧山墙之间的三间房构成。"前店"和"后宅"建筑之间被一个狭长的天井庭院隔开，在做到经营区和生活区相对独立的同时又改善了室内采光和通风。生活区被安排在最内侧，满足了主人的私密性要求，左侧的小门可以通向主体建筑之外的厨房和杂屋院。从前到后，各个部分主要功能依次为：店面—天井—会客—祠堂（正）—贵宾休息室—天井—绣楼，满足了由动到静的空间布局要求。

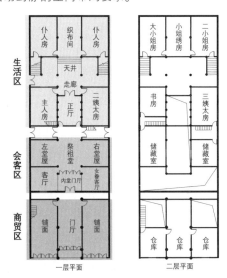

图3　刘家大院平面图
（图片来源：作者自绘）

3　生态营建解析

传统民居营建发展一直以来都以适应自然、尊重自然为前提[4]。当地自然特征是传统民居营建的天然制约要素[5]，首要考虑的便是尽可能地趋利避害，利用有限的土地条件和气候资源进行选址布局。进一步而言，当地材料是当地自然特征的物质载体[6]，也是民居营建的制约要素之一，不同的材料对民居形态、技术有着重要影响。最后，在自然特征要素的制约、生存和发展需要的驱动下，古代劳动人民经过上千年的摸索而逐渐演变形成了富有特色的营建经验与技术。因此，本文将从选址布局、材料选用和营建技术三个方面进行分析。

3.1　选址布局

刘家大院所在的龙兴古镇具有背山面水、坐北朝南、土层深厚、植被茂盛等特点，北面的铁山山脉石壁山既可以抵挡冬季的寒风，又可以利用地形高差避免洪涝灾害（图4），还能获得良好的景观视野；南面的长江支流御临河有利于进行农业生产，也有利于行船，并且水可以作为调节气候的因素。除此之外，整个街道高低起伏、蜿蜒盘旋，很好地结合了当地地形，这契合古代人民"天人合一"的思想境界[7]。

刘家大院的具体布局与古镇的布局基本一致。位于回龙街与藏龙街交汇处（图5），靠近古镇繁荣初期人口

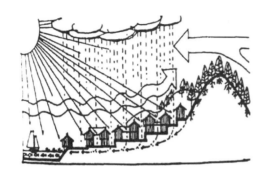

图4 负阴抱阳的选址布局
（图片来源：《风水理论研究》）

非常稠密的街心凉亭。一方面，由于其"店宅"（店宅式民居主要指城镇乡场临街的联排式沿街店居）特色，将主入口开在了临街的西面，而将生活区域和后院放在了东侧；另一方面，出于传统民居中风水学方向的考量，在东西向布置的基础上，整个刘家大院的轴线向龙藏宫倾斜，以吸收龙气。由于重庆日照不足，相对北方建筑的南北朝向的要求不那么严格，此处刘家大院虽然是东西向朝向，但在南北两侧留有足够的后院缓冲空间，是在场所限定的条件下的最优解。

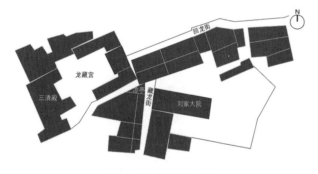

图5 刘家大院总平面图
（图片来源：作者自绘）

3.2 材料选用

传统民居所选的建筑材料和装饰材料囿于当时运输技术、生产技术等，常采用就地取材的方式。这种局限

性带来的恰好是一种适应自然、尊重自然的方式，并且与自给自足的自然经济相适应。相应地，使用这些天然材料更加发挥了这些材料在适应山地地形、气候等方面的优势。可以说在生产力低下的古代，材料是影响民居建筑形式的最重要因素。如植被中的土壤、随处可取的石料、竹、木、草等，对民居的形态有重要影响。因此放眼全国，除了最常见的木构建筑，在有独特条件的地区还出现了地坑窑、土楼、蒙古包、竹屋等各具特色的民居建筑。

刘家大院运用的材料有木材、石材、泥土、竹材、草等（图6）。重庆地区多山水，气候湿润多雨，盛产楠、松、柏等木材，而凡在树木较多地带，几乎都是以木构架作为基本结构体系，因此刘家大院采用木材做结构主材建房。

竹材在气候湿度大的重庆地区也是最常使用的自然材料之一。刘家大院中竹材主要使用在隔墙和门窗上，采用竹条编织的方式，结成韧性强、质轻、透气的内部隔墙。竹材耐湿抗腐蚀，在重庆的湿热环境中具有极强的气候适应性。在材料的生态性方面，竹编隔墙在湿热的重庆地区是非常聪明的做法。此外，木材和竹材对生态系统的物质循环无影响，只是将自然界中原本发生的循环过程转移到建筑中。

泥土因为就地取材，施工方便，造价低廉，也是主要建造材料之一。刘家大院对土的使用主要体现在土墙和隔墙上，土墙大量采用土砖和夯土板两种建造方式，形成土木混合承重结构，土墙外面往往会涂抹白色涂料以反射太阳光线，达到降温的效果。内部隔墙由于不承重，往往采用竹条编制墙体，再在墙体内外抹上泥土，形成极具特色的竹编夹泥隔墙。这种墙体比单一的竹材或木材墙面性能更好，不仅能够利用竹材性能抗潮抗腐蚀、通风降温，还可以利用泥土的特性增加墙体的隔热性。

石材是山地区域民居最为廉价的材料。在刘家大院修建过程中，石材被用于需要耐磨、耐腐蚀、防潮等特殊部位，如基础、台阶、铺地等。土石料就地开采，减少了交易环节和二次运输，也减少了材料制备过程中的能源消耗和环境污染。并且，石材可以有效地给有酷热

图6 刘家大院建筑材料
（图片来源：作者自摄）

夏季的重庆的室内降温，是一种传统的生态节能方式。

3.3 营建技术

刘家大院所用生态营建技术主要体现在通风、采光、防雨、防潮、防火、防晒、防虫、防震等方面。

3.3.1 通风技术

重庆属于亚热带季风气候区，湿热的气候环境使建筑对通风的要求比较高。首先，在空间布置上，从平面上看刘家大院室内空间通透，中轴线贯穿建筑，隔断少，可以形成贯穿大厅的穿堂风道。从剖面上看刘家大院的干栏式结构体系架空形成通透的底层空间（图7），中轴线将两边的热量集中起来，底部架空起到引风的作用，再从垂直方向通过天井沿坡屋顶散发热量（图8）。其次，从建筑材料上看，刘家大院内隔断为轻盈通透的竹木材料，屋顶瓦片之间密集的缝隙也为室内气候提供大量的透气孔。

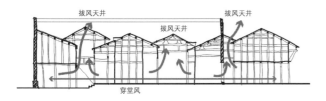

图7 刘家大院剖面示意图
（图片来源：作者自绘）

图8 刘家大院天井
（图片来源：作者自摄）

3.3.2 采光技术

传统山地民居主要采用天窗采光、天井采光、檐吞口采光、重檐隔扇采光、漏斗窗采光等建筑手法。刘家大院主要通过开窗和天井结合布置的方式采光侧光和顶光（图9）。通过连接每个分区的天井进行主要的顶光采光，在屋顶设置亮瓦（亮瓦是中国传统建筑中透光的屋顶瓦片，一般放在屋顶正厅上方）补充室内天然光（图10）。侧光则通过侧窗、老虎窗、镂空隔断等方式引进室内，如内墙门窗大量使用门带窗，房间隔断采用镂空工艺等。除此之外，内墙涂白也为室内增亮不少。

3.3.3 防雨防潮技术

重庆地区雨量充沛，温热潮湿，防雨防潮显得尤为

图9 天井与侧窗
（图片来源：作者自摄）

图10 屋顶亮瓦
（图片来源：作者自摄）

重要。在屋面设计上，刘家大院屋顶采用倾斜屋顶并向外出挑，不仅可以及时排出雨水，还可以减少雨水对墙面的侵蚀。中轴线两侧的天井除了采光外，还起到雨水收集的作用，在风水中有"肥水不流外人田"之意，象征着财富的积累。在地板设计上，地基边缘多用石头砌成，以减少流水对地基的侵蚀；外墙主要由条、块和碎石组成，以防止屋内受潮；为了防止雨水从部分屋顶的过渡处流入室内，还安装了多条陶瓷排水管。

此外，刘家大院使用的竹编夹泥隔墙（又称编壁墙，图11）墙体表面有许多微孔，吸湿性强，能很好地吸收湿气，保持墙体表面干燥，仿佛会呼吸一般。墙体的骨架选用杆粗壁厚、纤维韧性强的慈竹，在7月以后立春之前竹子水分含量较少时伐竹取材；竹骨架外面抹上经过除杂、加稻草段混合处理的稻田泥或黄土，最后在表面使用石灰膏和麻丝制成的抹灰。重庆夏季炎热潮湿，这种墙体有利于室内通风除湿。冬天整体环境比较潮湿，竹编夹泥隔墙还可以在通风除湿同时兼顾保温效果。

3.3.4 防火技术

刘家大院采用水塘蓄水、封火山墙等手法防火。刘家大院天井处有水井池塘，平时做观赏用，火灾来临可以作为消防用水。因为位于龙兴古镇最繁华的位置，建筑密度较大，刘家大院和周围建筑一样，采用高封火山墙（图12），在相邻房屋发生火灾时，起到防止火势蔓延的作用。各个院落之间由高墙巷道隔开，巷道一般宽1～2m，墙体有开窗。

图 11　竹编夹泥隔墙
（图片来源：作者自摄）

图 12　封火山墙
（图片来源：作者自摄）

3.3.5　其他技术

防虫方面，刘家大院采用纱布糊窗的方法有效隔绝室外蚊虫。防晒方面，和其他西南民居一样，刘家大院采用出挑屋檐的方式给炎热的夏季一片阴凉。防震方面，传统木结构建筑有着得天独厚的优势，围护结构和承重结构分工合作，木结构自身重量轻韧性大，加上榫卯的连接方式，防震性能十分优异。

4　总结思考

传统民居的生态技术对现代建筑仍有很大的借鉴意义。刘家大院使用了房屋前后通透门窗隔断、竹编夹泥隔墙、不同分区之间设置天井、屋顶采光构造以及院内种植植物等一系列生态营建手段。此类山地民居建筑在对建筑的选址布局、微地形处理、建筑形式、材料选用、通风采光等技术措施与当地地形和气候条件吻合，在特定条件下既营造了舒适的人居环境满足使用者需求，又达到了生态节能的效果。参考传统民居建设过程中的优秀经验，根据新时代的建筑要求进行传承和转译，并使用现代技术对传统经验不断改进发展是今后建筑发展的本质要求。

（1）风环境方面，根据当地风向特点，组织建筑空间布局，在平面上形成轴线，引导贯穿室内的穿堂风；在剖面上，利用山地地形高差形成挑台、错动、架空等空间体量，部分区域使空间上下联通，通过增加空间热压差的方式形成"拔风井"通风。在高层建筑中也可以通过天井解决重庆地区风速小且不稳定、风压通风不足的问题。此外，湿热地区通过架空、增强建筑通风也可以有效地达到防潮、防虫鼠的作用。

（2）建筑材料方面，重庆传统民居的墙体采用竹、木、石材等当地材料，根据不同材料的特点安排建造，并且使用材料组合的方式，结合不同材料的优点达到性能最佳化。如石材等蓄热系数低的材料做外墙墙脚，在炎热季节能够与周围环境进行快速的能量交换，保持室内的舒适环境；木材和竹材等传热系数低的材料做隔墙，在冬季也具有良好的保温性能；竹材和泥土制成竹编夹泥墙，既能通风又可隔热。适合夏热冬冷地区气候的建筑材料应同时具备夏季隔热、冬季保温以及一定的吸湿能力，具有较低的传热系数与适当的蓄热系数，起到保持干燥、夏季散热、冬季保暖的效果。在对传统材料进行现代转译时，可以借鉴不同材料组合的方式，如使用传统材料与现代材料结合，在提升单一材料性能的同时，也使建筑富有地域性特色。

参考文献

[1] 王莺 . 重庆传统民居适应气候的建造措施初探 [J]. 小城镇建筑，2003（3）：57 - 60.

[2] 赵逵，詹洁 . 重庆市龙兴古镇 [J]. 城市规划，2012（2）：9 - 10.

[3] 邢西玲 . 城镇化背景下西南历史城镇文化景观演进与保护研究 [D]. 重庆：重庆大学，2014.

[4] 赵群，周伟，刘加平 . 中国传统民居中的生态建筑经验刍议 [J]. 新建筑，2005（4）：9 - 11.

[5] 龙彬 . 中国古代山水城市营建思想的成因 [J]. 城市发展研究，2000（5）：44 - 47，78.

[6] 赵群 . 传统民居生态建筑经验及其模式语言研究 [D]. 西安：西安建筑科技大学，2005.

[7] 曹福刚，冯维波 . 基于风水学与GIS技术的传统民居选址比较研究：以重庆龙兴古镇为例 [J]. 重庆师范大学学报（自然科学版），2014，31（3）：119 - 124，145.

高校非正式学习空间无效座位研究
——以华东理工大学奉贤校区第一食堂非正式学习区为例

■ 熊关漫[1]　尚慧芳[1T]

■ 1　华东理工大学　T　通讯作者

摘要　高校非正式学习空间是学生日常生活学习的重要空间资源。目前高校非正式学习空间虽颇具活力但存在座位利用率较低的问题，本文针对功能正常却不被选择使用的无效座位产生的原因展开研究，采用行为观察法拍照记录研究区域的实际使用情况，经过测试获得环境相关数据，通过整理分析得出无效座位产生的原因和相关的影响因素。最后依据所得原因围绕如何减少无效座位，提高座位利用率和空间吸引力展开讨论并得出相应结论。

关键词　高校　非正式学习空间　无效座位　行为观察法

引言

目前高校中出现了很多备受学生欢迎的非正式学习空间。这些非正式学习空间多是由学生主动发掘、自主管理，因此整体空间氛围轻松自由，对学生具有较强的吸引力。经观察发现，这些非正式学习空间普遍具有较强的空间活力，学生常常是一座难求，然而空间中的座位利用率却不足 50%，大量功能正常的座位由于无人选择使用成为无效座位。本文针对高校非正式学习空间中无效座位产生的原因进行研究，以华东理工大学奉贤校区第一食堂一楼的非正式学习空间为例，通过实地调研和数据分析得出座位利用率较低的原因以及提升座位利用率的方法。

1　研究方法

1.1　研究方法介绍

本研究在调研过程中主要运用了行为观察法，对研究区域进行了 4 天的全天调研。通过拍照记录得到每一天不同时间节点下研究区域中的座位使用情况，同时经过测试获得区域中不同时间节点下不同空间位置的温度、照度和噪声分贝等环境信息。将所得数据进行整理，结合数据和观察的实际情况分析无效座位产生的原因。

1.2　现状调研内容

本文研究区域为华东理工大学奉贤校区第一食堂一楼的非正式学习空间，第一食堂位于教学楼、篮球场、商业街和部分宿舍楼的交叉口，交通便利。研究区域两侧紧邻食堂的两个主出入口，进出方便；区域四周均有餐饮窗口，学生可以随时点单。研究区域和其他用餐区域之间有着明显的空间划分。区域内地面加高，使用木地板，区域外则使用防滑瓷砖。区域内一面是约 8m 高的玻璃幕墙，采光充足，其他三面在进出口两侧放置了置物架分隔区域内外。区域内提供三种桌椅组合，分别是无电源插座无台灯的双人桌、有电源插座有台灯的四

人桌和有电源插座有台灯的八人桌。其中配备电源插座和台灯的桌子均固定在地面上，无法移动。

调研期间随着学校发布对研究区域的管理制度，该区域的管理状况发生改变。改变前研究区域默认由学生自主管理，改变后管理制度要求学生在中午和晚上用餐高峰期时不得利用个人物品占用座位，同时对桌子和置物架进行对应编号，要求清洁人员在用餐高峰期前将无人座位上的个人物品放置在对应其桌子编号的置物架上以方便学生寻找。调研过程中对管理状况改变前后的座位使用情况分别进行了观察记录，得到了管理状况改变前后工作日和非工作日（均为晴天）各一天的 8:00—22:00 座位使用情况的现场照片和研究区域的环境数据。

2　数据分析

依据照片绘制了四天中每一天 8:00—22:00 的 15 个时间节点下座位使用情况的平面图。从照片和平面图中可以看出无效座位大致分为三类：一是源于学生占座导致的被占座位；二是由于桌面有垃圾而被学生放弃的脏乱座位；三是功能正常但是无人使用的空座位。其中，被占座位和脏乱座位成为无效座位的原因较为直接了然，因此下文将重点分析空座位成为无效座位的原因。

从图 1 可以看出，管理状况改变后工作日和非工作日的空座位数量明显多于管理状况改变前工作日和非工作日的空座位数量。空座位数量增多主要是受到管理制度的影响，管理制度的制定和执行有效约束了学生的占座行为，导致被占座位数量大幅减少，从而产生了更多的空座位。图中单个平面图上方虚线方框区域中分布的桌椅组合是无电源插座无台灯的双人桌。此区域中空座位分布较为集中且在一天中成为无效座位的概率较高。这个分布特点在调研的四天中均有体现。结合现场观察可知，学生对该区域中桌椅组合的使用方式是导致其无效座位数量较多的原因。学生对这类桌椅组合主要有两

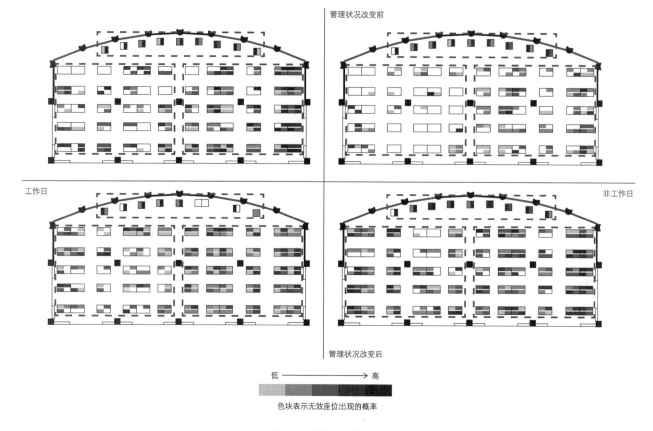

管理状况改变前

工作日

非工作日

管理状况改变后

低 —————————→ 高

色块表示无效座位出现的概率

图1　空座位概率分布图
（图片来源：作者自绘）

种使用模式：一种是两个以上相互认识的学生一起使用双人桌；另一种是一名学生独自使用双人桌。面对这类桌椅组合，一般情况下两个陌生学生不会使用同一张桌子，选座的学生会主动放弃已有一人使用的桌子的空座位，导致这些空座位成为无效座位。

下方的左侧虚线区域（简称为左区）的空座位数量明显低于右侧虚线区域（简称为右区），且在调研的四天中均有体现。结合现场观察和测量的声音数据可知，右区紧邻的食堂窗口有一个一天中持续运作产生噪声的机器，产生的声音在65dB左右。持续的噪声对学生的学习活动造成较大干扰。左区紧邻的食堂窗口在用餐高峰期以外的时间都较为安静。学生在选座时倾向于优先选择噪声干扰小、周边环境较为安静的座位，因此右区中的无效座位数量多于左区。

图2中两侧为箭头的指示线表示研究区域的进出动线，其中横向动线为主动线。结合现场观察发现主动线中人员走动频繁，由于主动线空间经常会被两侧座椅占用，学生走动时需要两侧学生频繁移动座位让路，这对坐在主动线两侧学生的学习活动造成一定的干扰。此外仔细对比主动线两侧的空座位概率分布可以发现，成为空座位概率较高的座位位置较多分布在左右进出口处附近。结合测量得到的温度数据和现场实际体验可知，由于左右进出口紧邻第一食堂的两个主进出口，在左右进出口附近可以明显感受到外面吹进的冷风，且这里的温度比中间区域低1℃左右。学生在选座时会综合考虑进出人员走动干扰、温度和风向等因素，倾向于选择温暖舒适、环境稳定的座位，因此靠近主动线附近的座位成为无效座位的概率较高。

从图3可以看出两个局部反常情况，图上虚线划出的两个局部区域位于研究区域的前半部分且远离主动线，本应属于比较受欢迎的座位，然而使用数据显示这些座位在这一天中成为无效座位的概率较高。经过现场检查发现，左侧虚线划定的桌子配备的电源插头和灯光照明出现故障，无法使用。研究区域内学生普遍使用电脑等电子产品进行学习，学生在选座时会将是否能充电作为重要的选座标准，该桌子由于故障无法充电导致其座位成为无效座位的概率较高。结合现场照片发现，右侧虚线划定的空座位对面是在进行小组讨论的学生，其他选座的学生放弃这些座位的原因可能是小组讨论声音对其学习造成较大干扰。这一情况说明进行不同学习活动的学生对环境的需求差异较大，这种需求差异形成的冲突也是无效座位产生的原因之一。

对比管理状况改变前后工作日和非工作日的无效座位数量（图4），可以看出，管理状况改变后无效座位数量有小幅下降。这意味着管理状况改变后研究区域的有效座位数量有小幅上升，但并没有出现预计中的大幅增长。数据显示管理状况改变前有效座位数量最高值为121，座位利用率为46.5%；管理状况改变后有效座位数

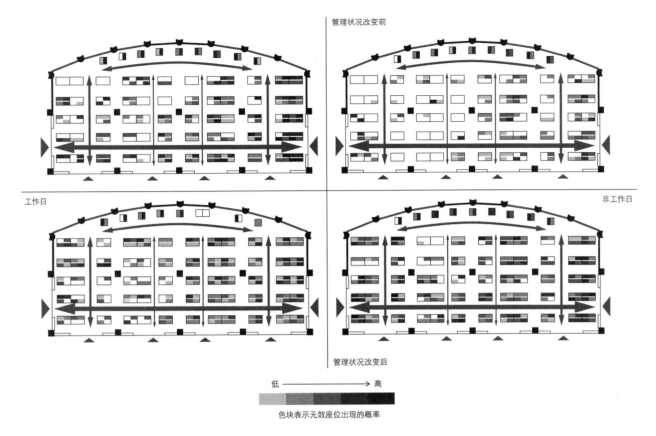

图 2 动线分析图

（图片来源：作者自绘）

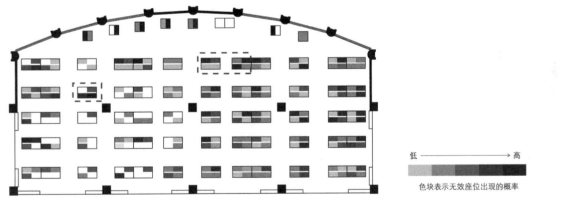

图 3 异常座位分布图

（图片来源：作者自绘）

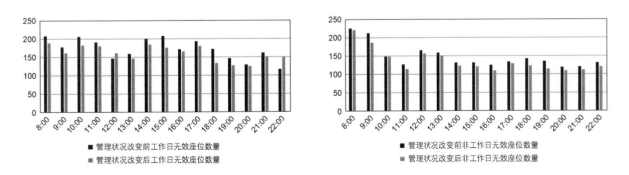

图 4 管理状况改变前后工作日和非工作日无效座位数量柱状图

（图片来源：作者自绘）

量最高值为155，座位利用率为59.6%。结合现场观察可知，管理状况改变后学生在研究区域中学习时占用的个人空间明显变大，学生倾向于一个人占用两个人的空间座位，具体行为包括利用书包、衣物等个人标志物标记所占用的空间和座位。这种行为在管理状况改变后成为普遍现象，导致有效座位数量没有明显增长。

3 讨论

从数据分析可知，学生对于不同的桌椅组合有不同的使用方式。整理对比三种桌椅组合的使用情况可以看出，不同的桌椅组合对学生的吸引力不同。双人桌虽然没有配备学生普遍需要的电源插座，但仍备受欢迎，原因与它的空间位置有关。这类桌椅组合被布置在玻璃幕墙一侧，具有较强的边界效应，采光良好并且可以透过玻璃幕墙看到外面景色。双人桌桌面尺寸较小，不便与陌生人一起使用，但也因为这点，学生都默认一人使用此类桌椅组合可以合理地占用一个桌子和两个椅子，形成较大且独立的个人空间。这类桌椅组合由于能够提供舒适的空间体验而对学生有较高吸引力。余下两种桌椅组合均配备了电源插座和台灯，经数据统计可以发现，四人桌的座位利用率高于八人桌，原因在于四人桌的四个座位均紧邻过道，出入方便，同时四个座位都各为一个边缘角落，空间划分明确，提供了较高的边界感、私密性和安全感，对学生有较强吸引力。八人桌中内侧的座位相对进出不便，同时内侧座位存在空间划分不明确和边界模糊的问题，导致其私密性和安全感较低，对学生的吸引力较低。

数据分析发现，当配备的电源插座出现故障无法使用时，相应的桌椅座位成为无效座位的概率较高。原因是目前学生普遍使用电子产品进行学习，是否能充电成为学生选座时的重要条件。为了减少无效座位数量，应当使桌椅组合和电源插座设施相互独立，避免电源插座和桌椅组合形成一对一的一坏俱损的绑定关系，应当在桌椅组合旁边设置多个单独的电源插座，形成多对多的使用关系。这样不仅可以降低单个设施出现故障后对整个空间的影响，而且能够降低故障维修时对整体空间的干扰，高效率的维持空间功能正常运行。

在实际观察中发现，学生会主动利用可以移动的桌椅营造符合自身需求的学习环境。比如，学生会将两个双人桌并排放置以方便三人进行小组讨论，或是多人占用八人桌进行小组讨论时会移动其他桌子的椅子来放置物品。问题在于，学生移动桌椅后并没有主动复原，使得空间内部分桌子由于没有座椅而被学生放弃使用，同时学生会将改造过的环境默认为有人正在使用进而放弃该座位，长期持续这种情况会导致无效座位数量增多，空间秩序混乱，整体空间吸引力下降。应当针对性的制定相关管理制度，明确学生在非正式学习空间中的权力和责任，构建良好的空间秩序，保持空间对学生的吸引力。

管理状况改变后，有效座位数量没有出现预期中的

大幅增长，但空间中学生学习占用的个人空间出现明显增长。这一现象与非正式学习空间本身轻松舒适的空间属性有关。高校中的非正式学习空间对学生的吸引力在于，其为学生提供了舒适、自在的空间体验。管理状况改变后，研究区域的座位利用率最高达到59.6%，虽然没有坐满，但是整体空间已经达到最大密度。空间内155人已将整体空间分割为各自的个人空间，此时区域内的每个人都保持着使其感到轻松舒适的最小空间。新来的学生也会识别到该空间已经处于饱和状态，如果他进入，则意味着要侵犯他人已经划定好的个人空间，这会让双方都感到不适。因此其他学生会主动放弃该空间，转而寻找其他空间。这种情况说明非正式学习空间在达到确保学生空间体验的最大密度情况下，会存在一定数量的无效座位。这些无效座位实际上是被人有效使用的，它是学生进行学习活动时个人空间的重要组成部分。

4 结论

本文通过研究高校非正式学习空间中无效座位产生的原因，得出以下能够减少无效座位数量、提升座位利用率和空间吸引力的建议。

高校非正式学习空间对学生的吸引力主要来自于其轻松舒适的空间体验。营造舒适自由空间体验的重点在于为学生提供足够的私密性，私密性在空间中主要借助个人空间的大小和领域边界是否明确这两点进行表达。因此，在布置桌椅时应当以边界感较强，空间划分明确的桌椅组合为主，比如在空间中较多布置四人桌。同时应当充分利用空间自身的边界布置桌椅，加强边界效应，提升空间吸引力。

非正式学习空间中的桌椅组合和电源插座应当各自独立配置，在空间位置上形成多对多的关系，这样既能够降低单个设施故障对整体空间功能的影响，又能降低故障维修时对整体空间的干扰，还有利于学生依据自身学习需求临时改变桌椅的空间位置。

学生作为高校非正式学习空间的使用者，拥有改造环境使其满足自身学习需求的权利。但实际观察发现，空间内存在随意调整桌椅位置却不复原的现象，为了保证非正式学习空间能够长期提供优质的空间体验，制定并执行非正式学习空间管理制度是必要的。管理制度应当针对性地明确学生在非正式学习空间内的权利与义务，比如学生有自由使用桌椅以满足其学习需求的权利，也有在使用结束后将桌椅复原归位并保持干净整洁的义务。相关管理制度的制定有利于学生更清楚地理解在非正式学习空间中可以做什么，不可以做什么，进而形成良好的空间秩序。

在设计非正式学习空间时要意识到当空间达到其最大密度值时，会客观存在一定数量的无效座位。想要降低因此产生的无效座位数量，需要提升空间的最大密度值。最大密度值与学生学习时需要的个人空间有关，与学生需要的私密性直接相关。在保证空间吸引力、维持

舒适轻松的空间体验的情况下提升最大密度值，增强个人空间的边界效应是可行性较高的措施。具体方法如在桌子上设置隔板分割空间、在桌椅周围设置阻隔作为边界，或是选择空间划分明确的桌椅组合，等等，以弥补个人空间减少而丧失的私密性。

参考文献

[1] 徐磊青，杨公侠. 环境心理学 [M]. 上海：同济大学出版社，2002.

[2] 陈向东，陆蓉蓉. 新型学习空间 [M]. 桂林：广西师范大学出版社，2013.

[3] 扬·盖尔. 交往与空间 [M]. 何人可，译. 北京：中国建筑工业出版社，2002.

[4] 扬·盖尔，比吉特·斯娃若. 公共生活研究方法 [M]. 赵春丽，蒙小英，译. 北京：中国建筑工业出版社，2016.

新技术赋能集团办公空间升级改造

■ 吴歆威

■ 石家庄常宏建筑装饰工程有限公司

摘要 针对既有建筑室内的升级改造是未来一段时期内实现"双碳"目标、数字化设计、绿色建造的不可忽视的组成部分。本案是笔者所属集团办公楼进行绿色升级改造，同时运用 BIM 技术、装配式技术、智能环控技术等多技术集成的一次有意义的实践。

关键词 数字化　BIM 技术　绿色　智能

引言

产业数字化转型的关键时期，同时也是我国落实"双碳"目标的关键期、窗口期。绿色化、数字化、低碳化交汇成为未来我国发展的主旋律[1]。随着房地产业和建筑业进入平台期，针对既有建筑室内的升级改造是未来一段时期内实现"双碳"目标、数字化建造不可忽视的组成部分。本案是笔者所属集团办公楼进行绿色升级改造，同时运用 BIM 技术、装配式技术、智能环控技术等多技术集成的一次有意义的实践。

1 整体方案设计

1.1 项目概况

本案办公建筑是 2008 年竣工的项目，建筑南北长54.6m，东西宽23.4m，框架剪力墙结构，总建筑面积31798.59m²，地上22层，地下2层，建筑高度77.35m。笔者所属集团办公楼位于该办公建筑的顶层，建筑面积1270.15m²，净使用面积1088.87m²。2008 年公司迁入时进行了第一次装修，至今历时 14 年。在这期间进行过局部消防管道改造、空调维修换新等，没有大范围调整。如今，随着办公人员结构调整和员工对办公光环境、声环境、空气调节和空气质量的新要求，决定在尽可能满足一半员工在地办公的条件下对整体楼层办公环境进行绿色升级改造。

1.2 平面布局

办公空间的平面设计是组织人流动线，优化使用功能，梳理和调节各单位人员相互关系的主要因素，是整体改造方案成败的关键。改造前，设计中心区域的平面布局中存在着通道不明确的问题，外部人员容易进入设计中心内部造成作业干扰。同时，联排工位南北布置与西侧外窗平行造成反射炫光，导致西侧窗长期降落窗帘遮阳，自然采光受到严重影响，增加了人工照明的强度（图 1）。

为此，对联排工位的方向进行调整，使之垂直于外窗，这样既可以规划出主要通道使流动人员与办公人员减少干涉，又可以避免办公显示屏的反射炫光。改造后，取消了南北方向靠外墙的主管级工位，全部改成联排工位，增强了设计师之间的沟通性和平等性，同时增加了临时工位和讨论区解决弹性人员办公和设计小组讨论的问题。

1.3 视线设计

视线设计在办公空间中是比较容易忽略的因素，它决定了办公成员的沟通效率。改造前，办公工位的矮隔断高度为 1.2m，员工在坐姿时无法直视对方，或采取起身沟通的方法，这样会降低沟通效率。在开敞办公的整

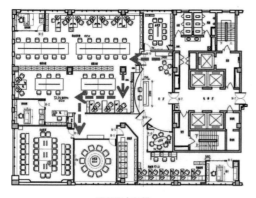
原平面布局图

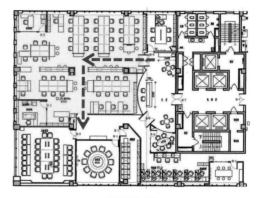
新平面布局图

图1　办公空间平面设计优化

体环境下，矮隔断仅是形式意义上的物理分割，为了增加员工沟通效率，增加眼神交流等级，特意把矮隔断的高度降低至 1.1m。同时，两个设计中心之间 1.5m 高的墙柜移除，改造为大家共享的吧台供短期交流或临时工位使用，这样既可以打通视线，也可以增加自然采光深度（图2）。吧台还配置自动升降插座和讨论用显示屏。

续性的要求。本次设计改造采用的无机涂料本身不会向空气释放任何有害物质，同时释放负氧离子可以有效降低室内甲醛的浓度，净化空气、调节湿度。室内使用的石膏板采用电厂工业废料脱硫石膏为原材料生产，具备可持续性，环保低碳。

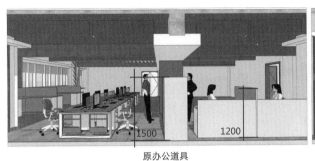
原办公道具

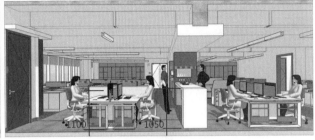
新办公道具

图 2　视线设计优化

2　绿色建造贯穿始终

"十四五"建筑节能和绿色建筑发展规划中指出，以《建筑节能与可再生能源利用通用规范》（GB 55015—2021）确定的节能指标要求为基线，提高新建和既有民用建筑节能强制性标准，降低建筑一次能源消耗，提升建筑能效是实现双碳目标的关键措施之一。建筑装修设计从多维度全专业考虑低碳技术应用，如建筑节能、智能环控技术、空气调节水平等多方面进行优化，进一步降低建筑碳排放总量。

2.1　绿色设计

绿色设计的核心是尊重自然、节约资源、保护环境，秉承安全舒适、经济实用的原则。本次办公空间改造主要考虑的是建筑节能设计和空气调节系统设计。建筑节能设计采用被动措施优先、主动措施优化的原则。首先对外墙进行节能诊断，包括外墙、屋面的传热系数、热工缺陷及热桥部位内表面温度。建筑外窗、透光幕墙的节能诊断包括传热系数、气密性和除北向外的太阳得热系数。根据节能诊断结果制定节能改造方案，使得各项指标满足新的节能标准［屋面传热系数不大于 0.40W/(m²·K)，外墙不大于 0.50W/(m²·K)，透光幕墙不大于 1.50W/(m²·K)，太阳得热系数不大于 0.3］。其次对节能改造后的空间进行逐时冷负荷计算，以此来确定新增空调或改造空调的制冷量及其他参数。同时采用智能环控技术调节人工照明强度（工作面照度标准值 300lx，照明功率密度限值不大于 8.0W/m²）、空调温度和新风风量以达到节约能源的目的。

2.2　绿色建材

在设计前期的方案讨论中优先选用获得绿色建材评价认证标识的建筑材料，并合理选用可循环材料、可再利用材料或以废弃物为原料生产的利废建材。所选择的装饰材料必须达到国家或行业标准的性能指标，同时要满足室内空气污染度、室内环境健康改善功能性和可持

2.3　绿色施工

绿色施工是一种注重环保和可持续性的建筑施工方法。它包括选择环保材料、减少建筑废料、能源效率设计、水资源管理等方面的实践。绿色施工是促进可持续发展和保护环境的关键因素，有助于减少施工对环境的负面影响，提高室内空间的实用性和舒适性。绿色施工的好处包括：减少对自然资源的破坏、减少能源和水资源的消耗、降低室内空间全生命周期成本等。

在施工前积极根据绿色施工策划进行绿色施工图纸设计、绿色施工方案编制。采用工业化、智能化建造方式，实现工程建设低消耗、低排放和高质量。施工过程中尽量减少拆除量，对原有的瓷砖地面进行保留，对电梯厅原有的石材干挂饰面进行保留。对必要拆除的垃圾进行减量化处理并对可循环材料加以利用。通过信息化手段监测并分析施工现场扬尘、噪声、污水等污染物，使之达到国家规定的排放标准。

3　BIM 技术应用

BIM 技术是建筑信息模型的英文简称，随着国家的政策导向和信息化技术的发展，建筑装饰装修领域也逐步提倡和使用这项技术。BIM 技术以三维模型为基础，附加各类非几何信息优化设计流程，进行不同阶段的虚拟仿真和经济指标的计算，支撑不同专业间以及设计与生产、施工的数据交换和信息共享。开展项目时要根据项目全生命周期不同阶段的实际需求制定 BIM 技术实施方案，统筹管理。

3.1　BIM 正向设计

BIM 正向设计项目全流程的基础也是关键。该技术需要设计师从 CAD 的二维设计转为更接近项目实际，更为真实准确的三维设计。三维的方案模型前期可以进行体量分析和各种三维仿真模拟，生成漫游动画进行多方案比选，从多角度多剖切面分析空间尺度和空间各构件的相互关系，最大限度地保证设计的合理性和有效落地

（图3）。后期的平面、顶面、立面及构造详图都是从三维模型导出，避免传统制图方式中产生的平、立面不符的错漏问题，最大限度地保持效果方案和施工图的一致性。同时，BIM软件通常可以支持自动尺寸标注和标签标注，自动生成目录清单、门窗表、图例清单、图标栏等表格并与图元内容联动，避免手动输入错误。

段的主要应用点。三维排版需要清晰地了解工艺做法和材料规格，密切与项目技术人员对接，获取准确的现场定位尺寸，输出整体材料排版图或单块板加工图。三维节点利用三维模型容易理解、适合表现复杂构造的特点，通过可视化手段把构造难点、易错点交代清楚，避免传统二维图纸指代不清而引起的结构误读。电梯厅的顶面

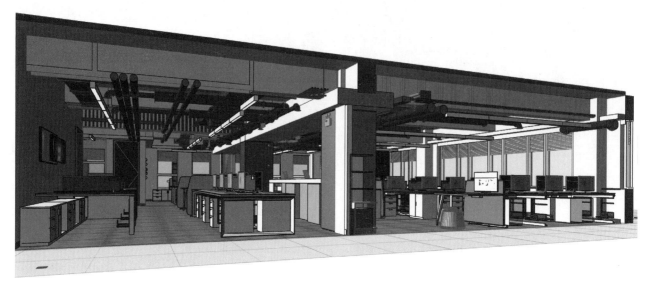

图3　BIM正向设计三维方案模型

3.2　BIM自动报价

根据项目的需要可以录入构配件的唯一编码，按照报价清单的计算规则自动提取工程量。通过后台获取工程量数据与综合单价匹配便可以生成报价单。随着施工图阶段模型的不断深化，颗粒度不断增高，通过BIM技术可以自动计算出材料用量，给项目实施计划和成本控制提供有利的数据支持。

3.3　BIM深化设计

在项目实施过程中应用BIM技术进行深化设计和专业协调，避免"错漏碰缺"等问题，对重要部位进行三维模拟和可视化交流。本次办公区改造在机电部分提出了很高的要求，即在保证原有电气、消防、空调等系统升级的基础上增加新风系统，同时要保证最大的室内净高。为此使用激光扫描仪对室内空间进行了三维扫描，对生成的点云文件进行逆向建模。把自动喷水灭火系统的喷淋主管支管、火灾自动报警系统的烟感探头、电气桥架及线管、空气调节系统的风机盘管和供回水管全部建立起来，然后把增设的5台四出风嵌入式空调与新风系统、照明灯具有机地集成。考虑到外墙材质及外立面开洞效果等因素，首先选定4台新风机组的位置，在满足通风换气要求的基础上合理布置新风管路，即要考虑减小风阻，又要兼顾最大限度地提高净空高度。利用三维的设计工具可以较好地进行各专业的综合协调，在满足各专业设计和施工规范的前提下找到最优化的施工方案（图4）。

三维排版和三维节点可视化也是BIM技术在实施阶

采用了定制铝单板白色喷涂。由于需要照顾原有喷淋点位和消防排烟口，致使每组铝单板尺寸均不相同。结合整体方案效果把吊顶使用的每组铝板的详细构造进行建模（图5），生成三维节点和相应的投影节点供施工技术交底，同时把BIM生成的板件图纸传递给铝板制造厂家用于铝板的生产制造。

4　装配式技术应用

装配式技术是将工厂生产的部品、部件和设备管线等在现场进行组合安装的装修方式，是一种可以实现工程品质提升和效率提升的新型装修模式。其主要特点表现为标准化设计、工业化生产、装配化施工和信息化管理。装配式装修是实现房屋建造工业化的重要组成部分。由于装修部品在工厂制作，通过工业化手段来提升产品质量，全面保证部品的使用性能，有利于提高品质，促进可持续发展。装配式装修实施工业化部品的工厂制作和施工现场装配，可以最大限度地压缩施工现场的时间，提高施工效率。当前人口红利逐渐消失，老龄化加速，富余劳动力减少导致劳动力价格上涨。装配式装修是工业化产品逻辑，农民工转变为产业工人，有利于解决人口瓶颈，促进转型发展。同时，装配式装修可以实现节能减排、减少环境污染、提升劳动生产效率和质量安全水平，促进绿色发展，有利于缓解环境问题，降低碳排放。

办公区整体地面采用装配式锁扣地板，现场施工效率高、无污染，基层保留瓷砖地面的同时做自流平找平。

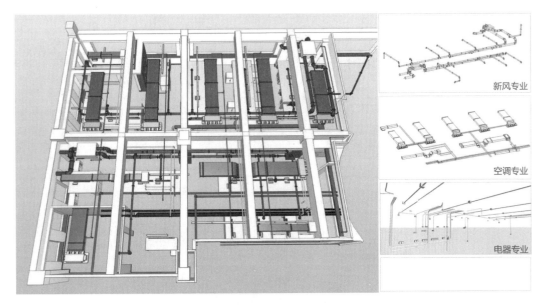

新风专业

空调专业

电器专业

图 4　BIM 深化设计三维模型

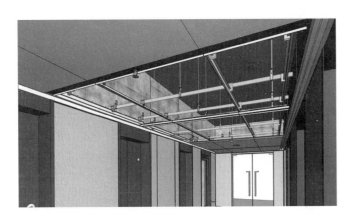

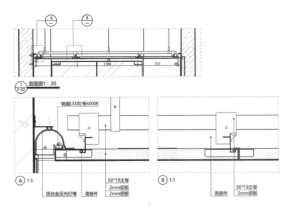

图 5　吊顶建模模型

电梯厅墙体保留了原石材墙面,采用覆膜铝复合板加磁吸的安装方式,全程无需胶黏剂,无毒无污染,同时便于后期将饰面板取下维修。办公区包柱采用镁基阻燃挂板,表面深灰色三聚氰胺浸渍纸饰面,通过铝合金挂件与用于包柱的装配式金属龙骨挂接(图 6)。区域内的定制吧台、所有办公家具,考虑制造工艺、运输通道宽度、货梯轿厢尺寸等因素通过装配式技术进行分解,工厂分段制作成部品,现场完成组装。

实践证明,装配式装修在保证施工质量的前提下大量地减少了现场用工,提高了施工效率,减少了材料的浪费,提高了现场环境质量,减少了对周边的环境污染,是实现绿色建造的有效技术手段。

5　智能环控技术应用

智能环控通过物联网技术和室内的各类传感器对室内照明、百叶帘、空调、新风和电箱开关模块进行智能控制。

位于顶部的温度湿度传感器可以将温湿度数值传递给智能网关,与通过手机 App 远程设定的室内风机盘管水机空调控制面板数据相比对。如果室内环境温度高于控制面板设定值,则空调开启。若室内环境温度达到审定值,则空调暂定工作,达到节约能源的目的。同时,位于顶部的空气传感器将环境的甲醛含量、二氧化碳含量、$PM_{2.5}$ 数值以每 2s 的间隔实时传递给网关,使得新风系统能根据设定值选择开启还是关闭,智能调节办公区的空气质量。

本次办公空间升级改造对于整体的环境照明做出了较大调整,大幅度调整室内材料表面颜色和反光率,使之更有利于利用天然光。积极使用智能技术对灯具亮度、百叶窗帘形态进行智能调整,使之更有利于减少人造光源的使用,践行绿色设计。百叶帘形态的调整、灯具亮度的调节要想协同动作,最大化地利用天然光达到光环境舒适、降低能耗的目的,必须通过照明智能控制技术加以实施。其基本原理是依据全年太阳活动轨迹、地理位置信息和实时的天然光传感器数值调整百叶帘角度并执行升降动作,保证直射光时百叶帘叶片表面与光线垂直,不会在工作面形成直射光影(日光自适应遮阳系统)。选定工作面参考点和照度标准值,工作面照度传感器通过对室内照度的持续探测自行判断如何调节受控灯光的亮度。当室内亮度低于照度传感器设定值时驱动

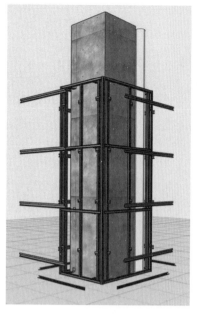

图 6 装配式包柱

调光模块将室内灯光调亮；当室内亮度高于照度传感器设定值时驱动调光模块将室内灯光调暗，从而达到选定工作面的照度不小于照度标准值的目的（恒照度控制）（图 7）。

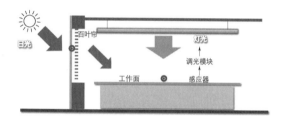

图 7 照明智能控制示意图

如果把光线比作流体，百叶帘和调光模块像是管道中的"阀门"，通过感应器共同协调两个"阀门"来控制最终洒在工作面上的光线。

通过照明智能控制技术可以最大化地利用天然光，让天然光成为室内照明的主角，使环境更舒适、更健康，同时降低照明能耗。通过对比全天不同时间段天然光直射下的工作面和经过百叶帘加照明智能控制下的工作面照度，很容易看出智能控制对遮光和节能效应十分明显。

图 8 是在同一时间天然光直接引入状态、单一人工照明状态和天然光、人工照明混合状态下的工作面等照度曲线图。混合状态下百叶帘和人工照明都进行了智能调节，从图 8 中可以看出天然光能够在得到智能控制的情况下对室内光环境做出较大贡献，营造舒适、节能的办公空间。

6 结语

本次集团办公空间升级改造（图 9）是践行数字化设计、绿色建造的一次有意义的尝试。其中使用了多种

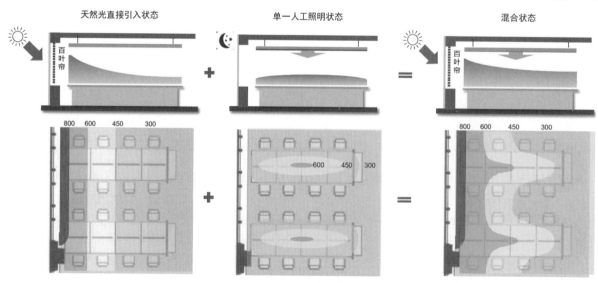

图 8 三种照明状态下的工作面等照度曲线图

新技术、新材料、新工艺，有成功也有不尽如人意之处。作为新时代的室内设计师，我们将积极响应国家政策，推动双碳目标的实现，为人们创造绿色、舒适的生活空间。

图 9　办公空间升级改造后效果

参考文献

［1］北京构力科技有限公司，上海天强管理咨询有限公司．工程勘察设计行业数字化转型重塑新格局［M］．北京：中国建筑工业出版社，2022．

当代公共文化空间室内设计研究
——以平凉市博物馆为例

■ 靳江　程璇

■ 中国建筑西北设计研究院有限公司

摘要　近年，国内社会经济发展，国家开始大力发展文化产业，文化类建筑关注度逐步提升。笔者团队关注公共室内空间中的在地文化的表达与呈现，以平凉市博物馆建设为例进行设计实践与经验总结，希望对文化博物馆类的公共室内空间设计起到一定的参考作用。

关键词　博物馆　室内设计　在地性　文化表达　地方文化

1　在地性主题文化空间阐释

随着我国经济的增长，群众在物质基础满足的基础上，开始追求精神层面内容的实现。在中国特色社会主义新时代背景下，以"中国式现代化"全面推进中华民族的伟大复兴，成为我国现阶段公共文化事业的发展方向。国内各级政府重视文化建设，人们更加关注文化生活，因此带动了各地文化旅游业的发展。而地方博物馆作为展示地方城市文化的名片，对于宣传地方特色文化、展示城市个性起到至关重要的作用。

当前国内地方博物馆的建设迈入新的阶段，以主题性、地方特色文化为重点进行打造，地方博物馆建筑空间要求由外而内追求形制的统一，强调空间的特殊性，同时融合新的策展内容与形式，获得人们对于当地文化的认同感、参与感，增加更多互动的可能，从而提升人们精神文化生活的品质（图1）。

2　当代文化类空间发展趋势

2.1　公共文化空间的室内设计趋势

人在室内空间与建筑产生交流互动，在公共文化空间中，空间承载着文化内涵，展示着历史记忆，同时满足人在空间中的各项活动需求。作为政府主导的公共文化空间，首先要求建筑空间由外至内的贯穿统一，设计应具有前瞻性，因地适宜地设计具有地方特色的公共空

图1　国内博物馆建筑实景
（图片来源：中国建筑西北设计研究院有限公司）

间，将当代元素与在地文化加以融合（图2），在保证室内空间意蕴的前提下，实现技术经济可控。

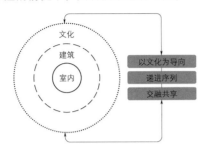

图2　建筑、室内、文化关系探索
（图片来源：作者自绘）

2.2　在地性设计在室内设计中的融入

建筑评论家对20世纪90年代以来的新型地域建筑实践经验进行总结时提出"在地性"这一概念，崔愷院士也提出针对中国建筑创作现状的设计理念"本土设计"，这两者从理念本质上一致，指将建筑融入宏观的地域环境，重视对建筑所处地点的回应与解读，对地域建筑进行个性表达，传达具有文化内涵的设计理念。

"在地性""本土设计"有两种表达方式：一种是具象直白地将具有代表性的文化元素植入；另一种是通过提炼，抽象地诠释出文化元素的内涵。室内空间设计中表达"在地性"，在尊重建筑设计理念的前提下，挖掘在地文化的生命力，确定空间设计的立意，实现空间品质与氛围。

3　平凉市博物馆室内设计

3.1　平凉市博物馆项目概况

平凉市博物馆于1979年成立，隶属平凉市文化广播影视新闻出版局，是市级综合性历史文化博物馆，甘肃省市（州）博物馆中仅有的3个国家二级博物馆之一。2014年，平凉市委、市政府决定建设平凉市博物馆新馆，树立区域博物馆建设的标杆。

平凉市博物馆新馆建于崆峒山大景区龙隐寺公园内，占地面积126亩，总建筑面积21636m²，建设目标："西北一流、甘肃最好的地市级综合性历史文化博物馆"。政府致力于将平凉市博物馆新馆定位并打造为集文物保护、收藏、展示及研究一体，历史研究、宣传、交流并行的综合性文化中心、地域特色主题文化公园、平凉城市文化品格地标性建筑。本项目于2019年9月竣工并免费开放，社会反响较好，已基本实现建设目标（图3、图4）。

3.2　室内设计重点

3.2.1　建筑与室内空间的关系

建筑设计基于场地现状及对于地方文化的解读，设计主题定义为"形胜山川，汉韵唐风"。平面布置上采用中轴对称的形制，建筑造型层层退台拟形崆峒山特有的丹霞地貌，核心体量犹如在重峦叠嶂的山间拔地而起。主体建筑坐落在高台之上，以挺拔的高台比喻城墙壁垒，

图3　平凉市博物馆新馆建筑鸟瞰实景
（图片来源：中国建筑西北设计研究院有限公司）

图4　平凉市博物馆新馆建筑实景
（图片来源：中国建筑西北设计研究院有限公司）

造型宏伟威严。整体建筑造型以丝路汉韵唐风为内涵，用现代简约的设计手法抽象表现汉唐建筑的雄浑大气、飘逸舒展。

建筑共四层，一层设置独立展览馆、报告厅、专题陈列、藏品库区、设备用房和文物修复区；二层设置数字展厅、基本陈列、服务接待、商务中心以及商品售卖；三层为临时陈列，四层为业务室、资料信息及设备用房（图5）。主体建筑设置通高采光中庭，中庭顶面为穹顶，为室内公共空间引入自然光线。建筑室内空间功能布局合理，流线清晰，为人们提供优质的参观浏览体验。建筑为室内空间的塑造奠定了基础。

3.2.2　当代文化与在地文化的表达

1. 丝路文化

平凉市位于甘肃省东部，六盘山东麓，泾河上游，东邻陕西咸阳，南连陕西宝鸡和甘肃天水，西接甘肃定西、白银，北与宁夏固原、甘肃庆阳相邻，为陕甘宁交汇几何中心"金三角"。平凉历史悠久，人文荟萃，旅游文化底蕴深厚，为古丝绸之路北线东端之必经重镇"西出长安第一城"。作为中原通往西域和古丝绸之路北线东端的交通均是要道，平凉也成为了中原文化和西域文化交融的节点。

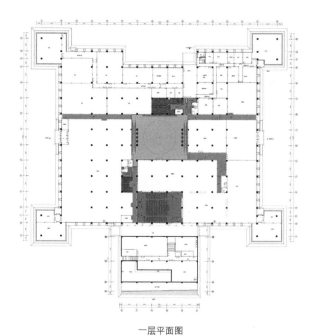

一层平面图

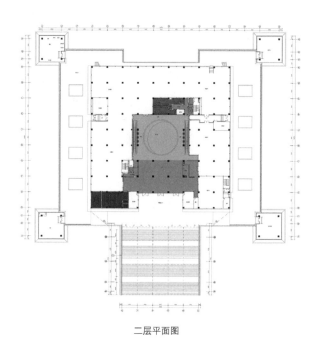

二层平面图

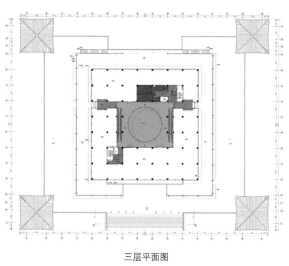

三层平面图

四层平面图

图5 平凉市博物馆新馆建筑各层平面图
（图片来源：作者自绘）

2. 道源文化

崆峒山自古就有"中华道教第一山"之美誉，也是我国儒释道"三教一家"的缩影。"崆峒"一词，最早见于春秋时期成书《尔雅》中记载，"北戴斗极为崆峒"，平凉崆峒山正位于北斗星座的下方，即为所指。传说，被尊为人文始祖的轩辕黄帝曾亲临崆峒山，向智者广成子请教养生之术和治国之道；秦皇、汉武亦曾慕名登临；司马迁、杜甫、白居易、赵时春、林则徐、谭嗣同等文人墨客笔下多有赞誉，串联起道源文化的线索。

3.3 室内设计策略

3.3.1 建筑与室内空间内外统一

设计原则概括为：内外统一，流线合理，立意突出，庄重大气，造价可控。内外统一指尊重既定的建筑外源环境及建筑风格形制元素，在此基础上，将建筑设计内涵延续至室内空间，呈现一气呵成的设计效果（图6、图7）。

在建筑功能平面的基础上，通过室内设计衔接各公共空间，形成过渡自然的人流动线。立意突出强调"在地性"，与建筑风格呼应，打造具有城市地方主题特色的公共文化空间。庄重大气指室内空间效果契合建筑，展现出典雅庄重朴素大气的空间气质。最终在满足所有前提原则的前提下，实现材料选择及工程过程的造价可控。

自主入口进入室内空间后，经二层门厅，采用欲扬先抑的设计手法，至通高四层的中庭，豁然开朗。二层门厅空间作为通过型过渡空间，空间设计以功能引导为主，室内设计简单明确。门厅室内墙面地面运用米黄色石材，与建筑外立面墙面颜色划分方法一致，做到内外统一；顶面采用虚实结合的处理手法，选用无机高晶复合板、冲孔金属板与木纹金属方通三种材质，纵向分布，能自然合理地引导参观者的走向（图8、图9）。门厅与中庭不同功能空间做以融合，合理过渡，将参观者引入中庭。

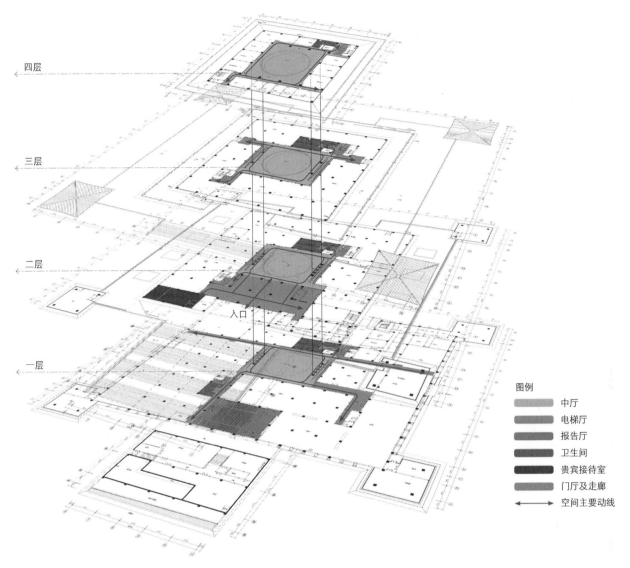

四层

三层

二层

入口

一层

图例
中厅
电梯厅
报告厅
卫生间
贵宾接待室
门厅及走廊
← 空间主要动线 →

图 6 平凉市博物馆新馆建筑各层功能分布及交通流线轴测图
（图片来源：作者自绘）

图 7 平凉市博物馆新馆建筑实景
（图片来源：中国建筑西北设计研究院有限公司）

图 8 平凉市博物馆新馆门厅效果
（图片来源：中国建筑西北设计研究院有限公司）

3.3.2 当代文化与在地文化融合新译

考虑到在地文化内涵及建筑设计风格，设计团队在设计之初，将平凉市博物馆的设计形象凝练定义为"简洁纯粹"，并进行元素提取，设计出简洁有力的文化元素母题，用于此次室内设计当中。

中庭是本博物馆重点的公共室内空间。作为整个室内的视觉中心，在设计中我们首先将空间尺度感、空间的原始造型、人的舒适度、材质的搭配选择等多方面因素作为第一考虑要素，重点融入文化符号，强化平凉市

图9 平凉市博物馆新馆门厅实景
（图片来源：中国建筑西北设计研究院有限公司）

图10 平凉市博物馆新馆四层中庭实景
（图片来源：中国建筑西北设计研究院有限公司）

图11 平凉市博物馆新馆三层中庭实景
（图片来源：中国建筑西北设计研究院有限公司）

博物馆特色，强调"在地性"（图10～图12）。

建筑设计为室内设计创造出一个极好的集中式空间，四层同圆通高，设有采光穹顶。室内设计师如何不辜负建筑师的成全，并锦上添花呢？

大象无形，意在精神。意在笔先，立意的高下将注

图12 平凉市博物馆新馆一层中庭实景
（图片来源：中国建筑西北设计研究院有限公司）

定空间的品质与氛围。

博物馆的公共区域，担负着物质和精神层面的作用，物质层面包括功能、流线等；精神层面，博物馆的公共区域是一个过渡区域、静心区域、思考区域等，使观众从嘈杂的现实中，平心静气，沉淀思绪，为进入展厅做好观展准备，也为观众在各个展厅之间自由切换做好心理的过渡。针对不同人群，有的观众可能在此享受高大的集中式空间带给内心的恬静，有的观众可能在此发思古之幽情，有的观众可能在此仰望星空思考人生。

"天人合一，天圆地方，道生万物。"自然而然成为设计立意。穹顶自然而然成为中庭设计的重中之重。天人合一，天上地下人在中间，自然地构成天地人三才。饱满的半球形玻璃穹顶和四层的正圆中庭构成"天圆"，地下一层地面也是中庭地面饰以九宫格赭石色石材拼花，构成"地方"。道法自然，"道法生一，一生两仪，二生三才，三生四象，四生五方，五生六合，六生七星，七生八卦，八生九转，九转生万物，万物生太极，太极衍苍穹"。按照"道生一，一生二，二生三，三生万物"的理念，最终选择双螺旋上升的曲线作为设计手法。考虑现场施工的难度，将螺旋曲线分解为首尾相接的错位线段金属格栅，安装于玻璃穹顶的室外侧。遗憾的是，实际施工将沿着曲线方向的金属格栅擅自变成了垂直曲线方向，而且线段定位不准，双螺旋曲线的完成度不高。

在中庭仰望穹顶，利用视差原理，两条螺旋曲线，盘旋上升，由近及远，无边无际；各层栏板上层层对位的平凉元素母题对双螺旋上升的曲线动势起到了加强的作用。整个空间中的墙、柱、景墙、栏板等竖向构件均采用米黄色石材，吊顶采用白色乳胶漆石膏板，栏板装饰古铜色的平凉文化母题的图案。置身中庭，极目苍穹，空间饱满，形制大器，氛围庄重，秩序井然，极富节奏韵律。

中庭穹顶方案通过反复推敲确定。第一版设计方案中，穹顶采用同心圆形式，细节纹饰采用八卦和罗盘的图案和字符（图13）。第二版设计方案为双螺旋连续曲线，粗细渐变，因施工原因而放弃（图14）。最终计划

实施方案为双螺旋线段错位曲线（图15～图18）。

图13 平凉市博物馆新馆中庭穹顶第一版方案
（图片来源：中国建筑西北设计研究院有限公司）

图16 平凉市博物馆新馆中庭实景1
（图片来源：中国建筑西北设计研究院有限公司）

图14 平凉市博物馆新馆中庭穹顶第二版方案
（图片来源：中国建筑西北设计研究院有限公司）

图17 平凉市博物馆新馆中庭最终效果2
（图片来源：中国建筑西北设计研究院有限公司）

图15 平凉市博物馆新馆中庭最终效果1
（图片来源：中国建筑西北设计研究院有限公司）

图18 平凉市博物馆新馆中庭实景2
（图片来源：中国建筑西北设计研究院有限公司）

电梯与中庭环廊交汇处立柱的处理为本项目室内设计难点。电梯侧挡墙依柱跨而生，巧妙地利用空间中结构柱，景墙设计取"平凉"二字篆书字体之魂，变形简化成为符号，在挡墙上重复排列出现，中庭环廊栏板参照博物馆镇馆文物——东汉博山神兽纹铜樽上的圈带纹样（弦纹、菱格纹和三角锯齿纹），形成空间界面中的平面装饰样式，同时间隔布置铜制定制纹样符号"平凉"，突出文化设计主题（图19~图21）。

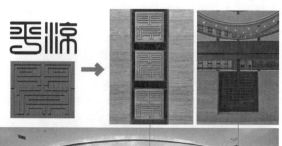

图 21 提取装饰元素母题篆书"平凉"二字运用于空间界面
（图片来源：作者自绘）

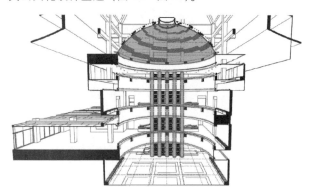

图 19 平凉市博物馆新馆中庭空间剖面
（图片来源：作者自绘）

图 20 平凉市博物馆镇馆文物——东汉博山神兽纹铜樽
（图片来源：平凉市博物馆）

贵宾接待室意在营造一种高端庄重又精致灵动的空间氛围，空间内以一副气势磅礴的崆峒山名画作为主背景墙，大气典雅。两侧墙面延续开放空间线条分割的手法进行划分，墙面中心再次添加元素母题纹样"平凉"作为装饰。水晶吊灯点亮空间，使空间更具隆重感，为贵宾营造独特的接待空间（图22、图23）。

为充分实现报告厅空间功能，在设计上去繁就简，以面装饰为主，统一空间形式，有效地加大了空间的利用率。主背景墙采用重复元素母题排列，作以点缀，同时加强各空间的关联性。顶部设计出独特的折形造型吊顶，墙面采用具有立体感的斜面均分设计，光影层出，整齐有序，强化报告厅的视觉中心感（图24、图25）。

3.3.3 室内设计专项技术创新实践

1. 声学设计

报告厅为作为博物馆内的重点声学空间，其使用功

图 22 平凉市博物馆新馆贵宾接待室效果
（图片来源：中国建筑西北设计研究院有限公司）

图 23 平凉市博物馆新馆贵宾接待室实景
（图片来源：中国建筑西北设计研究院有限公司）

能主要以举行会议、报告等为主，对此要求具有较高的语言声清晰度，即客观上应降低厅内混响时间，频率特性曲线平直，厅内各区域声场均匀。平凉市博物馆新馆

图 24　平凉市博物馆新馆报告厅效果
（图片来源：中国建筑西北设计研究院有限公司）

图 25　平凉市博物馆新馆报告厅实景
（图片来源：中国建筑西北设计研究院有限公司）

报告厅容积为 1100m³，座椅 280 个，每座容积约为 4.0m³。结合装饰设计，在观众厅侧墙及后墙采取适宜的吸声措施，并通过计算与声场仿真进行分析验证。由分析结果可知，报告厅满场状态下中频（500～1000Hz）的混响时间为 0.8s 左右，其频率特性曲线也较为平直；语言传输指数为 0.66，对应的语言可懂度为良好；厅内声场均匀，无回声、颤动回声以及声聚焦等声学缺陷。通过设计，使本报告厅内声环境客观上符合声学相关规范的要求，主观上满足厅堂的各项使用功能，同时为音响系统的使用建立了良好的建筑声学基础条件（图26、图27）。

2. 照明设计

中庭周边公共空间的照明设计，通过照度计算进行设计分析。对走廊及其他公共空间进行三维空间照度的推演和模拟计算，在空间内布置照明灯具，借助中庭空间玻璃穹顶引入的自然光线，在满足基本照度需求的同时，最大限度地实现室内空间的节能。

3. 幕墙设计

中庭原玻璃穹顶通过室内设计多次方案推敲，与幕

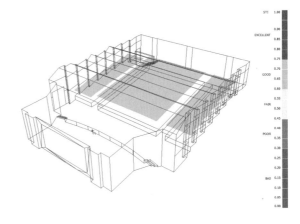

图 26　语言传输指数模拟结果网格分布图
（图片来源：作者自绘）

墙设计专业配合，在原有的结构基础上，保证可实施性、落地性，运用铝合金材质格栅对穹顶进行装饰。每组格栅进行精准的尺寸放样及定位，根据原结构基础条件连接，以实现设计效果。

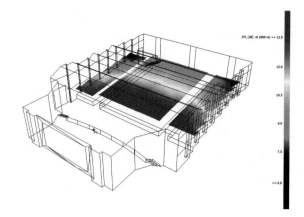

图 27 声压级模拟结果网格分布图
（图片来源：作者自绘）

4 结语

当代博物馆设计在努力获取人们文化认同感、参与感的同时，力图提升人们精神文化生活的品质，带动了地方文化旅游业的发展。"在地性"设计的实施是实现公共文化建筑空间内涵的趋势。平凉市博物馆室内装饰设计，以实现文化"在地性"为目标，定制设计原则，从当地文化汲取灵感，提取元素母题，围绕着意蕴深厚的"平凉"二字展开画轴，打造出朴素大气、典雅庄重、特色鲜明的博物馆公共空间，从而升华博物馆内展览主题、增强了空间的艺术感染力。本项目建成后，设计还原度较高，成为当代国内独具文化特色的博物馆之一。

参考文献

［1］王启峰. 新时代中小型博物馆现状思考与发展对策：以平凉市博物馆为例［J］. 中国博物馆，2018（2）：35 - 37.
［2］何盼盼，陈雅. 文化治理视角下图书馆公共文化空间建设模式选择研究［J］. 图书馆建设，2019（2）：106 - 111.
［3］鄢思琪. 地方博物馆在地性设计研究：以京山市博物馆设计为例［D］. 武汉：华中科技大学，2019.
［4］殷一鸣. 基于"文化线路"理论的平凉历史城镇的特色塑造研究［D］. 重庆：重庆大学，2018.
［5］张鹏. 崆峒山道教研究：以营建为中心的考察［D］. 兰州：兰州大学，2013.
［6］傅乐玮. 历史类展示设计中意境营造方法探析：以南京六朝博物馆为例［D］. 北京. 清华大学美术学院，2021.
［7］范旭野. 融合地域文化的现代博物馆设计［D］. 南京：南京师范大学，2020.

对环境设计专业实践教学的探索与思考

■ 李瑞君
■ 北京服装学院艺术设计学院

摘要 环境设计是一门实践性很强的专业，要求学生具有一定的设计实践能力，然而学校的课堂实践教学往往是虚拟课题，脱离社会的发展需求。因此利用社会上组织的设计竞赛带动环境设计专业实践教学方式和内容的改革，能拉近学生与社会的距离，强化设计实践教学的社会实践性，调动学生学习的积极性，通过竞争提高学生的实践创新能力。同时，在学校、学生、教师和社会之间形成良性的互动，达到多赢的效果。但参加竞赛也会为教学带来一定的问题，还需要在教学实践内容和模式探索的过程中不断深化并加以解决。

关键词 环境设计 实践教学 设计竞赛 存在的问题 实践与探索

环境设计不是纯欣赏的艺术门类，它是一门通过艺术设计的手段对室内外进行环境规划、设计的实用艺术。环境设计始终与实用联系在一起，并与工程技术密切相关，兼具审美功能和艺术功能，兼具艺术与技术的特征。因此，环境设计具有很强的实践性。面对这样的一种状况，如何满足当下经济社会发展的多样化需求、全面提高学生的设计实践能力，是当前和今后一个时期环境设计专业教育的核心和紧迫的任务。

1 实践教学的方式

在环境设计专业的设计实践课程教学中，提高学生设计实践能力的方式可以多种多样，每位任课教师都有自己的方式和方法，归纳起来大致有三种：①校内实践课程；②社会设计竞赛；③设计单位实习。

1.1 实践课程

实践课程的教学一般就是在课上按照教学大纲的要求对课题进行模拟式设计。学生基本上没有实际工作经验，很难直接从事实际项目的设计工作，所以设计实践课程一般都是以"实题虚做"的形式进行，任课教师根据学生的普遍状况，选择一个具有一定尝试性和概念性、难度和规模适合学生群体的项目（图1）。这样既可以提升他们的项目设计实践能力，同时也可以不受任何约束，进行创造性的思维训练。

教师在课堂上的要求不可能像社会上竞标或者竞赛那样严格，也恰恰因为是这样，学生们有时缺乏设计的竞争意识和热情。由于没有外来的压力，所以做起设计来有时不太认真，甚至是简单应付一下，没有达到最初训练的目标。因此，课程的最终成果往往没有达到理想的教学效果。

1.2 设计竞赛

设计竞赛是学生提前介入社会设计实践的一种方式。每个设计竞赛都有它的竞赛主题和评选要求，就像一个具体项目竞标的招标文件一样，有一些具体、明确的竞赛要求和规则。在参加设计竞赛时，学生们就像设计单位参加的设计投标一样，提前感受到竞争的压力。更为重要的是，设计竞赛的评选结果要在大众面前公布，哪一个参与到其中的人都不敢掉以轻心，肯定会拿出自己的最佳成果，向他人展示自己设计的创造力和想象力，因此能够充分调动学生参与的积极性（图2）。参加竞赛不但可以开阔学生的专业视野，让学生提前了解并认识专业和行业、教育和职业等方面的现状、发展态势和面临的社会问题，还可以清楚地了解其他参与设计竞赛的院校学生的实际状况，客观地评价和认识自己。

参加社会上的设计竞赛也存在一定的问题，就是竞赛的时间、内容或者难度跟学生的课程安排有时会冲突，达不到同步的效果。比如有的竞赛是"双年制"，有的竞赛题目不符合教学要求，所以是否能够参加设计竞赛，也是要找到合适的机会才行。

1.3 单位实习

单位实习是一个非常好的接触实际项目的机会，可以让学生提前进入到工作状态，为今后的就业做好铺垫。在单位实习的学生一般都会在导师的带领下进入实战状态，可以让学生把学校老师们所传授的理论知识和实践技能运用到项目的设计工作中去，能够让学生拓展自身专业知识，在项目实施的过程中增强实践能力，锻炼和提高自己的实践操作技能。经过了学校的专业训练，并对设计有了基本掌握后，只有通过实习才能知道，怎样才能完成一个具体项目的设计，怎样才能成为一名合格的设计师。在实习的过程中，由于学生们缺乏设计经验，开始时常常会不知道如何入手，做出的设计不符合甲方的需求，与市场脱节；有时甚至为了追求经济效益而不断地妥协，使自己的思维与创新受到过多的束缚。在学校中学习时，学生设计的创意一般都处于概念设计阶段，不会受到甲方的使用需求、实现的技术条件、投资的经济状况等客观条件的限制。然而在实际项目的执行过程中，恰恰需要解决这些客观的实际问题，因此在实习中

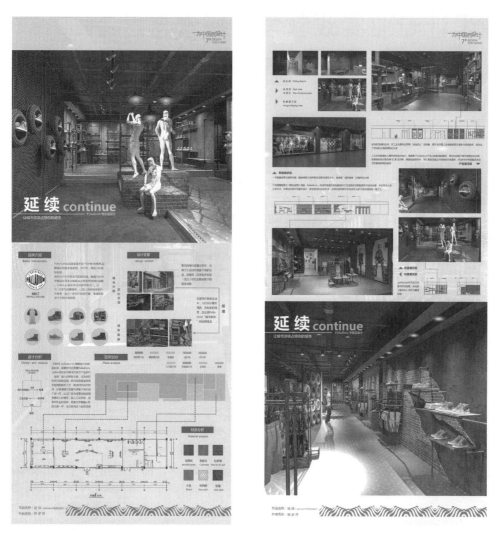

图 1　第六届"为中国而设计"环境艺术设计大展获奖作品——专卖店的室内设计
（设计：陈彦芬　指导教师：李瑞君）

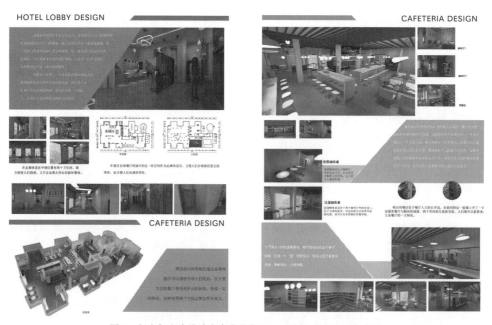

图 2　新人杯室内设计大赛获奖作品——快捷酒店的室内设计
（设计：王星懿　指导教师：李瑞君）

学生能够学到并掌握许多课堂上无法学到的知识。设计创意不但需要团队成员的配合，还必须得到甲方的认同，同时要满足一定的技术规范和法规要求。学生必须认识到设计是"戴着镣铐的舞蹈"，一方面要尽可能地发挥自己的设计创意；另一方面也要考虑甲方要求、单位利益和社会效益，在它们之间找到平衡点（图3～图5）。在实习的过程中，由于是初入职场，学生往往会感觉到自己专业能力的不足，所学专业知识与实际需求有一定的差距，自己的专业素质有所欠缺，往往会产生一定的挫折感。这些都是正常现象，学生需要调整自己的状态，多听、多看、多干，很快就能适应。

图3　学生实习阶段完成的设计作品1
（设计：贾丽媛　指导教师：李瑞君）

图4　学生实习阶段完成的设计作品2
（设计：贾丽媛　指导教师：李瑞君）

但是实习需要完整的时间，因此只能在属于学生自己时间比较多的阶段去实习，有时候好一点的设计单位还对实习生有比较高标准的专业要求，学生要找到一个

图5　学生实习阶段完成的设计作品3
（设计：贾丽媛　指导教师：李瑞君）

自己比较理想的实习单位还是有一定的难度的。其次，单位实习有时还会与课程的计划和安排在时间上发生冲突，需要学生在二者之间找到一个好的平衡点，否则会影响到学校正常的教学秩序和质量。

以上三种方式有各自的优缺点，实践课程是最为基本的训练，单位实习又过于商业化，而设计竞赛恰好兼具二者的特点，既能调动学生的积极性和竞争意识，又能进入到实战状态，起到了过渡和衔接的作用。所以，学生在读期间的设计实践应该是三者并重，灵活应变，根据不同的情况在不同的阶段采用不同的模式。当然，最佳的方式是能够把实践课程与设计竞赛有机地结合在一起。

2　设计竞赛的内涵与作用

在环境设计专业的教学中，设计实践教学是其最为重要的组成部分，如何在课程中进行实践教学并取得好的教学效果，也是老师们一直思考和不断尝试和探索的问题。在专业理论方面，提升的方式相对简单一些，只要多读书、多思考、多写作，就能有进步。而专业设计方面则难度比较大，如何提升学生的动手设计能力是需要我们在教学过程中不断研究和摸索的。

2.1　设计竞赛使实践教学的内容不断更新

环境设计是一个实用性极强的应用型专业，因此设计实践教学的内容和方式需要适时调整，以适应专业的不断发展和更新，满足不断变化着的国家政策、经济发展和社会需求。因此，把设计竞赛作为环境设计实践教学的一种有效模式，是一种积极的尝试和有益的探索，在一定程度上可以满足学生专业学习和社会对人才的需求（图6）。

当下，环境设计作为提升人居环境和创造美好生活的一个重要手段，得到前所未有的重视。好的设计能够提升生活环境的品质，促进行业的健康发展，给政府带来良好的社会效益。在此背景下，由国际机构、政府部门、行业协会、教育机构、企事业单位等组织的环境设计竞赛以不同的面貌如雨后春笋般地出现。这不仅为学生提供了更多的训练机会和展示自己能力的平台，同时也为教师的教学提供了多样的选择。

成熟的设计竞赛要求往往能够结合城乡的需求、经济的发展、行业的趋势、教育的探索等社会热点问题进

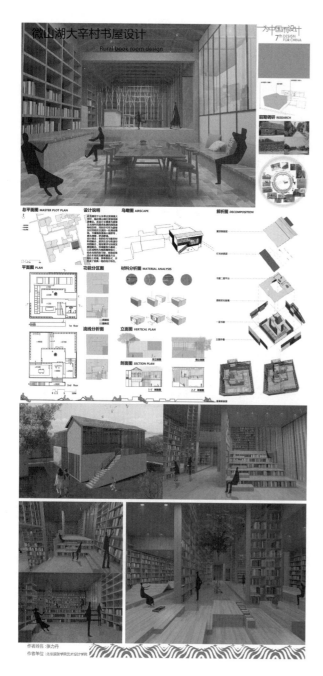

了解并利用社会上不同机构搭建的设计竞赛平台，结合自身的教学计划选择性地参加一些契合度较高并有一定社会影响力的设计竞赛，采用多样的教学模式，利用校外的力量和社会的资源对学生进行专业设计能力的培养和训练。如果能够获奖并得到奖励，学生不仅提升了专业能力，还得到了社会的认可，这能进一步调动他们专业学习的积极性。同时，学生还能通过行业专家的点评，进一步了解行业的动态和需求。

在整个参赛的过程中，老师将课堂作为实习场所，学生参加设计竞赛的过程就是一个具体项目投标的实践过程，对学生的阶段学习进行一次实操性的检验。对于学生来说，参加设计竞赛能够进行专业上的强化训练，提前接触实践项目，多方面展示自我，与其他院校的学生进行学术交流。对于企业来说，通过设计竞赛能够挖掘具有潜力的设计人才。对于学校来说，组织参赛能够与其他兄弟院校、设计机构等加强交流，更是学校展示自我和扩大社会影响力的机会。

2.3 设计竞赛能够推动教师和学生的共同提升

结合设计竞赛进行的实践教学，可以提高学生的问题意识、创新意识和实践能力，不同设计的取向使得设计的面貌丰富多样，教师根据每个学生的立意进行有针对性的引导，培养学生的设计意识和职业意识，同时，教师也能在学生研究性的专业学习和设计实践过程中获益，真正做到教学相长。在实践教学中采用多样的教学模式，积极组织并鼓励学生参加设计竞赛，教师"讲授"和"引导"与学生"学习"形成有机的互动模式，充分调动学生的主观能动性，促进研究性学习；积极发挥教师协助的有效性，促进创造性指导，从而达成一种二者有机结合的实践教学模式。如果能在实践教学中有机地融入设计竞赛并得到有效的组织和实施，可以直接给学生带来诸多益处，教师和学校也会间接地从中受益，同时可以在设计实践课程教学内容和模式改革的探索中寻找实践教学与社会需求之间的有机联系与契合之处。

环境设计专业的竞赛在某种程度上能够明确社会的需求和专业发展的趋势，其所指定的目标既能引导学生进行针对性的学习和训练，也能督促老师不断调整教学思路和开拓视界，与时俱进，结合社会需求和社会问题进行自我学习，开展研究和实施教学。

经过多年的发展，一些有影响力的设计大赛已成为社会与各大媒体的热门话题，并成为环境设计专业学生和指导教师们展示才能与价值观念的舞台，以及教学过程中与市场、企业及其他院校交流合作的平台。设计竞赛更为学生提供了接触校外天地的空间，在谋求自身发展的同时可以寻找适合自己的就业机会。教师在设计实践课程的教学中应该统筹安排，把设计竞赛融入到实践教学，探索新的教学模式。同时提供必要的环境和资源，调动学生的积极性，使学生参与到设计竞赛中来。

图 6 第七届"为中国而设计"环境艺术设计大展获奖作品
——微山湖大辛村书屋设计
（设计：张力丹 指导教师：李瑞君）

行，影响力大的设计竞赛都有一个高效率的组织和执行机构，召集行业内的一线专家组成命题和评审组，竞赛命题能反映出当下环境设计的热点、动态和发展趋势。围绕环境设计竞赛命题的具体要求，教师可以结合学校的教学计划，动态地调整实践教学课程的内容和教学模式，把设计竞赛有机地融入到设计实践课程中来，以带动和促进环境设计实践教学的变革，满足学校国家一流专业建设的需求。

2.2 设计竞赛能够促进学校与社会之间的互动

在当下高度社会化的状况下，学校的教学应该充分

3 参加设计竞赛的模式

在实际教学的过程中，老师需要根据学校教学大纲的要求合理安排，采取适合的模式参加设计竞赛。

每一个设计竞赛都会有自己的竞赛宗旨，有的甚至进行竞赛命题，有非常具体的竞赛目的、内容和要求，有的主办单位会提出自己的特殊要求和积极倡导的理念。在组织学生参加竞赛的时候，需要收集竞赛信息，对参赛的具体要求、设计作品的规格、设计竞赛时间等要有非常充分的了解，根据课程的情况做好计划。课程教学的过程中，老师应该以一种更加积极与主动的方式与同学进行更加深入的交流与探讨，使学生的设计能力充分发挥，有针对性地进行研究性的设计探讨和引导，完成最终的参赛设计作品。因此，把设计竞赛融入设计实践课程是对课程教学内容和模式的改革与探索，是对学生学习的过程和教师的教学过程进行的一个生动、有效、积极、全方位的立体展现。与传统教学模式中以传授和灌输知识的教学方式相比，这样的研究性实践教学模式更为积极与灵活，其优势也更为明显。

学生参加设计竞赛大致有以下三种模式。

3.1 实践课程与设计竞赛相结合

实践课程与设计竞赛相结合的模式，是效率最高的一种模式，也是最理想的一种模式。但是需要课程的教学要求与设计竞赛的题目相符，作品提交的时间恰好与课程结束的时间基本吻合，在时间段上能够重叠。

3.2 第二课堂与设计竞赛结合

利用学生和老师的课余时间，在教师的引导下开辟第二课堂，组织有参赛意愿的学生一起参加设计竞赛（图7、图8）。这种模式能够把不同年级的本科生和研究生都调动起来，能够促进学生之间跨年级和跨阶段的交流与合作，这种交流与合作有助于低年级同学的进步和成长。但是这种模式也有一定的缺点，就是牺牲掉了学生和老师的课外时间，增加了学生的学习负担，增加了老师的工作量。

3.3 学生自发参加设计竞赛

学生通过社团组织或学社，自发组织积极主动参加设计竞赛。在设计竞赛中，同学们能够相互协作和督促，共同进步，一起成长。学生基本为自己独立或在其他同学的协助下完成课题设计，当然有时也可以私下找老师进行必要的指点或辅导。

相比较而言，三种模式中第一种是最佳选择。设计竞赛与实践课程的有机结合，既能达到训练的目的，又没有增加教师和学生的负担，效率是最高的，效果往往也是最好的。

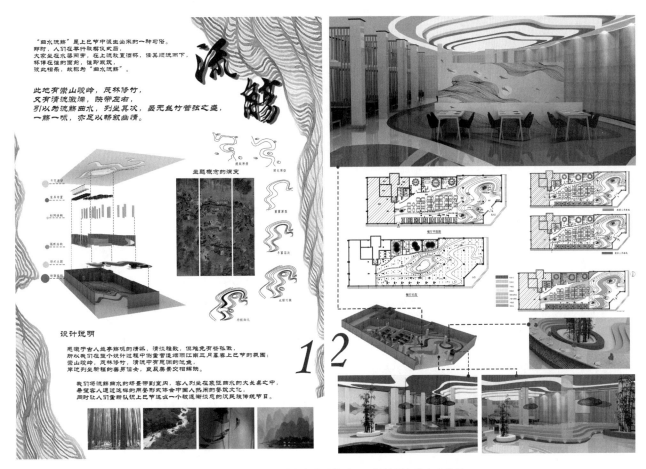

图7　新人杯室内设计大赛获奖作品——快捷酒店的室内设计

（设计：王惠娜　倪娇　指导教师：李瑞君）

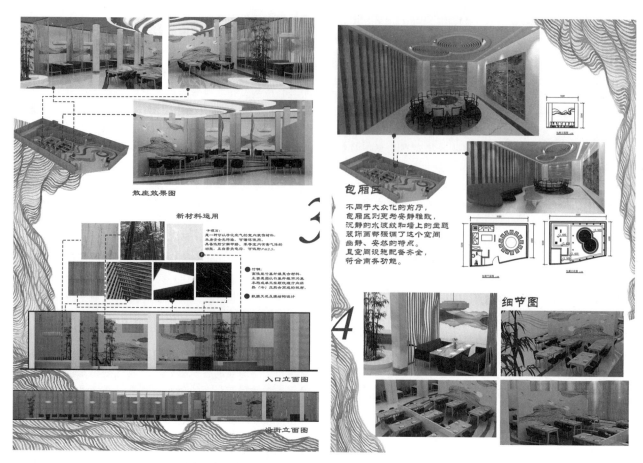

图 8　新人杯室内设计大赛获奖作品——快捷酒店的室内设计
（设计：王惠娜　倪娇　指导教师：李瑞君）

"为中国而设计"全国环境设计大展、"新人杯"全国室内设计大赛、环境设计学年奖等竞赛活动都是近年来影响力比较大的设计竞赛。竞赛内容涵盖环境景观设计（含建筑）、室内设计（含家具）等相关设计，方案、项目、概念设计均可参赛。在参赛的设计作品中，希冀能够根植于本地的、现实的自然环境与社会环境，通过技术、人文、经济等手段，创造性地对人与自然、人与人的关系等永恒性问题进行分析、解读与回答。关注社会热点问题或现实社会中存在的问题一直是教师引导的价值取向。无论在时间上，还是在内容上，争取做到设计实践课程与设计竞赛结合的最佳状态。

无论采用哪种模式，都是鼓励学生积极参加设计竞赛。通过参加设计竞赛，培养学生主动学习、积极探索的意识，提升专业设计能力，进一步让学生明确学习的目标和社会意识，充分调动学生学习的主观能动性，培养学生创造性的思维能力、落地性的实践能力和思考性的研究能力。

4　参加竞赛带来的问题

通过一个阶段的尝试，笔者希望能摸索到一条具有可实施性的教学模式，为今后类似的设计实践教学提供一定的参考。尽管参加设计竞赛有种种好处，但在实际教学的过程会遇到一些预料不到的问题，归结起来主要有三个。

4.1　竞赛的机制

学校制度建设要配合学科竞赛的需求。对于设计实践课程来说，任课教师具有一定的主动性和灵活性，可以根据课程的要求进行些许调整以适应设计竞赛，本科生课程协调的难度相对比较大。

每个设计竞赛都有它的竞赛主题和评选要求，把设计竞赛融入实践课程，可以开阔学生的专业视野，加强学生对环境设计行业、专业发展态势的关注。因此，实践课程在内容设计上结合设计竞赛的要求进行必要的调整。结合设计竞赛，尤其是命题性的设计竞赛，设计实践课程的教学内容必然要在已有课程框架内进行一定的补充和调整，增加竞赛项目的要求，有时竞赛的要求也可以转换成课程作业的要求，鼓励学生在满足项目要求的基础上进行概念性的设计探索。

4.2　竞赛的场地

在学校里，能够给学生提供的硬件条件有限，所以提供给学生们做设计竞赛和进行交流的场地比较难找。同时，学校的实验室和模型室能否给学生提供便利也未可知，需要与学校相关部门协调。尤其对那些利用课余时间参加设计竞赛的同学来说，条件更差一些，可能连相对稳定一点的教室都难以找到。

4.3　竞赛的经费

只要参加设计竞赛，就会有费用发生。无论哪个级别的竞赛或展览，都会收取一定数额的设计作品参赛费、论文评审费等。所以，组织学生参加竞赛，就要解决好经费的问题。另外，辅导竞赛的教师都会有超出一般教学的付出，希望能够给予一定的补偿，让教师保持积极性。

通过参加设计竞赛加快了教学理念的转变，带动了教学的改革。希望通过课程改革实践找到一条比较合适的机制，能够在学校、学生、教师、社会之间达到一种平衡，构建一个良性的、有机的互动机制，实现多赢的局面。

5　结语

目前，国内高校的环境设计教育与市场需求还存在着一定的错位关系。造成这样的原因主要是：一方面是环境设计专业学生在学校的学习不能满足市场的需求，有些学生不能找到自己满意的工作；另一方面是企业找不到具有一定设计经验的人才。我国当下的环境设计教育大都采用传统的教育模式，无法满足学生、企业和市场的诉求，因此环境设计教育必须要考虑市场和企业的需要。学生设计实践能力的提升，是当前环境设计教育应当重视的环节。

设计竞赛是促进即将走向社会的学生成长为青年设计师的社会性活动，为学生提供了一个能充分展示自己设计创新、实践操作和综合表现等多方面能力的空间。赛事要求参赛的设计作品除了具有原创性、审美性、可用性的特征外，还要具有对设计的可持续性、人文关怀、技术可行性等方面的深入思考。这些要求中的"技术可行性"要求，对于即将成为青年设计师的学生来说，是从学校理想式的、不受约束的设计阶段跨入满足企业和社会现实性需求设计阶段的一道"门槛"，"技术可行性"

与其他几项要求的充分结合是将设计从其创新形态转化为社会竞争力的关键之所在。设计竞赛的初步目的是进行设计作品的评比，其最终目标是设计人才的培养，它还可以引导和激励青年设计师不断进步和成长。从学生、学校、单位、社会等各个角度来看，设计竞赛起到的作用是多维度和全方位的。

环境设计专业的竞赛丰富多样，但无论是怎样的竞赛，它们的目的中有一点是相同的：通过评选优秀、有创意的设计作品来为社会培养优秀的设计人才。作为教师，我们应该认识到，参加设计竞赛是一种有目的地学习设计的过程，所以应该调动学生参与设计竞赛的兴趣，同时提供必要的环境和条件。在设计竞赛活动中，参赛者根据设计竞赛的要求，对课题进行深入分析，用自己的设计表达他们对课题的理解和思考，找到存在的问题并提出相应的解决方法。尽管受到经验不足等方面的限制，但学生仍会以具体化、个性化的、富有创造性的设计方案将社会普遍关注和思考的问题生动地呈现出来。尽管学生的成果可能会有理想化或幼稚生涩的感觉，但至少可以起到一定的传播作用，使这些问题得到更多人的关注。学生以他们自身先天的优势和独特的视角对这些问题做出自己的应答，提出不同于成熟设计师的看法或解决方案，无论结果怎样，学生的付出和努力必然会起到推动设计发展和社会文明进步的作用。

［本文为 2022 年北京高等教育本科教学改革创新项目"一流专业建设背景下环境设计专业教学体系建构研究"、北京服装学院 2021 年教育教学改革立项项目"一流专业建设背景下环境设计专业教学体系建构研究"（项目编号 ZDJG—2103）和 2022 年北京服装学院美育教育教学改革专题项目"'美好生活'背景下教学内容的改革与实践"（项目编号 MYZT—2212）的成果。］

民俗文化在西双版纳傣族民居中的体现

■ 赵美珠　李瑞君
■ 北京服装学院艺术设计学院

摘要　民居是一个民族的民俗文化的综合性载体，傣族民居同样承载着傣族独特的民俗文化。本文以西双版纳地区的傣族民居为研究对象，首先对民居产生影响的主要民俗文化进行分类与分析，认为在民俗文化中自然与宗教影响下的自然元素、神鬼概念和宗教宇宙观这三种影响因素最为突出，进而从这三个方面论述它们在版纳地区傣族竹楼民居中的具体体现。

关键词　傣族民居　民俗文化　影响与体现

1　傣族民俗文化对西双版纳傣族民居的影响

民俗文化作为影响建筑的因素，在西双版纳地区的傣族民居中有重要的作用。在傣族民俗文化中，宗教在傣族人民的生活中从古至今都占据十分重要的地位。民俗文化作为建筑的潜在影响因素，对西双版纳地区傣族竹楼建筑产生重要影响。南传上座部佛教和原始宗教这两大宗教信仰的共存互渗是傣族在文化方面的显著特点。

原始宗教以傣族人民对自然元素和灵魂的崇拜为主。由于傣族聚落由自然中形成发展而来，傣族人民为了更好地繁荣发展形成了自己的价值观，以此来向自然界表达尊重。因此，对自然中的水、火等元素崇拜和对祖先、保护神的魂鬼崇拜，与傣族人日常的起居生活息息相关，并在民居建筑中从建房步骤到平面布局等具体建筑细节中体现出来。

发源于印度的南传上座部佛教，也可称为小乘佛教，于唐代传入中国南部傣族地区。经过与原始宗教长期的融合与互相渗透，小乘佛教在元代已广泛流传并成为傣族人世界观的重要组成部分。由于该教最初依靠统治阶级支持，所以封建等级制度色彩十分浓厚，这些也体现在傣族民居中。傣族竹楼建筑在屋架形式、柱子数目、楼梯、装饰等方面有诸多限制，民居的发展也受到影响。

经过长期信仰小乘佛教与原始宗教，傣族形成了多样的带有宗教色彩的民俗习惯，其中生产、婚恋、丧葬以及禁忌等风俗对傣族民居有重要的影响，民居作为文化与生活习惯的载体，从建筑格局到室内细节都反映出了傣族人民的风俗特点。

2　自然崇拜在傣族民居中的体现

对自然的崇拜往往表现为对自然物、自然力的崇拜。在西双版纳傣族地区，中柱崇拜最能体现傣族人的自然崇拜。

中柱崇拜来源于傣族人民对自然界中"树"崇拜。傣族人与森林的密切关系使得对"树"拥有不可割舍的

情感联系。虽然树自被砍伐做柱的那一刻起，它的生命过程就已结束，其存在的形式也已发生根本改变，但傣族人虔诚地相信，"树"的生命在"柱"中得以延续，且成为家庭兴旺发达、永远生命不息的标志。由此，人们在建屋立柱时，形成了一个必须遵守的立柱规矩——根部在下、梢部在上。傣族人民认为只有这样使柱保持着树的自然生长状况，柱子才不会"死亡"，建造出的房屋才会拥有树的"庇护"，家庭才会更加和美。对于傣族人来说，选择中柱是建造房屋中十分严肃且隆重的步骤，要由老人去选。选好后，由家年龄较长的男性以两对蜡烛、一串槟榔以及一杯酒祭之，意为请选中的树木充当"绍岩"。做"绍岩"的树木既要笔直，又要求其树枝保留完整，以此来象征男性生殖器[1]。

在这些柱中，傣族人认为中柱是地与天、神与人交往的通道，因此中柱具有十分重要的地位。傣族人在立柱时，首先要立一根中柱，将八根中柱分为男女两类穿戴服装。中柱楼下段不允许拴入牛马；中柱楼上段为老人去世时靠穿衣服处，其上贴彩色纸、插蜡条，一般不允许碰触或倚靠，不允许将物品悬挂于其上。如此中柱实际已经被赋予家神之意，与自身的物理特性和在住屋中的工程价值已经完全失去了联系。

3　神鬼概念在傣族民居中的体现

傣族早期神鬼是合一的，人们对神鬼的崇拜被凝固在住屋的空间实体中。在云南少数民族中，火崇拜——也就是火神崇拜十分普遍，而对火塘的重视就是傣族人在竹楼中神鬼崇拜的体现。

在昼夜温差大的西双版纳地区，火可以用来取暖；同时傣族聚落中，雨季来临时空气十分潮湿，火又可以祛湿，达到适宜人们活动和居住的环境湿度。火还可以创造光明、温暖，可以带来熟物，同样火也会造成伤害，是具有威慑性的。人民把生活的期望寄托在对神的祈愿中，期待火神的保佑，于是主动寻找神并做出种种姿态以求感知神。这种宗教性的意念投射到住屋空间中，便

有了对空间的要求，以满足祭祀、供献、礼拜等宗教行为的需要，及对其领域范围的洁净、神圣、不可侵犯性的保证，由此形成了"火塘"空间。火塘的存在，使傣族人民可以把一些神鬼具象化，然后把对神明的自然信仰的祭拜寄托在祭祀火塘之中。

随着傣族社会文明程度的提高，傣族人民生活水平也随之提升，如此一来，传统火塘的煮食、照明等作用都逐渐削弱且被划分出去。当传统火塘的意义从实用功能上脱离而单纯拥有精神意义，这个限定为火塘的区域就变成了傣族民居内的神圣空间。

4 宗教宇宙观在傣族民居中的体现

傣族宇宙观是小乘佛教与原始宗教的混合体，是二者长期发展融合而形成的世界观，是协调家庭、自然、超自然和社会之间关系并使其形成更加理想和谐的系统和秩序。在两大宗教信仰的长期影响下，傣族的宗教宇宙观极大地影响了民居的空间布局，并在傣族民居的空间方位和朝向系统多有体现。

4.1 空间方位

我国南方很多地区少数民族的民居文化都有着空间四个方位代表不同意义的传统。在傣族的宗教宇宙观中，人类的聚居地也是通过四个方位与周围环境和宇宙相关联的。

依据传统的宗教宇宙观，傣族的地界由土地、河流、森林和人类居住区域组成，这四类地域代表着东西南北四个方位。与此同时空间被视为方形的，东南西北四个方位又细分为八个具体方位，它们都有特定的动物象征并赋予寓意[2]（图1）。

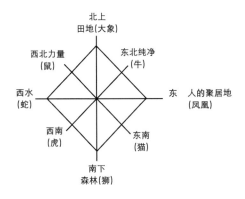

图1　傣族宇宙观的空间方位图

从传统宗教宇宙观中可知，与东方这一方位对应的是房屋、聚落这类在自然界中最具文明化也最能够被人类把控的区域。因太阳自东方升起，东方被视为神圣的方向，因此在室内布局中，入口的楼梯朝向东方则是上上之策。而与东方北方相对比，西南方反映着森林这一村寨外的区域，则象征着未知与危险，也代表着死亡、厄运与不吉。

而傣族所定义的东南西北方位并非根据自然方位划分的。通常来说，南北是由上游与下游定义而来，因此

在不同地段可能存在不同的南北向，与我们通常所知的自然南北方位没有直接的联系。"北边的寨"指的就是在上游的村寨，也可称为"上寨"，而"南边的寨"指的是在下游的村寨，即"下寨"。

4.2 朝向系统

在西双版纳，大多数主要河流自山脉向下流，该地北高南低的地势就造成了河流的南北流向。这种天然的流向也自然而然成为富裕和肥沃的象征。傣族村寨里的民居，在理想的情况下应根据河流的走向来布局，因此傣族人民以"上流"的一端和"下流"的一端来指屋脊两端[3]，同时与之相对的周围的村寨也被叫作"上寨"和"下寨"。

由于傣族民居家庭与自然有紧密的关系，在自然条件的基础上，宇宙观也影响着朝向系统。在傣族人民起居的民俗习惯中，睡觉时人的身体方向务必与屋脊垂直是一条很重要的准则。人们认为头朝向北睡时人位于横梁下，此时垂直于横梁的方向并平行于屋脊，这是十分危险的[4]。

睡觉的朝向决定了床的布置，床已基本默认为与屋脊垂直，民居的整个空间布置也要遵循一定的规律。如果房子按屋脊是东西向、前廊在南边的布局方式，就给卧室留下了两种可能的朝向（图2）。

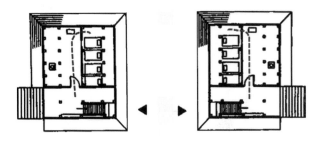

前廊朝南，卧室处在东边　　　　前廊朝南，卧室处在西边

图2　室内卧室的两种朝向

第一种是卧室处在西边，卧室的门在东边，因为人们不喜欢有人走过他们头所在的方向。因此睡者头朝西，这样就给床垫留下了很大的安排空间。但是根据傣族习俗，西边是不吉利的方向。

第二种可能性是将卧室置于东方，头朝东睡不仅被认为能带来好运，如此一来还为床垫的布置提供了更为自由的空间。所以这种安排是被大多数家庭采用的方式。卧室在东边即右侧也意味着人们从堂屋向右转进入了卧室。

影响傣族民居房屋排列的原则都与东西轴和南北轴有关，其中有些是绝对的，有些是可变动的。位于南向与北向的元素和空间可以互相转变，而东向与西向的元素和空间不能互相转变。

5 结语

傣族民居作为为傣族人遮风避雨、御暑防寒的居所在傣族人的生活中起着不可忽视的作用，也是处理家庭、

社会与自然三者关系的组成部分。在西双版纳地区傣族民居的长期历史演化中，自然观念和宗教信仰的结合，影响并形成了自然崇拜、神鬼崇拜与宗教宇宙观这些十分有民族特色的民俗文化，这些民俗文化对傣族民居的影响深远并物化于其中。

参考文献

［1］蒋高宸．多维视野中的传统民居研究：云南民族住屋文化·序［J］．华中建筑，1996（2）：22－23.

［2］高芸．中国云南的傣族民居［M］．北京：北京大学出版社，2003.

［3］范玉洁．傣族民居的空间观及其布局特征［J］．安徽建筑工业学院学报（自然科学版），2008（2）：46－48.

［4］刘旸．文化因素影响下的傣族村寨形态［J］．建筑与文化，2016（8）：230－231.

结构式并置
——战争博物馆展陈空间设计策略探析

■ 宋桢甫[1] 陈鹏[2]
■ 1 中国科学院大学建筑研究与设计中心 2 苏州大学艺术学院

摘要 本文对战争博物馆展陈空间设计策略进行了探析。首先，明晰了战争博物馆当代的三个使命，通过历时性梳理，总结出三个方面的特征变化；其次，基于案例调研，探明战争博物馆展陈空间与叙事之间存在一种结构式关系；最后，依照前期研究提出了战争博物馆展陈空间设计中还原事件本体、塑造集体记忆和增强互动体验、激发情感共鸣的设计策略，以及多情感并置的空间叙事和符号的隐喻与象征的设计方法。同时，为展陈效果理性化和科学化，还应建立完备的动态评价体系，构建"策展-展览"的评论与批评体系。结构式并置的展陈空间设计策略促使战争博物馆拥有了清晰明了的展陈逻辑，凸显了空间氛围，强调了文化属性，激活了"公众-展场"的社会公共价值。

关键词 战争博物馆 纪念性 叙事策略 营造手段

1 战争博物馆的当代使命与特征嬗变

1.1 当代使命

战争博物馆既是承载人类战争历史记忆的文化场所，又是材料实际建造的物质实体。人们将纪念性情感和反思依附于某一具备高耐久性的构筑物上，形成了一种特殊的文化属性空间。通过建筑作为"展品"诠释、展陈空间和建筑与展陈空间相结合的三种模式共同呈现纪念性的当代样态。同时，建筑符号的抽象表达、空间形态的有效改变以及结构材料之间的合理衬托，满足了人类的纪念需求。在其内部展陈手段方面，通过情景还原、空间形态与界面的特殊处理方式唤起人类对历史的回忆，在追忆历史的同时，引发集体共鸣。吉迪翁（S. Giedion）等联合发表的《纪念性九要点》（*Nine Points on Monumentality*）中提到，纪念性的产物不仅仅是人类发展史上的里程碑，它们所象征的是人类物质生产的结晶，同时也是人类思想文化的体现物，在象征某种精神属性的同时也兼具民族交流、启迪后人的宝贵价值。因此有关战争博物馆的功能方面也有了全新突破，展现出肩负民族历史记忆、铸造地域文化载体和搭建公共交流纽带的三种当代使命。

1.2 特征嬗变

历经千百年的发展演变，以纪念历史战争的"纪念物"呈现出三个方面的特征变化：①展示主题——从宏大叙事到见微知著；②传递精神——从宗教神权到自由民主；③表现形式——从高度统一到丰富多元（图1）。

自两河流域时期起，已经出现了相当数量以陵墓、墓碑、石塔为主要建筑形制的"纪念物"，其中乌尔城月神台和古巴比伦塔尤为著名。到古希腊及古罗马时期，人们不仅将神话传说中诸神或法老的形象雕刻在建筑物墙壁上来强调空间中的纪念性，还通过增加柱体尺度同时压缩柱间距，营造庄重肃穆的"纪念性"空间氛围。

文艺复兴以来，哥特式教堂建筑成为战争纪念性建筑的主要形式，高耸的体量及高挑的室内空间渲染了浓烈的宗教氛围。到了工业革命后，作为公共建筑之一的战争博物馆呈现出多元丰富的表现特征，其根本动因是将社会中所关注的现实问题变成展陈主题思考的来源，摒弃了之前单调乏味的纪念手段的同时，通过对诸多空间形态进行整合，形成了恐怖与焦灼、愤懑与批评、哀悼与怜悯、崇高与祝福四种空间氛围及情感特征。

2 空间的结构式叙事手法

战争博物馆的空间结构通常与叙事节奏有着直接的影响。通过对国内外典型性案例进行了归纳整合后得出空间与叙事之间存在一种结构式关系（图2），可大致分为单一线形结构（顺叙、倒叙），树、环形结构（插叙、分叙），离散式拼贴结构（蒙太奇）三种类型。

2.1 顺叙、倒叙：单一线形结构

沿主线呈顺序或倒叙的单一线性空间叙事结构是战争博物馆主要的叙事手段。建筑师通过对战争事件本体梳理，将事件的开端、发展、高潮、结局进行基调定性，再依照事件发生的时间线逐一叙事。该叙事手法与空间结构之间的配合要求较高，虽然每个空间不受物理条件下的约束，但是对每一部分叙述的时间情感需要表达准确，使观众在游览的过程中明晰事件发展的全过程。而其表达的情感也会因事件的发展而呈现出层层递进或此起彼伏的特征。"5·12"汶川特大地震纪念馆和达拉斯大屠杀遇难同胞纪念馆均属于线性布局形式，其内部空间情感的递进层次和结构属性也都受该叙事手法的约束。

2.2 插叙、分叙：树、环形结构

相较单一线形结构叙事方式的顺叙和倒叙叙事手段，树、环形结构的插叙与分叙的空间叙事手法显然所受约

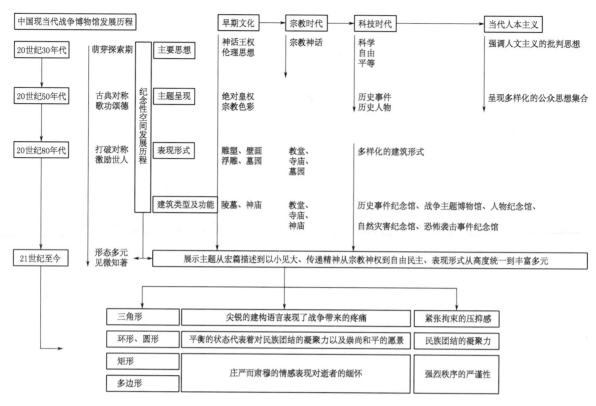

图1　国内外战争博物馆发展历程及特征嬗变
（图片来源：作者自绘）

束较少。该手段的独特性在于空间中汇聚双重路径，其抒发的情感需求均沿各自路径发展，最终汇聚到主线中。在各叙事路径中体验不同情绪氛围的同时，事件发展进程中的重要节点或插曲也存在于各路径中。位于法国巴黎的犹太人大屠杀纪念馆空间布局是将中庭作为串联各展览空间的主线空间，中庭作为各流线起点。从叙事的视角来看，中庭承担着各故事情节连接的主要功能。从空间结构来看，各空间与中庭所形成的交叉空间起到了各空间的相互递进和观众情绪的过渡功能。法国语言学家茨维坦·托多洛夫（Tzvetan Todorov）曾指出："从某种意义上说，叙事的时间是一种线性的时间，而故事发生的时间则是立体的，故事中，几个事件可以同时发生，但是话语则必须把他们一件一件的叙述出来。"❶在布置展线过程中，各个事件之间的时间关系通常存在重叠的现象，因此树、环形空间结构可以弥补上述两种空间叙事手段的不足，多重并置的空间叙事手段既可以满足展览全过程的完整性和丰富性，也可以丰富展陈空间层次，使空间之间形成贯穿和连接的关系。

2.3　蒙太奇：离散式拼贴结构

蒙太奇叙事手段最明显的特征是镜头之间的快速切换，这种处理手段容易带动观众紧张的观影情绪。离散式拼贴的文本组织形式常出现于科幻悬疑小说之中，在空间表现上带给观众完全自由化的选择很容易造成叙事不全面的问题，其最有效的解决途径是将不同的叙事内容汇聚在一个交汇点，从而将情绪的表现更为集中。以色列犹太大屠杀纪念馆就是一个典型案例，俯瞰整个纪念园区将会发现，各要素之间的视觉关联性并不强烈，内部空间采用的是离散式拼贴的空间流线结构，每一个室外的主题"展区"独立存在于园区的各个角落。长条状的碑林、迷幻化的空间场景和断裂的铁轨同时存在于园区之中，在彼此毫无关联的逻辑顺序之下，观众参观结束后所描绘的最终场景正是该事件的全貌。这种形散而结构不散的叙事手法既描绘了不同场景的样貌，也丰富了观众的纪念情绪。

3　并置：设计策略、方法与评价

3.1　策略

3.1.1　还原事件本体　塑造集体记忆

战争博物馆展陈设计的基本初衷是将事件本体清晰完整地还原给观众。因此，需要根据纪念事件发展的全过程合理安排展陈内容，编排适宜观展路径，传达蕴含在事件背后的历史精神及经验总结。这可以从以下三个方面实现：首先，应尊重战争历史的原真性，以事件本体作为主题呈现的内容；其次，要尊重事件发展的客观

❶　资料来源：TZVETAN TODOROV. Teh two Principles of Narrative［J］. Diacritics，1971，1：39. 原文为：We have just based the opposition of narrative and de-scription on the two kinds of temporality that they display：but some readers would call a book like Robbe-Grillet's Dans le labyrinthe a narrative，al-though it suspends narrative time and presents the variations in the characters' behavior as simulta-neous.

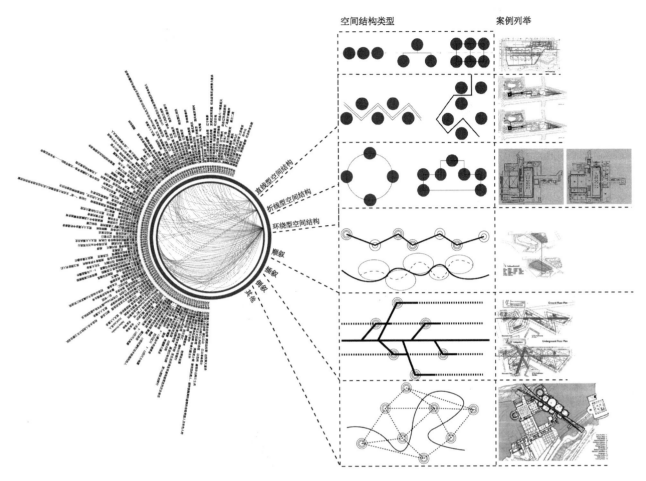

图 2 结构式叙事案例总结
（图片来源：作者自绘）

规律，讲述历史事实；最后，要还原历史，纠正人们记忆中的错误印象。

战争博物馆的营造在跨越时空关系下通过建筑、空间和展示手段等介质实现人类与历史之间的对话，通过对地域文化的解读，用符号化的语言表现地域特征。设计的出发点应建立在事件的发生现场，无论是重建项目还是扩建项目都应满足尊重真实历史的原则，通过空间层面的延续来实现时间维度上的连接。因此，对战争博物馆展陈手段提出了下列几个层面的引导：首先，实现民族凝聚力和向心力是塑造观众集体记忆意识形态方面的首要目标；其次，通过采用共识性的地方文化符号唤起集体记忆；再次，战争事件发展进程中着重凸显关键节点，辅助强化人们对历史的理解和记忆；最后，保护原始材料，加强老一辈对新生代的口传心授，这对于延续民族记忆起到积极作用。

3.1.2 增强互动体验 激发情感共鸣

有效地建构起文物展品与观众之间的互动交流可以帮助观众更好地理解战争博物馆展陈内容信息和领会蕴含在主题背后的文化观念。通过挖掘战争发展脉络中的感人事迹或引发深思的故事场景来拉近与观众之间的距离，充分调动观众的通感体验来接触战争、聆听战争和体悟战争。

激发情感共鸣是实现战争博物馆纪念性主题的另一重要策略。实现这一策略首先需遵循下列四个方面的原则：首先，突出战争事件的自身特点，充分表现其内在的特殊性，清楚界定与其他历史主题博物馆之间在情感层面的差异化，由于其具备特殊的情绪抒发功能，因此要避免一味地渲染事件的黑暗性和残酷性。在情感抒发的过程中需具备一定的逻辑性，运用合理有效的叙事手段搭配空间结构，实现情感层次丰富的目标。其次，激发情感共鸣的有效途径是采用递进式的情绪表现。展线的排布是引导观众情绪变化的重要因素，情绪的生成是需要经历由浅到深的变化的，在设置展陈文本和观展路径的过程中应适当地在关键事件发生前埋下伏笔，同时在观众的情绪达到一定程度时设定缓冲过程，留给观众思考回味的余地。激发情感共鸣的有效场地往往是整个展场的最后部分。它是拓展观众思想维度、升华意识情感的有效场所。再次，保证情感特殊性和节奏性的同时不能忽视其自身的时效性，任何一段情绪的产生到消失都需要一个过程，如果展线排布过长或展览手段枯燥很容易造成情绪的消失。最后，应采用一定场景还原或修复的手法来实现情感之间的互通，由于每一位观众都存在着性格和意识层面的差异，这就很容易导致展览所抒发的情感类型出现多样化的状态。通过对真实的场景修复还原，有利于实现不同类型观众的心理共识，同时达到激发情感共鸣的目的。

3.2 方法

3.2.1 多情感并置的空间叙事

通过复合式的空间叙事手法来策划展示战争事件的内容是还原事件本体的基础，叙事手法是内容编排的途径，叙事技巧是带动多重情感的手段。本节提出择取关键细节成为叙事中心、网状情感框架与线性叙事手法相结合和蒙太奇叙事手法与场景化还原相结合的三种并置式空间叙事手法。

首先，从文本内容的角度来说，择取关键细节成为叙事中心（图3），从某种程度上可以弥补前文所说的以蒙太奇叙事为代表的离散式拼贴结构上的不足。为了更好地激发观众的探索欲望，抓取事件发展进程中具有明显感情特征的事件，或对战争结局产生影响的转折节点作为主要叙述主体，突出该类事件的情感特征。在空间中的应用可以体现在根据时间发展的顺序排布一些突出的细节事件，同时也可以根据情感变化设置多个具备不同特征的情感转折点。其次，网状情感结构应从文本的角度串联起片段化的情感，通过组织空间来弥补抽象的叙事手法和网状情感框架的不足（图4）。将事件汇聚一点或使路径产生交叉，帮助空间中的情感得以连接。例如借鉴柏林犹太人大屠杀纪念馆的空间路径的排布方式，适当对部分参观路径设置尽头，从而在满足观众好奇心理需求的同时，也对心理的疲劳度和情绪上的不稳定性有所缓解和兼顾。最后，蒙太奇叙事手法与场景化还原相结合的空间叙事手法可以依据人物角色的转化或事件特征等要素灵活地应对不同的具备特殊情感的空间场景。由于蒙太奇的叙事手法在思维层面上具有一定的跳跃性，人们可以根据几个不同场景的还原共同串联起事件发展的全部脉络。在解决了文本叙事的局限性基础上，达到多情感并置的空间叙事目的。

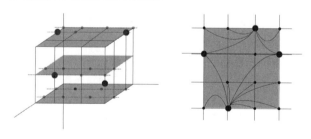

图3 择取关键细节成为叙事中心
（图片来源：作者自绘）

3.2.2 符号的隐喻与象征

对设计元素符号化表现是设计学发展中的拓展手段。将激发情感共鸣的符号通过设计语言进行转化，符号化的设计语义通过该手法从形态、尺度和大小之间的对比与虚实之间集中展现。通过物质成果间的相互隐喻来体现纪念性精神。在战争博物馆展陈空间中，运用符号化的设计手法、情境还原和数据间相互支撑三种形式来表现隐喻。

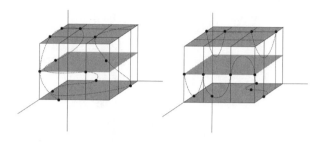

图4 网状情感框架与线性叙事手法结合
（图片来源：作者自绘）

象征手法适用于空间形态、空间中构筑物和实物展品。空间形态的象征分成内部和外部两种类型。通常人们获取信息的第一来源是通过建筑的形体特征来感知战争事件的整体基调，带着印象逐渐进入内部空间。因此这部分手法通常具备引导和铺垫的作用。相比较建筑外部形态，内部展陈空间的形态更加具备多元化特征，为了表现纪念主题的战争博物馆室内展陈空间，其内部空间形态大多为了表现主题的特征来进行形态上的转变，无论是顶面开窗引入自然光还是墙面故意倾斜，又或是通过空间相互间不断地折叠穿插来突出战争的艰难性等手法都是战争博物馆空间形态变化的目的所在。构筑物作为象征的本体，通常使用一些具象的信息通过设计形式语言的转译进行表现，例如战争发展的事件、死亡人数、辐射面积等。此外，人们在参观展览过程中的心情也随之产生变化。以彼得·艾森曼（Peter Eisenman）设计的犹太人大屠杀纪念碑为例，在整个空间中，碑体高度和碑体间的距离出现小于"1"的极端情况，在四周的空间环境和整个纪念场之间的比例又呈现大于"1"的极端现象，正是这种极端的对比，体现出了该战争博物馆纪念空间的形态丰富性（图5）。

3.3 评论与批评：公共价值的检验与反思

提升战争博物馆展览自身价值的前提是建立在具备完整高效属性的策展叙事链条下（图6），提升其社会属性和公共价值的途径离不开基于批评的评论评价体系。作为人的判断行为和话语——评论与批评两种评价方式是策展人自觉策展行为的原始动机。当下，战争博物馆所承担的展览职能已从单向输出变成与观众间的"交流"，评论与批评作为两种评估行为，是基于展场所形成的观众形成动机、观展行为动机和观众评价动机三位一体促成的行为。评论与批评源于观众，本身具备社会属性，这对于促进展览主题概念的构思和信息的有效性评估呈"基石-建构"的全过程现象。

这一评价体系对于"个体"而言应建立在自身学术体系及经验背景之上，批评应在严谨性、包容性、反思性三种前提下展开，对于展览自身的社会属性、观众行为和学术价值进行思考，切忌主观化，提出建议意见的同时应给予相对应的解决思路。从目标的角度，这一行为可以帮助策展思考更多维，逻辑链条更完整，内容组织更具"民主化"，表现形式更加符合受众要求。从方法的角度，不仅要提"如何"，还需要聚焦"为什么""怎

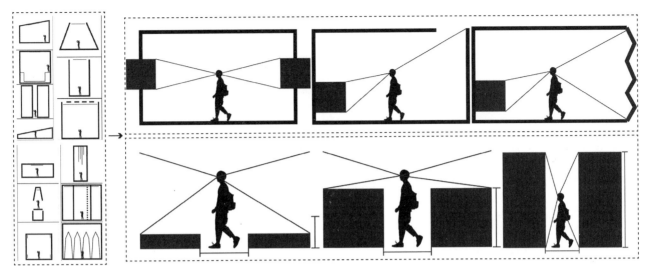

图 5 空间形态与界面的处理手法
（图片来源：作者自绘）

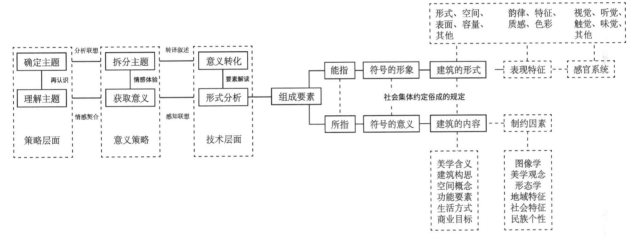

图 6 策展叙事逻辑图
（图片来源：作者自绘）

么做"，形成本体（评论基础）＋问题（评论动机）＋数据（评价指标）的方法模型，最终形成的数据以固定的时间周期进行积累，在不断完善展陈节点的同时修正评价方法，实现公正客观严谨的评价体系。此外，应关注模型和数据的时效性和多样性问题，发挥自身题材的公共属性，进而更好地促进和丰富其社会职能。

4 结论

战争博物馆作为一种特殊的文化空间，赋予了建筑以民族历史记忆、地域文化载体和公共交流纽带的三种使命。其展览特征也随着时间的推移和价值观念的改变发生着变化。战争博物馆的展示主题从起初的宏大叙事转变成了如今的见微知著；其所传递出的精神从早期强调宗教神权的地位中解放出来，呈现出自由民主的特征；而其展陈的表现形式更是从高度统一的形式语言发展成为当下的丰富多元的特征。

战争博物馆的空间结构逻辑也通常与战争事件叙事节奏产生直接联系，呈现出结构式特征。在依照单一事件发展顺序进行的顺叙或倒叙的叙事方法中，其空间逻辑通常呈现单一线性结构；在众多事件同时发展的插叙或分叙的叙事方法中，其空间逻辑呈现树、环形结构；在提取事件关键节点进行叙事的蒙太奇叙事方法中，其空间逻辑则呈现出离散式拼贴结构。

对于战争博物馆展陈空间设计而言，应以尊重战争历史为前提，真实还原战争事件本体，塑造集体记忆。并结合现代设计手法进行设计处理，凸显战争实质，构建历史与当代的联系，进一步强化观众们的参观体验和情感共鸣。在空间设计中可以使用多情感并置的空间叙事方法，体现空间中的情感表达。借助具有隐喻与象征意义的符号化语言进一步强化战争博物馆的空间氛围。同时，还应建立完备的动态评价体系，构建策划前——展览后的评论与批评体系，强化战争博物馆自身题材的公共属性和社会职能。

参考文献

[1] WALTER FISHER. Human Communication as Narration：Toward a Philosophy of Reason，Value and Action [M]. Columbia：University of South Carolina Press，1987.

[2] 埃德温・希思科特. 纪念性建筑 [M]. 朱进松，林莹，译. 大连：大连理工大学出版社，2003.

[3] 诺伯格・舒尔茨. 场所精神：迈向建筑现象学 [M]. 施植明，译. 武汉：华中科技大学出版社，2010.

[4] 赵海翔. 人造的目标：纪念性空间研究 [M]. 北京：中国建材工业出版社，2011.

[5] 苏皓. 基于叙事学的灾难纪念馆空间情感表达策略研究 [D]. 广州：华南理工大学，2016.

[6] 陆邵明. 当代建筑叙事学的本体建构：叙事视野下的空间特征、方法及其对创新教育的启示 [J]. 建筑学报，2010 (4)：1-7.

[7] 张宋振. 事件与景观 [D]. 杭州：中国美术学院，2022.

从文化因子到"面-线-点-体"体系谈北京市轨道交通线网车站装修概念设计规划的工作方法

■ 李亚铁[1,2]
■ 1 北京市轨道交通建设管理有限公司　2 城市轨道交通全自动运行系统与安全监控北京市重点实验室

摘要　近年来北京轨道交通建设进入高速发展时期,在此背景下,由北京市有关部门牵头,北京轨道公司组织设计单位在 2015 年线网概念设计规划的基础上,制定 2015—2021 年线网的线网车站装修的整体性概念规划,制定线网内各新线装修概念和公共艺术设计的理念、设计原则、技术要求,通过系统的网络结构,利用"面、线、点、体"的基本模式对北京总网进行了解构和分析,有效引导了北京地下轨道交通建设和发展,使各地铁线路设计关系协调,解决了各线之间概念的主要矛盾,更好地组织了轨道交通各线车站的设计和建设。本文将从方法论层面论述该项规划的核心思想和工作方法。

关键词　北京地铁　车站装修概念设计规划　文化因子

引言

2008 年以后,随着北京城市建设的发展,北京轨道交通进入了高速发展的阶段,截至 2021 年年底,全市城市轨道交通运营里程达到约 783km[1]。北京市同步推动新线建设与既有线改造,按照"织补、加密、优化"原则,进一步完善了城市轨道交通网。

本线网规划正是在这个建设背景下进行的。在 2008 年之后,考虑到北京轨道交通已成为一个系统网络,各站点是这个网络上的节点,各线是连接这些点的路径,所以必须从全网的高度出发,对轨道交通的已建站、在建站和未建站等所有站点进行统筹考虑,用线网规划统帅各线和各工点站的装修设计。

1　规划背景

1.1　2015 版本的线网规划

2005 年开始研究制定线路车站装修概念及其原则方法,并在奥运时期建成的 5 号线、10 号线、奥运支线、4 号线等实践应用上逐步完善,收到了良好的效果。特别是全线统风格、站点有主题、重点展特色、设计抓落实等原则方法得到业内一致好评,并已从北京推广到众多兄弟城市。2008 年以前,北京市轨道交通(地铁、轻轨)网络还没有形成,轨道交通各线呈现出相对独立的特点。各地铁线有自己的装修设计主题,各车站依循此设计主题,并根据重要程度的不同,呈现"一线一品""主次分明"的特征,其中典型的有 10 号线一期和 4 号线。奥运会后的北京轨道交通线网已经初步形成并大规模建设发展。这既对车站装修提出了更高的要求,也为装修在线网层面完善、应用提供了更佳的历史机遇。

2010 年,由北京市政府牵头,轨道交通建设单位组织全面编制了《北京市轨道交通线网车站装修概念规划》(以下简称《2015 总网规划》),在轨道交通建设(2015 年前)中全面推广基本原则、具体方法,以指导在建线及规划线的所有站的装修方案设计。规划中包含提出由"面""线""点"3 个子系统组成的车站装修整体控制体系以及制定车站装修的设计原则,同时制定了管理和流程保障总体原则[2]。

1.2　《2015—2021 轨道交通全网装修概念规划》的提升与优化

2017 年北京市发布了《北京城市总体规划(2016—2035 年)》,规划文件中多次提及"文化"一词,在质量和数量方面都对文化的重要性进行了充分的强调,其中首要的是文化中心的战略定位,要完善公共文化服务设施网络和服务体系,建成均衡发展、供给丰富、服务高效、保障有力的现代公共文化服务体系[3],提供内容丰富、形式多样的公共文化产品和服务。人均公共文化附属设施面积到 2035 年提高至 0.45m²。同期《北京市城市轨道交通第二期线网规划》发布。在此基础上,我们总结《2015 总网规划》的经验,丰富完善修编了《2015—2021 轨道交通全网装修概念规划》(以下简称《2021 总网规划》),在《2021 总网规划》中着重强调"文化性",本着"建地铁就是建城市"的指导思想,提出了"北京市轨道交通空间文化生态系统"的全网装修概念设计结构体系,优化特征区,归纳各线设计及公共艺术主题,分级站点,实现了从全网出发对局部的控制,从宏观层面到微观层面的把握。该结构体系由"面""线""点""体"4 个子系统组成。

2　工作方法

2.1　指导思想

地铁不是一个孤立的系统,它是城市空间和城市文化的一个有机组成部分。在城市日益发展的今天，地铁作为城市文化传播途径的作用越来越大，因此，在进行工作之初，我们就制定了线网规划的指导思想，即"空间－功能－文化"的一体化。

空间指地铁站点空间，它是装修设计最终的载体；功能指地铁的交通集散功能；文化指所在城市携带的文化信息，如历史、民俗、艺术、商业等文化形态。线网规划应力图实现空间、功能、文化三者的融合，更具体地讲就是实现城市文化、地铁功能向站点空间的"投射"。地铁站点空间不只是纯交通集散空间，它应成为地面城市形象、城市文化在地下空间中的映射，地上空间和地下空间彼此呼应，共同构成一个整体的城市文化形象。

2.2 文化地图和文化因子

为了寻找地上空间与地下空间的映射关系，规划研究过程中引入可分类分析的因素作为媒介。在本次全网规划中，我们称这些因素为"文化因子"。根据北京市的文化特点，以及地铁车站装修的独特性，我们借鉴了功能分区的分类方式，列出了8个因子，它们分别对应城市规划中的相应概念，但又不完全和城市规划中的功能分区一样，它们分别是文物古迹、民俗、艺术区和博物馆、交通枢纽、文教体卫（建筑）、行政、商圈、城市公共空间（绿地和广场）。进而，每个文化因子又可以根据

它的重要程度和影响力分为国家级、市域级和区域级。在调研过程中，我们用不同颜色的圆点来表示不同的因子，用圆点的大小来表达因子的等级。在对这8个因子进行叠加后，形成了一个能表达北京市地上文化元素的分布地图，我们称之为"文化地图"（图1、图2）。

"文化地图"的构建是线网规划中最重要的中期成果，它是后一步工作的重要依据，直接影响着最终成果的形成。

2.3 设计指导原则

2.3.1 基本模式原则

每条线路应根据线路自身特点，形成一个基本模式，实现"一线一品"的基本特征。基本模式应通过材料、色彩的运用与设计，以及材料和加工的标准化、预制化、模数化，强调地铁的高效性、功能性和经济性。适用于各线的标准站设计。

2.3.2 分类处理原则

各线路应根据各自的功能、地理位置特点，以及在全网中的定位保持差异性和可识别性，并通过地铁站点的室内风格反映所处区域的历史、文化经济、自然环境等特点，实现"一线一品"。

（1）主城区骨干线：此类车站多为地下站，应通过站点色彩、材料、导向系统等元素加强线路的可识别性，设计风格应该反映线路所处区域的历史、文化、环境特点。

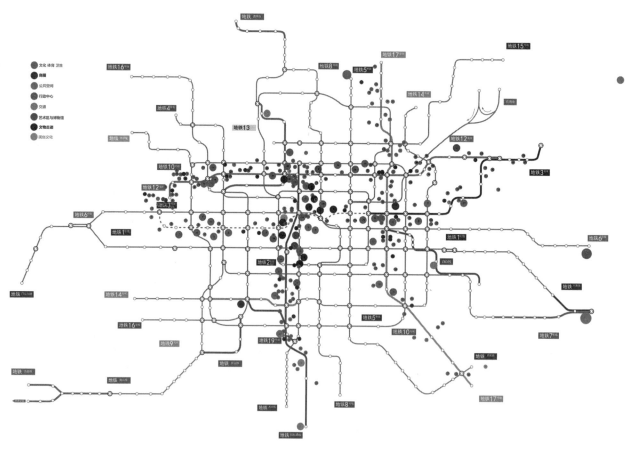

图1 北京市文化地图（2015年版）
（图片来源：2009—2015年线网车站装修整体性概念规划设计）

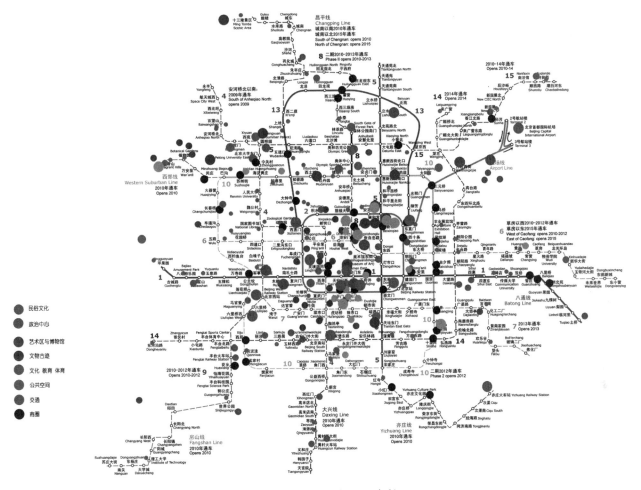

图 2　北京市文化地图（2021 年版）
（图片来源：2015—2021 年线网车站装修整体性概念规划设计）

（2）延长线：此类线路是原有线路的延长线路，室内空间设计应和原有线路设计概念相结合，在材料、色彩运用上应注重与城市景观和自然环境元素的互动，注重表现区域功能特征。

（3）区域串联线：此类线路在地铁全网中比较特殊，是串联城市重要功能节点的短途线路，人流相对集中，在室内空间设计中应强调疏导人流和车站的交通性功能。

2.3.3　叠加原则

应该根据站点的分级，提取与地铁站点室内空间和视觉形象系统有关的元素，如文化性元素、艺术性元素、商业性元素等，并在基本模式的基础上形成不同的搭配和叠加组合，完成站点从简单到复杂、从一致到特殊的设计方法。主要适用于各线的重点站；在一定条件下也适用于重点站和标准站之间的过渡站点。

2.3.4　分级处理原则

（1）标准站（为线路服务）：此类站点是全网结构体系中的基础，数量最多。它的设计应符合所在线路的总体风格，并突出经济性、功能性和效率性。

（2）线重点站（为该站点服务）：可以被认为是标准站的升级版，其设计应该根据此的位置和功能特点作重点处理，如采用特殊的材料，适当增加艺术性、文化

性装饰等。

（3）全网重点站（为区域服务）：具体设计风格、手法的确定应该根据车站所在城市区域内的具体环境因素而定。其视觉形象和室内设计风格可以跳出所在线路的总体风格。文化性、艺术性、历史性和社会性是指导此类站点室内设计的重要依据。

3　"面-线-点-体"结构体系

3.1　"面-线-点-体"的轨道交通车站装修结构体系

立足面、线、点统筹的成功经验，根据国家指导思想及城市总体规划，通过优化北京市文化地图及对其空间结构的分析，将北京市轨道交通车站装修概念的结构体系扩充升级为"面""线""点""体"4 个子系统。

（1）"面"子系统：决定了线和点的特性，总结形成 23 个特征区，并对这些特征区的范围、总体定位、各站点装修主题和风格进行了建议性规定；

（2）"线"子系统：根据面的特征确定装修及公共艺术主题，并对该线站点的装修及公共艺术总体风格提出建议；

（3）"点"子系统：从全网新建线路研究站点中提取

出 38 个重点站，其中 11 个全网重点站，28 个线路重点站；在此基础上增加 31 座文化特色站；

（4）"体"子系统："体"通过空间面、线、点的三位一体，"体"作为执行层面上的集合，是实践层面的最高结晶，具体表现为"文化空间一体化设计"手段。

3.2 "面"子系统优化整合

"面"子系统在文化地图中被称为"特征区"。"面"的定义由两个层次组成：第一个层次是该区域应该具有鲜明的、不同于其周边城市区域的文化特征；第二个层次是必须有两条以上的地铁线路穿越此区域。基于这个定义，将新的城市总体规划与线网面域叠加，根据文化空间布局以及城市结构布局，从城市规划层面优化、整合总网文化面域。我们总结出了北京市针对轨道交通建设的 23 个特征区，并对这些特征区的范围、总体定位、各站点装修主题和风格给出了建议。

"面"子系统的提出可以从区域的高度，对穿越此区域的不同线路及其车站进行跨线统筹，使不同线路车站的装修主题和手法之间充分协调、彼此呼应，共同反映该区域的文化特征（图3）。

3.3 "线"子系统优化整合

"线"就是轨道交通系统中的地铁各线，在本次规划中对北京市已建线、在建线和未建线按照线路走势和周边环境的特点进行了分类，如图4所示。同时，在与各线总体概念设计单位协调的基础上，总结出各条地铁线的装修设计主题。

（1）新建线：根据面域特征重新定义概念。

（2）延长线：尊重已有线路概念，根据面域特征优化。

3.4 "点"子系统优化整合

"点"指地铁车站。分级的方法仍然采用了"因子叠加"的方式。与文化地图的构建相似，我们首先选取了城市公共空间、文物古迹、商业中心（商圈）、文教体卫、交通节点、行政中心、标志性建筑等环境因子作为站点分级的依据，每种因子用不同颜色的圆点表示，圆点的大小用来表达因子的重要程度，如图 5 所示。然后将车站周边环境因子逐个绘制在地图的相应位置上。通过对车站周边环境因子位置、数量和密度分布情况的分析与比较，我们可以得出一个结论，即因子的数量和密度同车站的重要程度成正比。至此，我们可以得出站点分级相对的理性结果。

3.5 "体"子系统优化整合

"体"通过空间面、线、点的文化集合，结合站点空间条件，具体表现为"空间一体化设计"的手段。设计内容包括空间造型、空间艺术、导视系统、共性设施的一体化设计。

（1）空间造型一体化：通过多学科、多专业、多维度的跨界一体化设计，使建筑结构和公共空间环境结合，突出建筑与公共空间环境的整体性。

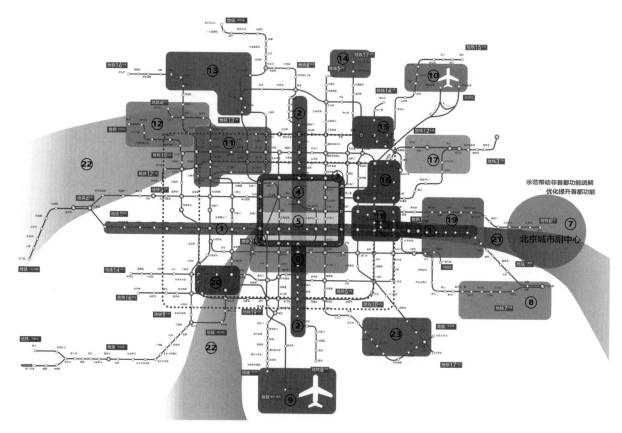

图 3 "面"系统的优化整合
（图片来源：2015—2021 年线网车站装修整体性概念规划设计）

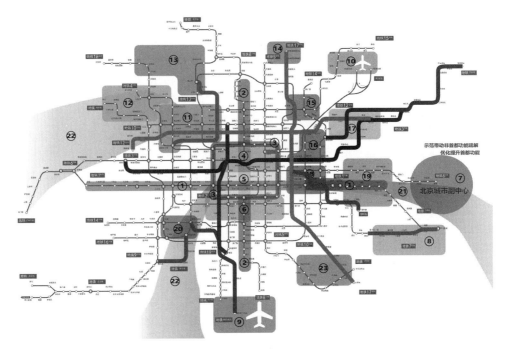

图 4　"线"系统的优化整合
（图片来源：2015—2021年线网车站装修整体性概念规划设计）

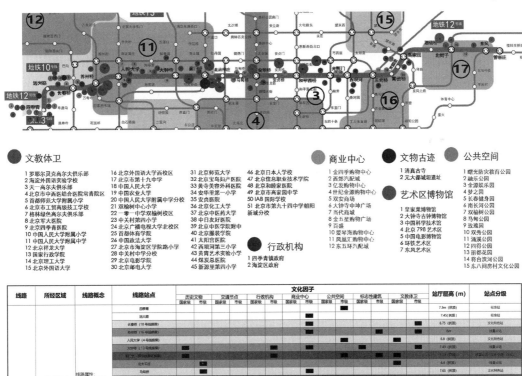

图 5　因子叠加的方法
（图片来源：2015—2021年线网车站装修整体性概念规划设计）

（2）空间艺术一体化：以轨道交通公共空间环境为载体，通过对站点文化、色彩、材料、装饰造型、艺术品的一体化设计使站内公共空间环境与公共艺术相互交融。

（3）导视系统一体化：通过装饰、艺术、平面等"视觉"设计语言形象，解析导视系统设计功能，并将各独立专业相互融会贯通，使传统导视系统设计由平面走向空间，成为一个新型的导视系统设计平台。

（4）共性设施一体化：通过一体化设计理念，整合站内一系列功能设备设施和商业系统。对导向、消防栓伪装门、照明、座椅、自助机器等共性设施及商业售卖进行一体化设计，使其具有整体性。

"四位一体设计模式"将成为最重要的、最新鲜的城市轨道交通站点设计发展研发模式，将大大减少政府多重消费，并全面提高空间设计的整体性与完整性，增强人在空间中的体验性。

4 意义和启发

该规划是第一次从全线网的角度出发，用总体规划的方式对轨道交通车站室内装修设计进行统筹。它不是就单条线路的独立思考，而是将北京市轨道交通看成一个位于时间轴、空间轴中的立体的网络。线网规划考虑在建线路及其车站现状的同时，对新建、未建各线各站以及已建线路车站的未来改造也做了统筹的思考。

相对于轨道交通车站装修层面的设计，线网规划不是单纯就室内说室内，而是从城市文化的高度出发，强调城市文化和室内空间的对应性、一体性。线网规划从工作伊始就指出地铁空间是城市空间的一个有机组成部分，特别是地铁车站空间应该与城市地上空间有对应性，彼此映射，形成互补。

在工作方法上，线网规划一方面借鉴了城市规划的部分工作模式，另一方面特别提出了"因子叠加"的研究方法。通过选取具有指标性的"文化因子"或"环境因子"，将因子落实在地图上，分析地图上因子的位置、数量和密度三者关系，以进行相对科学、理性的站点重要性分析，为政府部门在地铁建设管理上提供了决策依据。应该说工作方法上的探索是本次线网规划成果之外的另一个重要收获，也为以后此类工作提供了一种具有借鉴意义的工作方法。

当然，这种工作方法还需要在以后的管理和设计实践中不断完善，但其价值和意义已然开始显现，以此方法构建的站点分级和设计导则不仅开始在北京市轨道交通线网车站装修设计管理中发挥了核心作用，也运用于第二期线网车站装修概念规划的修编工作中，同时显著地影响了自此以后的北京市轨道交通其他子项目的规划工作。在国内其他城市轨道交通装修设计工作中，北京市全线网装修概念规划的思想和方法也已开始得到借鉴和推广。

参考文献

[1] 侯秀芳，梅建萍，左超 . 2021 年中国内地城轨交通线路概况 [J] . 都市快轨交通，2022（1）：12 - 13.
[2] 崔冬晖 . 当代中国轨道交通空间设计方法新趋势的研究 [D] . 北京：中央美术学院，2019.
[3] 郭立明，崔冬晖，李亚铁，等 . 北京轨道交通公共空间环境的一体化设计与探讨 [J] . 都市快轨交通，2019（4）：7.

志愿与共议互助协议——大连城市边缘环境集约性治理应用与研究

■ 王彦栋

■ 大连大学

摘要 对城市边缘环境的重视与建设是城市治理离不开的话题，它关乎城市进步发展与民生实际诉求方面，体现出高效的城市管理水平，文章以规划统筹视野阐述城市边缘环境的建设使用问题，提出以"志愿性互助协议"为切入点，结合"开发基点"特征，以城区代表性的志愿者绿地环境为案例，系统地解释利用局面的合理性与可实施性，并从后续评价方式入手进行环境综合效益评估，此种由点带面的解决方式有利于城市边缘环境的科学利用，将生态绿色环境与市民生活巧妙结合起来，为提升城市治理能力提供有效方式及对策。

关键词 无序到有序 志愿性互助协议 开发基点 应用评价 环境的激活 志愿者绿地

1 城市边缘环境的基因关联

城市环境因为运行及规模发展过快不可避免出现边缘环境问题，在整体城市面貌下反映在衰败及民生诉求方面。边缘环境是指城市发展阶段还没有被充分利用的，并且也没有明确功能定义的剩余空间，例如，城市布局后狭窄或不规则空地，地形限制或特殊用地下无法规划或被废弃的空间，都被称为边缘环境。尽管各个城市建设及管理者会对"边缘环境"有不同的定义，但他们却指向了一个共同的目标，未被正式定义的城市环境，这些非正式的边缘环境体现出城市真实面貌与现况，反映出强烈的利用改造意愿。

以大连城市用地为例，现行的边缘环境主要集中在老旧城区与山地丘陵的结合部、沿海的荒废用地等（表1），这些有序无序的环境表现在嵌入关系上。有序是指城市边缘空间由发展的历史形成，并遵循适合择优的规律，形成客观现实，当成规模后有利的环境模式会不断重复并形成常态，例如大连城区的山地散房特征。无序是达成少部分人私利的个体环境，大都是自建行为的结果，比如甘井子区水库周边私人菜园占地现象，两种存

在现象在城市中都具备较长的历史，一方面会降低城市生活环境的品质，成为棘手的城市问题；另一方面有序的管理疏导有可能变为主动，成为城市主体环境的个性体现。从城市发展看，城市边缘环境利用不是从无序到有序，而是从"量变到质变"的循环利用过程，科学的方式是利用现有的存量环境管理性使用，形成以集约方式的统筹，将每宗剩余用地，强调投入产出的强度，来提高利用处理程度。具体的衡量方式为单位土地的投资开发强度和产出效率，有开发的上限和下限，相对于传统的节约用地管理方式，是实际占地面积的节约，只有上限，二者是有机统一的。集约的方式能提高单位面积的土地使用效率，进而减少对于环境的产能扩张浪费，而节约则促成剩余环境的产能升级，属以提高内部产出效率，也能达到集约的效果，所以集约和节约实际上是一个问题的两个方面，衡量的方向是相同的。

集约方式的城市边缘环境利用尤为适合城市绿地的建设，通过整合、流转、置换合理安排城市剩余空间的数量，化解社会矛盾，使城市发展与生态机制融为一体，消除"城市孤岛"现象的存在，这种科学手段成为解决城市问题的必然。

表 1 大连地区主要的城市边缘环境分类

序号	分类	现状（大连地区）	利用价值	备 注
一	山林荒地		符合消防的次生林山地形成利用局面，形成山地公园或互动用地规模	80%可利用的缓坡山林面积使用权分散在乡镇社区与工矿企业一级。除大连主城区外，郊县范围山林荒地无序占用情况突出（例如西南路次生林山地）

序号	分类	现状（大连地区）	利用价值	备注
二	立交桥下的空地		形成设备用地或其他用途	作为配套停车面积出现，增加使用功能及安全照明维护（大连地区30％面积为停车设备占用）
三	边缘海岸用地		景观利用	大部分所属渔业港口附属用地，体验使用的安全性不足
四	老旧居民区闲置用地		统筹城市绿地用地	老旧山地小区主要的私建绿地形式，管理难度大需强化疏导利用
五	城乡结合地区		增加开发性用地规模	统筹用地规划及土地置换

2 志愿互助机制的边缘环境应用

志愿机制是结合了城市绿地环境发展出现的一种方便于管理及民众参与的绿地生态承载方式，相对应的背景是由地区牵头，环保社团及市民参与，共同达成了城市绿地自愿性环境协议[1]，该协议涵盖了管理、建设、服务的诸多义务，如提供荒废环境的用地规模，规范参与和管理及民众互助等条款，以此开创了在法律约束之外，由政府与企业和市民共同签署自愿性环境互助建设的先例，被称为"志愿模式"。此种方式最早出现在20世纪日本的"地区环保协议"（Voluntary Environmental Agreements）和"环境和污染控制协议"（Environment and Pollution Control Agreements）。相对于传统的政府托管局面，志愿互助机制更多从绿地环境层面在国内落地实施，但一致的取向是以市民的需求结合城市发展面貌，由政府、企业和民众间签署的，为了便于开展环保性活动所签订的一系列协议，志愿互助模式可以有明确的协议文本，并在操作中形成双方面的声明和行为约束条款，由此观念支配下的绿地环境建设是以绿地环境生产参与

性为核心，在低投入方式下，从单纯景观形式中跳出达到绿地服务全过程的价值层面。它摆脱了过往城市景观绿地供需诉求不一致的窘境，具备社会环保效益，为政府所提倡，在具体实施中为保障各方利益（政府、具体部门、企业、民众参与）达成志愿机制前的条款会具体落地，包括鼓励及处罚条款，在绿地后期运营中还会明确各方的责任、权利、义务及具体回报指数等，上述的方式是以志愿互助为前提而不是强迫的。简单来说，这种机制在结果上希望促进城市环境保护及开发，政府层面可能会采取一定的管理处罚措施来促成协议的签署，并最终落地实施，如图1所示。

2.1 志愿互助机制的作用意义

2.1.1 降低管理的成本，提高灵活的城市绿地统筹方法

如果单从主管层面入手，城市边缘绿地的建设管理成本势必较高，同时因为牵扯到所有权管理法律诉讼问题，社会收益时间必定较长，单从城市监管处罚角度来看社会成本更高，而志愿性环境机制明显在这一方面是有优势的。

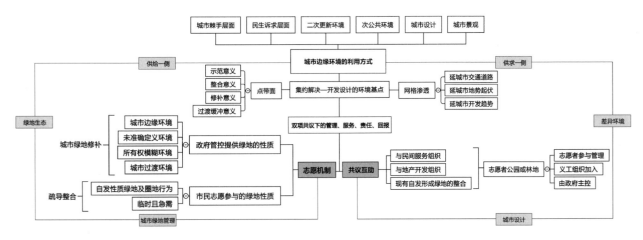

图1 架构示意图
（图片来源：作者自绘）

2.1.2 增强绿地环境评估的效果，缓解社会矛盾

市民与政府边缘环境建设达成协议，会使得环境治理更好地被监督与实施，承载方式化解了管理与民众供需矛盾的两极，例如大连五一路与西南路汇口道北侧绿地即是由市民志愿反馈形成建设规模，这种来自市民的监管同时还可形成对大气噪声的监管，将环境风险降至最低，因为建设成因的高度自觉性与参与度，受欢迎程度也明显大于政府单方面提供的绿地规模，同时地方行政因为环境归属地问题无权干涉的，可求助于志愿性环境协议进行管理。

2.2 志愿互助机制的具体实施

这类似城市更新的管理方式，需要从发掘使用潜能入手来评价城市边缘环境，尝试一种以点带面的楔入模式相对容易理解[2]，核心的认识是在有限的环境资源中利用技术或是运营管理方式，提升环境使用率与社会回报率，这种方式的推广有利于城市边缘环境科学管理与利用，从集约方式入手我们把更新立足点称之为边缘环境开发的基点，简称小环境单元。开发基点的选择与市民的使用密切关联，选择好开发的基点能将开发形成联系互动的局面，这连接了城市空间与生态环境的过渡，作用在空间细节及剩余环境中。在具体布局特征上开发的基点会形成连接状的线与面形态，由此建立中心核与网格会明确带动整体城市环境向好的局面，达到优化配置的效果，常见的开发基点包含。

（1）补充性的环境使用基点。居住聚集环境中急缺的空间，同时在居住使用中缺失的环境。还包含已有明确功能的场地二次更新，利用开发手段进行功能化的补偿。例如，增加的市民休闲小广场规模。

（2）选择性的环境开发基点。城市废弃空间的环境节点，利用筛选的方式有选择地开发。表现特征是强目的性而不是满足所有使用功能。例如，水系周边兴建的市民苗圃用地规模。

（3）示范性的景观开发基点。代表性的开发模式，迎合了市民及管理层的特殊要求。示范性的开发单元综合了场地与使用功能的集合，示范的意义成为开发的标杆及最大化市民口碑等。例如：丘陵荒地中兴建的休闲绿地。

（4）过渡性的环境开发基点。在未做整体考虑前或其他因素制约，临时性的环境开发满足部分使用功能的单元，过渡性的特征是季节性或动态的。例如：道路两侧简易的临时绿化用地。

（5）修补性的环境开发基点。指向在建筑与生态环境间的缓冲或恢复用地等，修补性的特征是维持了使用与环境的平衡，同时修补还从已有环境中提升功能的作用，例如城市森林的消防缓冲使用面积等。

（6）环境基点的中心核。多个开发基点结合了用地面积或辐射明确的中心点位，形成开发利用的核心，它的特征是串联了多个开发性质的基点位，形成统一多样的规模。例如，城市公园形成的绿地核心并辐射至社区街道，形成规模的环境利用。

（7）空间延续直线或曲线。与景观廊道的术语相近，在利用范围内特指空间节点的使用主次及出现的节奏等形式，表现在直线曲线状或者不规则的特形。

（8）渗透的网格。由布局线性的总体形态，体现出渗透改变的趋向。以大连沙区西南路城市边缘环境建设为例，在开发使用时结合了基点的串联关系，取得较好效果（图2）。

2.3 评价方式

评价过程会从理性的层面管理边缘环境的使用，评价方式分为城市边缘环境的利用状况、用地效益与管理绩效等，具体的在环境再利用中核心的层面是城市边缘环境再利用频率、用地产出效益及市场化程度三个方面。以大连市举例，中心城区因为山地起伏因素，已成建设用地分散构成，新增的用地面积不大，已利用土地资源1168137hm²，占土地总面积的86.28%，土地利用率超过全国和全省平均水平。现存的边缘环境利用率较低，综合效益弱，借用评价的管理方式急需从落地方式上灵活增加使用效率，必要时会结合行政处罚管理等手段，对于因布局建设长期闲置的面积应协议回收或安排过渡

图2　大连西南路南沙街地块城市边缘空间开发位置示意图
（图片来源：作者自绘）

图中，A：3200m² 丰台街居住区边缘环境现为露天市场面积，该区域在保证菜场功能外急需消防缓冲及市民活动绿地面积；

B：西山 433 号地灌溉用水库地块，边缘山地辐射周边面积 19hm²，地块内构筑物所有权混乱自黄河桥至孙家沟范围此地缺乏大型市民绿地公园；

C：五一路西南路交叉路口，沿线 2km 道路适宜建设一侧城市边缘绿地。

性使用，对于因为投资管理问题形成的边缘性环境，考虑分割面积，短期内不能回收结合社会因素引入管理方与投资方处理，提高环境绩效的具体指标分为改善性投资的总量、治安环境提升、市民参与互动的机会人数、景观绿化改善、微气候排放数量等[3]。

产业投入效益评价方式包含服务业的运营方式及志愿服务型产业两个层面，在未有明确功能定义的城市边缘环境中，引入消费服务行为能快速解决激活的目的，常见的功能置换与服务业态填充即是这种思路。如果存在较大归属争议的前提下，过渡性质的开发也是明智的思路，当下采用提供志愿服务性质的建设成为首选，政府相关部门主导引入社会开发资本，在占比分配利益的前提下形成过渡性的管理方式，待时机成熟再形成最终的落地运行面貌。将城市边缘环境重新纳入到空间整体范畴内，解决长期的困扰，所引入的集约解决方式是灵活机动的，目的都是在现有环境资源中，增加剩余环境的土地利用强度，强化市场服务程度，达到盘活与提升的局面。

3　应用研究——志愿者种植公园规划举证

大连所处的居民区布局大都以环抱山地为特征，市政管理已将 60％ 的山地归为健身公园范围，居民则会利用其余山地自由栽种，也有圈地现象，这就造成政府与市民在管理层面上的对峙，一方面管理出台政策限制，另一方面自建局面混乱。居民自建型绿地问题需要志愿思路加以疏导解决，从资料抽调来看，大连城市中山区

以人工林为主，总城区疏林山地 3485.3hm²，未成林造林地 17715.4hm²，考虑到森林消防与缓冲屏障因素，数据中 40％ 的山地缓坡为可开发的绿地范围，同时靠近山地的留住户中 80％ 有意愿增加公私互助性绿地。改建提出"志愿者种植公园"概念，以政府管理提供边缘用地，种植义工为志愿形成帮扶，以较小的投入满足城市边缘空间的绿色服务功能（图3）。

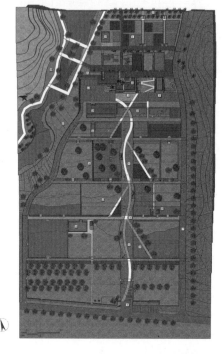

1.自栽菜园
Since the plant garden
2.管理用房-园区监控
Management USES a room - park monitoring
3.管理用房-园区库房
Warehouse management USES a room - park
4.区内消防分割通道-工作道
Fire channel segmentation in the region
5.隔离通道
Isolation channel
6.自然泄洪道
Natural spillway
7.主通道（区内主线路）
Evacuated in the main (primary)
8.捷径
A shortcut
9.主出入口
The main entrance
10.旅游开发用地
Tourism development land again
11.河道堤坝防护
River dam slope protection
12.自栽采园
River dam slope protection
13.透风结构的风林
Drafty windbreak structure
14.灌溉用水
Irrigation water
15.上方导流池
Above the diversion pool
16.沉降集雨池
Settlement of rainwater harvesting pool
17.停车
parking
18.沉降过滤缸
The subsidence filter tank
19.观看训练池
Watch the training pool
20.主导引渠
The main direct channel
21.蓄雨水渠
canals
22.蓄流池
For flow pool
23.备用蓄水
Standby reservoir position

图3　志愿者公园——低投入的种植农园规划平面
（图片来源：作者自绘）

布局紧邻山地泄洪河道，利用南向坡地形成自主种植缓坡。基础布局利用环装机动车道与种植工作道形成城市农园的交通框架，有利疏散及安全。具体分区自下而上分别为果木种植区、花木种植区、蔬菜种植区及社区公共用地，其间加入了轮胎攀爬项目及灌溉型水塘等具体设施。

3.1　规划特征

将可开发的山地边缘环境，与城市种植形成搭配，形成人居视角的城市绿色环境，可以激励和指导居民种植他们自己喜好的植物甚至食物，为城市提供志愿服务的机会，城市生态教育机构的合作伙伴，除了土地，还可包纳一些功能创新的服务机构，如在公园社区内销售种植在公园的食品或花卉等。互助山地种植区涉及跨尺度的城市农业，从室内农业植物生产到规模化农场，甚至包括利用山地降水形成过滤灌溉等，志愿公园可将边缘性城市环境激活，投入与管理成本相对较低，城市农业种植作为城市绿色基础设施的一部分，潜在地塑造未来城市的生活价值，通过在城市形成栽种区而不是在形成独有的乡野环境，作为一种智慧型城市治理策略具备可行性。

3.2　规划的实际维护

利用闲置山地开发梯段式样的南向坡地，种植经济及观赏性的混交林木，规划尝试利用旧物置换及义工会员的

方式，形成种植性城市公园，前提是种植苗木与认养的时间保证，从互助层面上提供双向解决方案（居民实际需求与城市绿地建设）。在成本管理中政府与种植参与者按年限与管理投入取各自的绿地生产性利润。例如，以果木苗成长的5～8年为周期，市民从种植至收获，双方共议达成利润的比例分配；种植性农业则以单位公亩计算，取最

短当季及最长三年为时间单位，居民可自行解决销售及参与方式。上述两项在实际中都必须遵循规范要求，在种植义工监督帮扶下进行。规划建设是开放的、公共的、教化的环境，也是集绿色体验、社区场所和农业型艺术中心的场地，因此，自然接触的生态意义更为显著。规划概念（图4～图7）场地参数及影响汇总见表2、表3。

图4　互助山地林木种植环境
（图片来源：作者自绘）
利用低矮挡墙形成的种植区，方便计量面积单位可形成局块的租赁形式，解释主动权在社区管理方。

图5　蔬菜种植环境
（图片来源：作者自绘）
蔬菜种植区的品种，由社区有偿提供，社区提供义工服务及指导，市民自我种植，成果由种植人支配，在种植区划分中以工作道进行面积分割。

图6　种植区内社区建筑体量
（图片来源：作者自绘）
社区活动中心利用坡地高差形成，水面为山地泄洪形成的沉降池水塘。

图7　种植区灌溉的方塘及雨水滞纳技术示意
（图片来源：作者自绘）

表2　志愿者公园场地参数

序项	组成	面积（比例）	备注
改建面积	协议绿地	沙区433号用地总面积142hm²，取35％为占地面积	地形竖向最高为海拔86m。规划范围内，建筑面积已有83876.85m²（管理权归属问题待落实）
	互助性林地	56％	南向阳缓坡
	种植性次生林地	65780m²	矮枝果木及局部苗圃地（盛果期8～10年）
	体验性林地	84900m²	指自产型蔬菜及温室面积（部分室内阳光棚）临时构筑物
	社区活动用地	3000m²	室外季节活动
	生态教育林地	43000m²	室外季节林地，局部增加儿童活动（萌宠）
	健身运动活动	14500m²	义工提供设备，地面软铺装
	雨水滞纳技术	32300m²	泄洪渠及雨水池滞纳技术，面100％透水铺装
	停车及商业配套设备	18000m²	同时作疏散消防面积（解决地区缓冲问题）

表 3   志愿者公园地区影响汇总

序项	组成	参数（人数及面积）	备　注
志愿协议构成	志愿者协会组成	固定人员 30 人	狮子会与城市义工行业提供，并包含社区组织提供人员
	种植性义工	15 人	外聘活动
	帮扶性义工	15 人含园艺师 3 人	外聘活动
	宣传性义工	不限	大连、交通、辽宁师范大学学生活动
	组织性义工	不限	台山社区环卫部
	最高容纳参与度	年季志愿者宣传会议	地区种植日、宣传日、爱卫活动、旅游纪念、公祭日活动
	社区参与度	台山、台扩、孙家沟街道 5 所社区，活动辐射 32 万人口	以志愿协议形成地区生态预警监督平台 市区最近的家庭活动山地辐射人口 13 万人
	社会性企业及学校	辐射邻近已开发楼盘 15 个包含老旧小区改造面积 7 万 m²	中小学 27 所在校学生数：3500 人
互助辐射项目	生活园艺培训	固定临时建筑面积 600m²	固定活动
	生态与健康咨询	园内	场地活动
	时政公益宣传活动	园内	场地活动
	老年活动形式	临时建筑面积 400m²	辐射周边 60 岁以上老人 3.7 万人
	废物轮胎攀爬活动	3000m²	环保休闲户外教育

4   结语

地方边缘环境的建设面貌不存在相同，只会是具有共性，利用局面需要放置在技术与灵活管理的层面下进行，利用志愿统筹的管理措施，能有效提升城市管理水平，弥补了填充式开发所造成的不足，城市环境面貌将个性放大同时拓宽了建设思路，推进城市绿色健康环境发展，达到人与城市生态和谐共生的局面。

参考文献

［1］黄海峰，葛林. 日本自愿性环境协议的实施及其对中国的启示［J］. 日本现代经济，2014，33（6）：80－92.

［2］祝遵凌. 设计与自然生态［J］. 设计，2018，31（21）：7.

［3］李娜. 公共艺术推动体验式景观设计的运作机制和手法探究［J］. 设计，2019，32（21）：67－69.

亲生物地域文化设计的语言转译、设计特征及疗愈作用

■ 蒋维乐　王彦清　张一航　吴桐
■ 西安交通大学人文社会科学学院

摘要　随着我国综合实力不断增强，人们对医疗空间环境的关注逐渐由功能向疗愈效果和空间感受转变。自"疗愈环境"概念提出以来，其理论内涵及应用价值不断得到深化，但大多在于验证研究环境对于人的疗愈作用，欠缺具体的设计方法。本文基于亲生物设计理论视角，提出地域文化元素通过设计提取及人工处理来营造疗愈环境氛围，多角度解读亲生物地域文化元素与心理压力的内在联系，分析并总结了亲生物地域文化元素的语言转译方法、亲生物地域文化设计的特征以及亲生物地域文化设计的疗愈作用。研究扩展了以往疗愈环境研究仅对某一自然要素直接移植的研究视野，为医疗空间地域文化元素设计，打造具有人文情怀和形象寓意的个性化医疗空间提供客观依据，以求亲生物地域文化设计特征及策略，发挥亲生物地域文化元素对空间使用者的疗愈作用。

关键词　亲生物设计　疗愈环境　地域文化元素　医疗空间

1　疗愈环境与亲生物地域文化元素设计

疗愈环境，指那些能够对身体健康和情感福祉进行支持，起到疗愈作用的物理环境[1]。无论是中国古代人们热衷于至远离市井的佛寺道观调养生息，还是古希腊所推崇的"庙睡[2]"，从古至今，环境与健康之间的联系一直为人探索与运用。1859 年，疗愈环境概念在《医院摘要》中被明确，确立了医疗环境的平面、尺度、通风、光照、材料、采暖及色彩等要素对于病患康复存在必然影响的认知[3]。而在 20 世纪中期，临床医学及其设施迅猛发展，医疗流程及空间设计注重理性、讲求效率，医院环境变得简洁却紧凑，成为冰冷的治病机器[4]。

随着心理学和社会学的发展及其对医疗科学的渗透，仅强调人的生物性的生物医学模式的消极影响逐渐暴露，对于疗愈环境的探索研究与应用实践再次引发人们的关注。哈佛大学生物学家爱德华·威尔逊（Edward Wilson）认为亲生物性是人类的本能天性，人类与自然系统和过程相联系的关系是与生俱来的[5]，其出版的《亲生物性》使得亲生物性这一理念得以推广。耶鲁大学教授史蒂芬·凯勒（Stephen Kellert）基于有机或自然维度、地域维度两个基本维度为亲生物性在建筑设计中的表现形式划分了六类构成元素：环境特征、自然的形状形式、自然模拟与过程、光与空间、基于地点的关系、人在自然进化中获得的能力[6]。

有机或自然维度是通过直接、间接或象征性地营造自然体验，从而搭建自然环境与人工环境之间的桥梁。地域维度包含着地方精神，强调设计与地域文化、当地生态相联系，通过融合当地自然与人文，从而产生能够使人获得精神满足感的场所精神属性。依据人的亲生物性及基于地点的关系这一构成元素，人类对于自然和生物具有天生的倾向性，尤其是对自己赖以生存的家园中

的自然要素更具好感。因此，在医疗环境中利用人们对当地本土元素和地域精神的依赖，引入当地地域文化元素更有利于提升环境认同感、缓解病患心理压力。

从宏观角度看，本土的历史文化、生态环境和生活方式等与本土居民的价值取向和审美认识相契合，具有亲生物特征的地域文化元素设计更符合特定空间环境指定服务对象的偏好。例如中国古典园林和日本古典园林同属于东方古典园林，虽都讲求天人合一，但二者风格却大相径庭。我国山地多、平原少的地理环境使得我国园林表现为"山"性，而浮于海中的日本岛国则表现为"水"性；中国古典园林意境"崇文"，而日本在几千年的幕府统治下，园林景观常常满庭白砂，具有浓厚的"尚武"色彩。因此，根据对当地本土文化发展进行归纳提炼并应用于亲生物医疗空间设计中，有利于构筑场所的文化认同，契合医院使用者的价值观念，从而减轻其心理压力。

从微观角度看，地域文化元素是当地居民文化记忆的物质载体。文化记忆关注的是过去，"过去"往往依附于部分能够激起回忆的具有特别意义的标志性事物中，而文化记忆又与人们的身份认同相关联[7]。因此，主题化地运用地域文化元素，给使用者带来连续相似的刺激，在一定程度上能够为个体回忆和群体认同的现时化提供支撑作用。

2　亲生物地域文化设计中的语言转译

地域文化是受自然、人文和社会环境三个方面彼此影响而构架出的更具狭隘性和专属性的地域性独特风貌，是一种带有空间范畴限定的个性文化。这种文化是经过长期发展演变而来的，并影响着当地居民的生活方式、审美标准及价值取向等[8]。因此，亲生物地域文化设计需要考虑的因素是多元的，其具有亲生物设计理论属性，

又夹杂着如仿生设计学、符号学、色彩心理学和格式塔心理学等多重属性。当然，亲生物设计理论与仿生设计学都是基于模拟自然展开设计，但仿生设计学所关注的是对自然界中的某一自然单体进行模拟，搭建人与自然之间的联系，以达到功能诉求；而亲生物设计需要考虑的因素是多元的，除了单纯的环境特征和自然形态以外，还应考虑如文化、历史、地理等场所关系，生长、时间、感官等自然模式以及人与自然的联系等较为抽象的因素。

在概念上，亲生物设计理论在仿生设计学的基础上更加关注人的心理感受，例如对于树的模拟，仿生设计学关注于提取树的"形""色""结构"等特征原理进行设计，而亲生物设计理论则从人类进化的角度出发，通过设计模拟出树对人的庇护感。

当亲生物设计理论与地域文化元素设计相结合后会产生新的特征与策略，因此需要进行亲生物地域文化元素转译，具体步骤如下（图1）：

（1）根据不同类型的地域文化元素的物理因素及受众对象的偏好因素，得出地域文化在空间中的感知影响因子，并以此转译出亲生物设计的表现形式。

（2）将亲生物设计的表现形式与亲生物设计的6种属性和70种要素进行对应结合及筛选，总结出亲生物地域文化元素设计的特征。

（3）根据亲生物地域文化元素设计的感知影响因子及设计特征进行逻辑推理，总结出亲生物地域文化元素设计的提取方法。

（4）结合实际场地情况，确定出包括空间、材质、形式及人群偏好等在内的关键要素，得出因地制宜的设计方法。

该设计语言转译方法搭建了自然-空间-人三者之间的桥梁，但需要针对不同的地域、场所和人群进行调研，才能够有效传递亲生物性的积极作用。在医疗空间环境中通过地域文化元素的亲生物性植入，激发人群归属感

和熟悉感，营造具有亲和力的环境氛围，以达到积极的疗愈效果。

3 亲生物地域文化设计特征

影响地域文化感知的因素可概括分成物理因素和偏好因素两大类。在物理因素方面，不同的地域环境有着不同的历史、生态、文化，从而产生不同的本土材料、景观特征、地方精神等，物理因素作为文化记忆的象征物，与人们的身份认同相关联，因此物理因素影响着人们对地域文化的感知力；在偏好因素方面，不同国家、地区、城市甚至社区的人群存在不同的文化属性，性别年龄、社会阅历和文化观念等方面的差异也会使人对地域文化的信息认知和情感依恋出现偏好差异，不同环境的不同人群会对同一种文化元素产生不同的感知和联想。

因此，地域文化在空间中想要达到亲生物性识别，必须从具有地域范围内的物理属性出发，选择具有偏好共性并能产生积极联想的环境样本进行设计。根据地域文化感知影响因子的分析，结合6种亲生物设计属性和70种亲生物设计要素[6]，亲生物地域文化设计表现出以下基本特征：具有文化属性的样本特征形式、具有信息认知的空间表面状态、具有丰富多样的空间形式变化以及建立积极联想和情感依恋的空间构成（图2）。

（1）具有文化属性的样本特征形式。选择与当地历史文化、生态环境等相关联，且能够被大众普遍接受、识别的设计样本，可以使人在大脑中形成对地域文化属性的判断，提升场所认同性。在空间中系列化、主题化地运用相关元素给使用者带来连续性刺激，可激发使用者对此类元素的熟悉感和亲切感。合理运用具有真实自然物特征的类似物或对其产物进行抽象化地人工处理，形成间接性体验模式，也能够激发使用者的联想。当然，同一地域范围内人群具有性别年龄、社会阅历、文化程度等多方面的差别，这就导致了不同人群对同一设计元

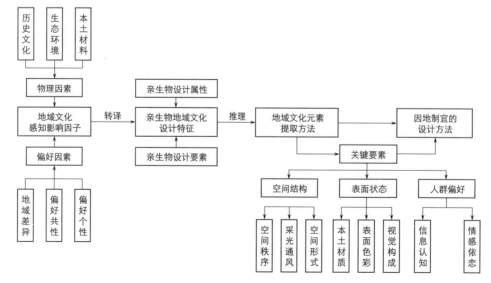

图1 亲生物地域文化元素转译步骤
（图片来源：作者自绘）

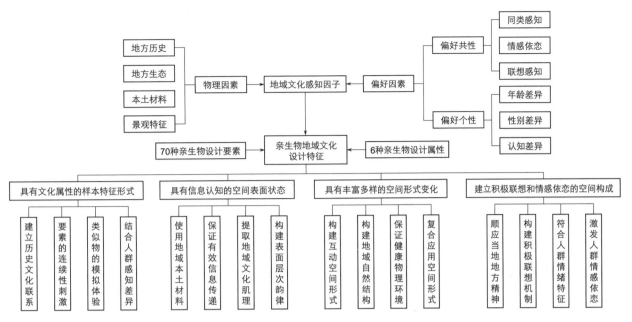

图 2 亲生物地域文化设计的主要特征
（图片来源：作者自绘）

素的不同看法，因此，通过对样本地域范围内的人们进行文化属性偏好测试，有利于确定场地设计策略，以保证地域文化元素的有效识别。

（2）具有信息认知的空间表面状态。任何空间都是形成于不同表面围合，所以表面状态在空间设计中的地位是不可忽视的，对表面状态进行多元处理是保证信息有效传递的重要方法之一。本土材料具有极强的地域属性，在空间表面使用可识别度高的本土材料，不仅有助于开发当地文化资源，而且有利于强化空间信息的丰富性。当地生态是地域文化的一部分，自然环境肌理具有丰富的信息量，并且其结构变化是复杂的，但通过对自然肌理进行简化处理，色彩、大小、尺度的合理搭配，同样可以保障肌理的可识别度，使人感知自然信息。然而在自然环境中的肌理结构，存在一定规律的层次，例如在摄影和绘画中讲究的前景、中景和后景，这些层次对主体信息进行了互补和衬托，从而构成了自然环境的整体信息，因此构建具有自然规律的层次肌理，结合具有审美规律的肌理韵律，有利于传递亲生物信息，达到亲生物性视觉效果。

（3）具有丰富多样的空间形式变化。70 种亲生物设计要素中包括多样化的空间形式要素。融合地域自然结构特征，构建人与空间之间的互动关系，形成具有叙事体验、信息传递、文化综合等作用的互动空间，从而达到亲生物疗愈作用。除融入人性化思考以外，空间形式的变化还应考虑与空间功能的整合及流线流程的优化等方面，构建复合、多元的空间形式以保证营造更健康、更舒适的物理环境。

（4）建立积极联想和情感依恋的空间构成。使用者在大脑中形成积极联想和情感依恋，从而产生归属感和熟悉感，以改善使用者情绪状态起到疗愈作用是亲生物地域文化元素设计的主要目的。在社会发展、个人成长甚至人类文明发展的进程中，人们对本地的地域文化已经产生了亲近本性，人们在看到某种形态或形式时会产生无意识联想，进而影响人的情绪变化，因此将环境特征的颜色、形状、空间组织等属性作为刺激符号，在空间的设计元素识别中建立地域文化感知有利于唤起使用者的情感依恋。

根据亲生物地域文化设计特征分析可知，亲生物地域文化元素的提取应从空间结构、表面状态及人群偏好三个方面考虑。通过实地调研及人群偏好测试分析后，确定关键要素，对要素的色彩、形式、肌理等进行逻辑推理，从而得到因地制宜的设计方法。

4 亲生物地域文化设计的疗愈作用

亲生物地域文化设计通过营造良好环境氛围，激发使用者产生积极联想，改善使用者情绪，从而达到疗愈效果。亲生物地域文化设计的疗愈效果主要体现在：构建自然联想引发积极情绪、营造场地归属感减轻心理压力。

5 构建感知联想引发积极情绪

亚里士多德在《论记忆》中提出：记忆在本质上包含有意识[9]。古罗马帝国时期天主教思想家奥古斯丁在《论三位一体》中就记忆包含有意识这一论断进行了补充，即藏在心中但未被想起的意识也属于记忆[10]。人们总能在无意识状态下接收感知到某事物的刺激后本能地与自身经验和记忆相联系，从而产生联想，这是人的本能行为。

人类早期身体不适时大多自我恢复于天然环境之中，经过长期演变，人们会本能地倾向在舒适、安全的自然环境中疗养。早在我国南北朝时，就有宗炳卧游的典故，且这一美学观点一直被后世的文人雅士所推崇。秦观在《淮海集》中记录到：有一年秦观得了痢疾在家中休养，好友高符仲带着王维的《辋川图》（图3）前来探望，并告诉他看这幅图能够治疗疾病，秦观在床上欣赏画作，恍然间有身临其境之感，几日后秦观的病就好了很多。

图3 明郭漱六和清熊樵先后摹绘的王维《辋川图》
（图片来源：严七仁. 大唐盛世王维在辋川［M］.
西安：三秦出版社，2005：31.）

古人这种以画代游，透过理想化山水，足不出户便身临其境的"卧游"意趣恰恰说明了山水文化的感知与山水艺术的审美相结合能够构建积极联想，从而引发积极联想，于人的身心起到了积极疗愈作用。

由此，人们的感知联想能力来自人类的过往经历，而过往经历又与历史事件、文化习俗、生活习惯等地域文化相关，地域文化元素的差异会引发感知联想的差异，从而影响人们产生差异化的心理情绪。因此亲生物地域文化设计应当对地域范围内的文化进行有效认知，确立积极有效的设计样本，选择能够激发积极联想的设计元素及表现形式，从而改善使用者情绪达到疗愈效果。

6 营造场地归属感减轻心理压力

从人类进化角度看，自然环境为人类提供生存条件的同时也提供了限制人类发展的条件，因此从人类直接感知来讲，人们会本能地趋利避害，经过长期的发展，逐渐对利于自身生存和发展的自然条件形成审美偏好。

人类在长期进化期间不断接收来自生存环境的感知刺激，从而建立了条件信号与审美满足之间的关联，并且此类关联是可遗传的[11]。因此区域范围内，人们的审美偏好存在一致的地域性和文化性。我国环境美学专家陈望衡先生在阐述了环境美的根本性质，他认为人们对于环境的归属感、依恋感是人们认为环境美的根本原因之一[12]。尽管随着全球化的快速发展，人们的流动性在不断加强，但人们也会习惯性地称某个地方为"家"，说明人们会对某一区域具有认同感和依赖感。由此，我们可以运用亲生物地域文化设计策略，将当地文化与生态相结合、环境设计与个人社会身份相融合，满足当地人的审美偏好，营造自然与人类秩序相通的地方精神，以引发人们对于场地的归属感和依恋感，从而达到缓解情绪压力的疗愈效果。

7 总结

依据人们对自己赖以生存的家园中的自然和文化要素更具好感的天性，通过地域文化语言转译，把握亲生物地域文化设计特征及疗愈作用，在相对封闭的疗愈环境空间中引入具备地域文化样本特质的类似物或通过模拟类似地域文化及自然空间组织形式营造空间体验，有利于直接改善空间使用者情绪、间接促进病患身心健康的自我修复能力。随着理论研究的不断深入及人与自然关系认识的不断发展，未来可通过更为科学、广泛的实证研究去扩充亲生物地域文化设计的方法策略，针对性展开亲生物地域文化设计对特定地区中特定人群的疗愈作用及植入方法探究，为未来亲生物地域文化设计在更多空间类型及领域展现其价值提供理论依据及实践指导。

参考文献

［1］唐茜嵘，成卓. 疗愈环境在美国医院设计中的应用［J］. 城市建筑，2013（11）：20-23.

［2］Dominiczak Marek H. Ancient architecture for healing［J］. Clinical chemistry，2014，60（10）：1357-1358.

［3］伏广存. 南丁格尔［M］. 天津：新蕾出版社，2000：120.

［4］申于平. 中德现代医院疗愈环境设计比较研究［D］. 西安：西安建筑科技大学，2015.

［5］WILSON E. Biophilia［M］. Cambridge：Harvard University Press，1984：1-35.

［6］KELLERT S，HEERWAGEN J，MADOR M L. Biophilic Design：The Theory，Science and Practice of Bringing Buildings to Life［M］. New York：John Wiley & Sons，Inc，2008：3-20.

［7］金寿福. 扬·阿斯曼的文化记忆理论［J］. 外国语文，2017，33（2）：36-40.

［8］张凤琦. "地域文化"概念及其研究路径探析［J］. 浙江社会科学，2008（4）：63-66，50.

［9］亚里士多德. 亚里士多德全集：第三卷［M］. 苗力田，等译. 北京：中国人民大学出版社，1992.

［10］奥古斯丁. 论三位一体［M］. 周伟驰，译. 上海：上海人民出版社，2005.

［11］APPLETON J. The Experience of Landscape［M］. New York：Wiley，1996：149-151.

［12］陈望衡. 环境美学的当代使命［J］. 新华文摘，2010（19）：87-89.

澳大利亚 Christie Walk 公共屋顶花园营建策略对我国社区花园低碳建设的启示

■ 朱琳

■ 四川大学艺术学院

摘要 社区花园作为城市绿色空间的一种类型、社区空间更新的新兴手段，其低碳科学的建设与城市人居环境改善、绿色健康发展有着重要意义。通过研究澳大利亚零碳生态社区 Christie Walk 公共屋顶花园的设计建造、运营模式以及使用成效，从公众科学、公众参与、资源循环利用、绿色材料与装饰等重点减碳措施进行全面分析。总结其公共屋顶花园整体性运作策略对我国社区花园建设的启示，并提出相应建议，为我国共治共建共享的社区建设、城市绿色健康发展、助力碳中和的目标提供借鉴经验。

关键词 低碳建设 屋顶花园营建 社区花园

1 澳大利亚 Christie Walk 公共屋顶花园的成功运营

1.1 Christie Walk 生态社区项目概况

Christie Walk 生态社区项目由澳大利亚生态城市协会创始人保罗·唐顿 (Paul Downton) 带领澳大利亚城市生态组织以及 NGO 组织于 2006 年在阿德莱德市中心建成[1]。这是一场始于 1996 年的 Halifix 生态城计划项目，很好地把生态、城市、建筑和景观融合起来，注重功能和美学的统一，并实现了生态恢复与商业利润之间的平衡。其最值得关注的除了可持续性的科学技术手段外便是其"澳洲社区花园"的首创，Christie Walk 占地 2000m²，有 27 户住房（图 1），在这样紧密的用地规划下却实现了 30% 的用地表面为花园或绿地。而 Christie Walk 生态社区的项目于 2005 年正式获联合国署世界人居奖以及于 2018 年正式成为"零碳"社区，并获得了高度的生态认同和绿色技法证书 (GBCA 颁布绿星证书) 与阿德莱德市市长 Stephen Yarwood 的高度称赞，赞其推动了城市发展、助推了 2020 年阿德莱德市所实现的"碳中和"目标，以及在 2021 年 3 月获得阿德莱德市碳中和大使。

1.2 澳大利亚花园城市计划

Christie Walk 生态社区中对于绿地及花园的规划的理念可以追溯到 20 世纪中期澳大利亚所展开的花园城市计划。受到英国社会主义改革思想家霍华德 (Ebenezer Howard) 所提倡的田园城市规划 (Garden City Planning) 的影响，试图在城市中提供能自给自足的社区邻里单位，兼顾城市与乡村两者居住环境的优点而不受噪声空气等污染，而 Christie Walk 生态社区则得益于相继展开的城市绿色基盘建设 (Integrated Open Space System)（图2）、邻里单元计划 (Neighbourhood Unit) 至现今的花园郊区计划 (Garden Suburbs)[2]。

在这样的城市规划与绿色城市建设中，每五位澳洲人就有四位认同："比起缺乏绿化的社区，一个充满绿意的生活空间更能够帮助他们的孩子成长"。2016 年美国与中国香港大学的联合研究发表指出：人与大自然的树接触，即使是看看城市里的树，或站在城市的树下，也能够有舒压效果。由此可以看出，城市社区里的绿色基盘对于居民健康的重要性。

1.3 屋顶花园的设计建造

回归到 Christie Walk 公共屋顶花园设计建造本身，花园被周围多层建筑环绕，可以通过专用电梯和室外楼梯直达空中，施工建造时首先在住宅的屋顶上放置了 30cm 深的温床土壤木制托盘。在托盘中预设含养分装置，采用产自蒙特伊 (Montreuil) 的荨麻制造天然肥料，为避免水分蒸发采用干草覆盖温床，并按照有关土壤滤水处理的规定，围绕托盘附近开设雨水收集与排水槽，种植区间，规划留有行径道路，并设有铁艺花架的平台。在花园两端有果树乔木作为隔断或边界示意，中间种植了向日葵、西葫芦、西红柿、无花果、番石榴、天竺葵、澳洲原生的金荆树等，所有产品都是生态型产品以及澳洲本土植物，并且都在居民的共同守护和良好的科学管理、照看下获得丰收。

澳大利亚生态组织协会 (NGO Urban Ecology Australia) 采用并授予居民先进的园艺技术，严格使用保护植物和环境的产品以及高效灌溉设施，采用促进生物多样性的方法，在注重美观和艺术性的前提下不断进行植物种植的创新实验，还在与屋顶花园相连接的平台中安装了有成千上万只蜜蜂的蜂巢，而边界的果树也为鸟类提供了栖息地，使这个屋顶花园成为一个真正具有生物多样性并综合发展的多维度集成空间。

1.4 共享场景建设

Christie Walk 公共屋顶花园在建设完成后不仅向居民

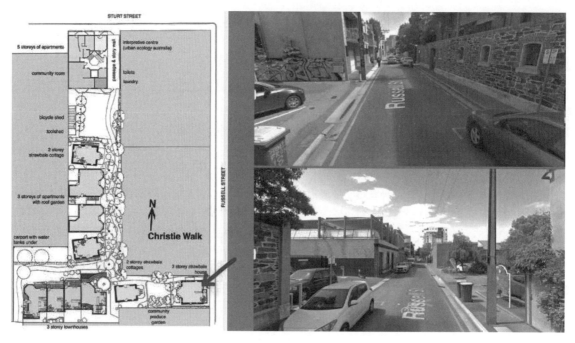

图 1 "Christie Walk"与社区入口图例
（图片来源：Christie Walk EcoCity Project - World Habitat）

图 2 1960年所规划的田园小区及绿色道路
（图片来源：澳洲田园都市Ⅱ：WSUD智慧生态社区）

开放以及划分责任用地，还向社会开放，周末有组织地接待来访居民、科研公众调查者和园艺爱好者等，举办各种园艺、休闲、艺术和DIY活动，并收取一定门票费用进行慈善捐款和社区中居民决策会议使用。人们汇聚在这具有聚合力的友好空间中，在此进行聚会、野餐、比赛和交流，邂逅来自各方的不同年龄阶层、知识水平、职业和个性的人。活动吸引和促使单独的个体参与共享，排除相互隔离，促进邻里亲和性并建立彼此信任感，增强了街区的社会凝聚力。这里还兼作绿色学校，为孩子们的成长提供社会生活教育和学习生态园艺的机会。附

近的学校也会专门设计有关 Christie Walk 屋顶花园相关的绿植教育课程，然后通过与澳大利亚生态组织协会（Urban Ecology Australia）网站进行校地合作联系，并实地学习考察。此外，协会还号召每个居民都可以以及有义务发挥各种想象力来推动花园的发展，旨在协力将屋顶花园的公共绿地建设成为普通居民的乐园。借用中村拓志的"居住者、利用者跟建筑结成的关系如同人们和建筑恋爱一般"[3] 的隐喻，花园和居民以及附近来访者的交互作用促生了场所精神和社区归属感。

2 Christie walk 公共屋顶花园的减碳策略

2.1 公众科学与设计管理

公众科学（Citizen Science），又称公民科学，主要指以公众参与的方式，遵循众包模式，使非专业的科学爱好者和志愿者参与科学研究中数据的收集、分类、记录或分析的项目，是一种重要的低成本且高效的科研方式。而在 Christie Walk 最开始的建设中，就是由一群生态学、建筑学、生物材料等专业的专家组成，号召志愿者们成立的团队，而社区居民也是由活动家、专家、公民、居民而组成，在构成结果上就为生态社区未来的发展奠定好基础。同理，应用在屋顶花园的营造上，由于人员的专业科学配备以及号召的相关方面的志愿者进行实验性的修建，在减碳措施上的制定以及任务完成的高效性都得到了一定的保障。

例如，在规划设计屋顶花园之前，根据澳大利亚政府所出台编制的 WSUD 计划❶下的屋顶绿化规定，并发

---

❶ 指城市智慧水设计（Water Sensitive Urban Design，WSUD）计划，即透过智能和整合设计为城市范围内的水循环做永续管理.

放《绿色屋顶设计手册》给业主、建筑师、风景园林师和承建商，对屋顶花园的做法和植物选择做出了具体规定和指导，以及领土计划下的建筑法规《房屋斜顶设计建议》确保每个建物不会影响邻居的日照权，一般是在一个平屋顶或一个低斜率（小于30°）的缓坡屋顶上覆盖植被基板[6]（图3），其中嵌入有少量水的预种植被的箱子，采用自动引流排水，每个装置带有一层密封膜及排水过滤层。并且，这种技术很容易执行，不会造成对建筑的损害，其稳定性和防水做法也都优于常规平屋顶，再规定每个屋顶花园要做一个保护植物和动物多样性的计划，以便打造生物多样性共享花园，创建一个稳定的生态系统。植物种类根据本土气候、日照、屋顶坡度、基板厚度等来选择。在 Christie Walk 中一般适宜选用抗晒、耐旱的多年生草本或灌木（图4），优先采用生长快、能迅速覆盖地面的本土植物，以避免基层在受阳光和风的作用后丧失水分，还要考虑屋顶风速等多种因素。而在这样的前期规划与设计执行下，为零碳社区的建成搭建了科学性的制度保障与实施框架。

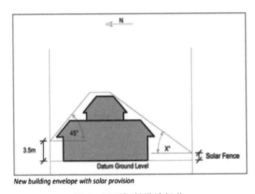

图 3 屋顶倾斜设计规范

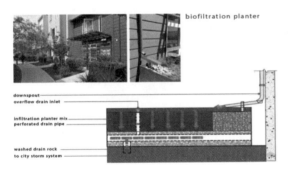

图 4 房屋雨水回收再利用示意图
（图片来源：澳洲田园都市 II：WSUD 智慧生态社区）

2.2 水资源循环利用

以往的屋顶花园主要使用有限的种植基质和绿化植物来滞留雨水。虽然这种方法在一定程度上能被动地管理和减少雨水，但并不能解决强降雨条件下的屋面径流问

题，甚至对于弱降雨条件下的屋面径流也无法消除。

而 Christie Walk 生态社区中，对于屋顶花园的设计更能因应节能及省水来进行绿地空间的整体布局，利用绿色基盘❶概念来吸收强降雨，为了达到将雨水花园做到屋顶的目的，在屋顶的混凝土板上铺设了两层热沥青层，然后铺上沙石、地砖、防水保护层（约35cm）。做完前期工作后，在屋顶铺设落水管，在地面设置 2 个 2.2 万 L 的大水箱，通过屋顶的落水管流入以及地表水收集系统储藏至水箱中，并使用水箱中的水进行生活用水，如冲厕所、灌溉等。实际上在一年的时间里，Christie Walk 将这些水箱清空并重新装满 3~4 次，相当于从 6 万 L 的存储空间中获得了 20 万~24 万 L 水。并在整套屋顶雨水收集过程中以及整个生态社区的室外灌溉区使用特制的节水细密型水龙头，来辅助完成节水以及再利用。

其次，硬件设施实施完毕后，对于花园的景观营造秉承三点原则：①通过特殊景观设计减缓雨水流速，鼓励将植栽沿着等高线种来进行被动式灌溉，如 Christie Walk 在屋顶花园中设计的排水槽、生态草沟、植物过滤层。②可运用景观设计和排水设施起到屏障作用，让自然丰富沉积物、树叶、草屑和养分可以妥善的再利用于住宅基地土壤上，如 Christie Walk 中的墙面修补以及手工品制作，尽量做到资源的循环使用。③减少或停止使用会导致藻类在水道大量繁殖的水溶性肥料，如使用生物营养、天然肥料等。

2.3 绿色材料以及持续的能源收集

在 Christie Walk 中，由澳大利亚生态城市组织所成立的绿色基金会（Green Fund）来专门负责社区内的能源技术升级与使用，而屋顶花园中主要承担的就是太阳能光伏系统以及太阳能热水系统的及时更换与升级。如将新的真空管太阳能热水辅助器以助推的形式与屋顶花园中现有的热泵热水系统相连接，以公寓屋顶上的新型高效光伏电池、特斯拉电池包的植入都为整个社区的供电以及生活热水所需带来了支撑作用。此外，屋顶花园的防风以及隔热效果的增强除了有小型乔木在边界的隔离辅助作用外，还有三层稻草包所制成的建筑立面、大量生物材料的植入来保障环境的舒适度体验质量。

2.4 永续设计与管理

保罗·唐顿（Paul Downton）在采访计划中说道："可持续的设计重点不在设计而是在可持续的过程中"，映射在 Christie Walk 的屋顶花园建设中主要体现在生物多样性的延续以及发挥花园的生产性。通过践行生态恢复的方案，包括适当的有机农业生产和最大限度地实现当地动植物的生物多样性，使屋顶花园进入一个完整系统的生态健康状态。如屋顶花园中设置的两个大尺寸蜂箱，通过预设蜜蜂栖息地，然后提供蜜蜂喜欢的植物与可靠的水源供应以此来吸引，并将蜜蜂的照顾外包给阿德莱德市的"城市蜜蜂"专家。再如花园屋檐会提供鸟箱、

---

❶ 绿色基盘，即绿色公共建设（green infrastructure），美国华盛顿大学地景建筑系 Green Futures Lab 对绿色基盘的分类来说，绿色基盘分为五个面向：active transportation 人本交通，community 社区与开放空间，habitat 生态与栖地，metabolism 食物能源与代谢，以及 water 水文。

本土鸟类所喜爱的食物、蝴蝶架等，甚至打造更多的动植物栖息地来确保更多物种的回归。团队在保持社区花园中的生产属性上尤为重视，例如果蔬的再生产（种植蔬果-可食用-植物再固碳），而这样的生产属性恰好重构了经济属性与生态模式，使之平衡共存。或例如利用发酵菌渣、茶料做肥料，并使用蚯蚓堆肥沟等方式来分解垃圾，清扫社区枯枝，以此来有效利用生活垃圾等。

3 对我国社区花园低碳建设的启示

针对屋顶花园的建设，我国也在推行与实施，比如根据北京"十二五"园林绿化发展规划，5年内将完成屋顶和垂直绿化 100hm²，其他城市也纷纷出台了发展屋顶花园的计划，但目前我国屋顶花园的建设还处于起步阶段，相对封闭、内部运作、公共性弱；相应的行业标准、产业政策、法律规范尚待健全。不过对于社区花园来说，作为最普遍最基本的城市绿地单元，以及目前我国城市更新中一种新兴的手段，也已经有了初步的成效与成果，其生态保护技术对于城市绿色基盘整理、完善共治共享共建的社区管理、实现碳中和目标皆有积极意义。

首先，尊重科学、健全制度。从宏观上考虑城市环境的长期发展战略，加强社区花园的开发建设。将散点绿化连接成绿色网络，建立一个数量、类型、规模和布局合理的完整的社区绿地系统。利用公众科学，人文和科技并行，多专业多学科集成，采用低技术高效能的人文策略，将行政立法、学术研究、前期立项、设计开始、操作实施、媒体宣传等纳入整体性运营与建设计划。

其次，落实行动，以人为本。"共建共治共享"的基本属性决定了社区花园"碳中和"的生态举措不能是远离居民生活经验的、抽象复杂的高科技，而是基于舒马彻（EF. Schumacher）的"适当技术"理念[4] 唤醒公众感知，提供可践行的社区活动。而公众参与性是绿色建设与管理中的重要环节，社区花园系统的发展要落实于对人的全方位尊重和符合公众需求，调动全民力量，吸引公众参与，整合社会资源，关注社会公平，并且注重培养公众的生活技能，提升公众的环保意识和文明素质，将单纯的改善与美化手段上升至教育性与实验性。

最后，社区花园不仅具有碳汇和低碳减排的价值，还能通过循环利用废料、植物固碳、花园的生产性属性和循环再生等方式，给居民带来更深层次的自然、资源文化影响。同时，社区花园的共建共治也能促使居民深入地思考和参与社区行动，并且社区花园的建设和管理还可以增加居民及儿童接触自然、学习自然的机会，从而建立人与环境和谐共生的关系。

4 总结与讨论

社区花园是社区绿色起点之一，作为空间微更新的方式，投入成本低，设计简单易行，设施小而美。其设计建造应该着眼于当下民众的真实生活需求，注重功能性和低碳环保的可持续发展，需要全面考虑社会文化等多个因素，确保其发挥实际作用。

未来，社区花园的"碳中和"举措也可以与"碳市场"和"碳交易"进行结合设计。国外社区花园的减碳措施和艺术实践主要靠基金会和社会组织提供资金，这种财务支出难以维持长期循环。相比之下，我国目前主要依靠政府财政投入或企业捐助，社区花园的参访和公共教育费用较少。但国外的公共绿地建设策略和减碳措施依然值得我们学习。例如在设计中，可以利用"碳汇"作为媒介来促进经济与生态的连接，以此推动生产性以及经济属性的良性循环，也可以给花园建设提供新的资金来源。社区花园完成的碳汇贡献可以在未来的"碳交易"市场进行交易，从而获得收益，来完成社区花园的日常运营维护[5]。可以此为范本，形成多方合作共同发展的方式，在全国范围内建设更多社区花园，以达到规模效益，最终，形成全民重视、绿色碳汇、多方受益的成熟体系。

参考文献

[1] DOWNTON P F. Building Fractals：Ecopolis Projects in Australia ［M］. Berlin：Springer Science＋Business Media，2009.
[2] DOWNTON P F. Ecopolis：Concepts, Initiatives and the Purpose of Cities ［M］. Paris：Ashgate Publishing Group，2008.
[3] 中村拓志. 恋爱中的建筑 ［M］. 金海英，译. 桂林：广西师范大学出版社，2013：5，11.
[4] SCHUMACHER E. Small is beautiful ［M］. London：Blond and Briggs，1973.
[5] 殷利华，杭天，徐亚如. 武汉园博园蓝绿空间碳汇绩效研究 ［J］. 南方建筑，2020（3）：41－48.
[6] 王鹏，亚历露·劳森，刘滨谊. 水敏性城市设计（WSUD）策略及其在景观项目中的应用 ［J］. 中国园林，2010，26（6）：88－91.
[7] 郭凡礼，李胜茂，马遥，等. 2015—2019年中国屋顶绿化深度分析及发展规划咨询建议报告 ［R］. 深圳：中投顾问，2013.
[8] 俞孔坚，李迪华，袁弘，等. "海绵城市"理论与实践 ［J］. 城市规划，2015，39（6）：26－36.
[9] 王天赋，罗杰威. 国外生态村低影响景观生态技术实践：可再生能源景观营造 ［J］. 建筑节能，2016，44（6）：73－77.
[10] 刘悦来，尹科娈，葛佳佳. 公众参与 协同共享 日臻完善：上海社区花园系列空间微更新实验 ［J］. 西部人居环境学刊，2018，33（4）：8－12.
[11] 尹科欣，张铭远. 国外生态社区营造策略解析：以德国弗莱堡沃邦社区、丹麦太阳风社区为例 ［J］. 城市住宅，2020，27（5）：24－26.
[12] 赵莹莹. 公众参与理念下的社区花园营造模式研究 ［D］. 杭州：浙江大学，2020.
[13] 刘悦来，魏闽，范浩阳. 社区花园理论与实践 ［M］. 上海：上海科学技术出版社，2021：2－3.
[14] 范晓莉. 可持续发展的社区新类型公共艺术 ［M］. 北京：中国建筑工业出版社，2021：15－16.

城市针灸理念下大学校园消极空间活化策略研究

——以福州大学旗山校区绿地空间为例

■ 周铁军[1,2]　陈佳怡[1]

■ 1　重庆大学建筑城规学院　2　山地城镇建设与新技术教育部重点实验室

摘要　随着城市更新发展，公共空间品质提升成为重要的研究内容。聚焦到高校公共空间，发现当前许多高校存在一些与日常生活脱节的消极空间，使得校园整体活力不足。为此本文将城市针灸理念引入到校园公共空间更新的层面，探索活化高校消极空间的策略，并以福州大学旗山校区生活区楼间绿地消极空间为例，提出改造设计策略：通过置入适合场地形态、满足使用者需求的单元模块，以催化式的、小尺度规模的针灸方式，循序渐进地解决现有消极空间的病因，最终辐射到更大的校园范围，提升校园公共空间的活力与品质，以期对高校同类消极空间的更新活化有所启发。

关键词　空间针灸　大学校园　改造更新　消极空间　绿地空间

引言

随着我国城市建设从增量发展向存量更新转型，存量空间的品质提升成为城市发展的重要趋势。大学校园是城市空间的重要组成部分，对城市的品质与生活也有着直接的影响，因而成为存量更新的重要对象。大量调查表明大学校园的空间质量问题日益凸显，包括空间特色缺失、活力不足等，进而导致大学师生的校园归属感、认同感降低等问题。

"消极空间"的概念最早源自芦原义信的著作《外部空间设计》，他认为空间的向心性、离心性对使用者产生作用，积极与消极相对于使用者而言[1]。对于大学校园，消极空间是校园中失去了空间本身的功能价值，无法满足使用者需求与意图，或者产生不良影响的一类空间。其产生原因一方面包括设计与实际需求的脱离导致的消极"飞地"产生[2]，另一方面包括学生学习与交往模式发生转变、空间使用需求的多元化等。作为校园中极具发展潜力的空间资源之一，消极空间的活化利用成为校园空间更新中的重要研究内容，对其进行更新活化可以有效地激活校园活力，提升公共空间的品质。

为此，本文引入城市针灸的理念，以典型的已建成大学校园生活空间——福州大学旗山校区生活区为例，选取其楼间绿地消极空间进行改造设计研究，探索提升校园活力、空间品质与生态自然的空间活化策略。

1　空间针灸理论及其策略

1.1　城市针灸的概念

通过对比不同学者对城市针灸概念的界定，可以认为"城市针灸"将城市特定区域视为"穴位"，并在其中采取相对较小规模的干预，进而能对更大范围内的社会经济及环境等问题产生积极催化作用，是一种与中医针灸理论相结合的理论[3]。以大学校园为例，校园整体就是一个有机体，校园的各组成空间类似于人体组织器官，交通路网类似于脉络，使用者类似于流动的血液。针灸中的"针"，可以是校园中的一栋建筑，一处景观，也可以是一种行为活动，消极空间则是有机体内的病因穴位，借助这样的中医原理来解决公共空间的病因。

1.2　城市针灸下的消极空间活化策略

1.2.1　小尺度介入策略

城市针灸理论所提到的"针"，往往是一种微小的介入，此处的"小"并非指尺寸上的"小"，而是相对于整体系统规模而言的"小"[3]，即包括空间实质上的"小"与实施手段的"小"。城市针灸更倾向于对在地资源的充分利用，对校园消极空间活化不需要高成本的大拆大建。因此首先对校园空间实施的是局部空间的诊治，在充分尊重原有空间的基础上适当介入。这样"小"且自下而上的手段，既能够调动潜在使用者参与的活力与积极性，也有利于对资源的保护与可持续发展。

1.2.2　以人为本的空间营造策略

人是公共空间产生活力的源头，在介入过程中要注重人的分析研究，从物质到非物质展开相应的调查与设计，包括校园师生的人体尺度、视觉、嗅觉、声音等；对人群行为活动进行调查分析等。以此为基础总结出适合于消极空间的改造方向，改变原有空间与实际使用脱节的状况，增加人群活动进而提升活力。

1.2.3　从单点到多点协同的逐步实施策略

校园系统需要通过这些"针"相互关联，从单点的活力效应，到多点的协同效应所产生的影响相互叠加，从而在更大范围内引发正面效应，激活校园。逐步实施的更新方式保证了校园公共空间肌理的延续性，也有利于项目资金的可持续保障。

2 福州大学旗山校区生活区楼间绿地现状分析

2.1 校园概况

福州大学旗山校区位于福州大学城新区的中北部,于2000年前后开始建设。整个校区以城市主干道学府南路为界,分为东西两区,其中东区为教学区,占地约2500亩,西区为生活区,占地约900亩[4]。生活区以住宿、餐饮等生活功能为主,使用者主要为学生,目前的活力点仅集中在宿舍、食堂、快递中心、校门出入口等位置。宿舍公寓一共分为6个区(图1),楼间绿地数量众多,是生活区的重要公共空间组成部分,但此空间往往被师生忽视,大部分空间为功能单一的绿地,利用率低,成为校园的消极空间。

2.2 楼间绿地现状调查

典型的宿舍楼间绿地尺寸可大致分为3种类型:长方形绿地、不规则形状绿地、多形态组合绿地。通过实地调查绿地内植被的密集程度,按植被茂密、较稀疏、十分稀疏三种类型对整个生活区的绿地类型分布进行归纳(图2),调查结果能为后续绿地改造的不同类型地块适应性提供帮助。对绿地空间进行针灸介入时,植被十分稀疏绿地的改造可发挥空间较大,对本身环境的影响也较小;植被较稀疏绿地的改造设计需要一定程度上处理构筑物与植被之间的关系;植被茂密绿地需要细致处理构筑物与植被之间关系、流线关系等多方面的问题以最大程度减少对原环境的破坏,因此介入程度需要降低。

绿地空间存在功能使用、美观价值、安全性、流线混乱等多方面的问题,这些问题同样也在许多高校公共空间中出现:①绿地早期设计手法较粗糙,休憩座椅、汀步等景观休闲设施大部分都缺乏合理性,无法正常使用而成为摆设;②绿地空间缺乏特色,标识性差,学生晾晒衣物等日常行为活动也影响了空间的美观性;③学生围绕绿地停放电动车与自行车,甚至将车停入草地内,对绿色植被造成破坏,也对人群流线产生影响;④夜晚灯光昏暗,学生取停车、进出宿舍楼缺乏安全性。

图1 宿舍分区及楼间绿地位置
(图片来源:作者自绘)

绿地尺寸类型

a.长方形绿地

b.不规则形状绿地

c.多形态组合绿地

绿地类型分布

植被十分稀疏

植被较稀疏

植被茂密

图2 绿地尺寸调查及类型分布图
(图片来源:作者自绘)

2.3 人群分析

对学生随机发放问卷进行调查，最终获得有效问卷67份，调研对象的学院、年级、居住宿舍楼分布较为广泛，涵盖整个生活区。

调查结果显示（图3），在现有绿地空间认知与评价方面，有68.66%的学生对绿地空间现状的满意度达不到合格的要求；92.54%的学生认为绿地缺乏记忆点，负面印象占比居多，多数学生对观赏性不佳、停车问题、夜晚照明问题等不满意，反映了绿地空间缺乏自身特色和标识性，学生的归属感较低。

在绿地空间改造的需求方面，有55.22%的学生认

为比较必要，29.85%的学生认为非常必要，因此可以认为大多数学生认为活化绿地空间并对其进行新空间的创造是有必要的，同时新空间需要关注解决私密性、噪声、蚊虫等问题；在需求偏好上，学生对交流讨论、好友聊天、安静自习、小型聚会等空间需求较为强烈。生活区面积大且楼间绿地数量多，在改造设计中可以引入适当的网络管理模块，也有助于未来中大尺度范围内的多点协调运作的管理。在此方面，学生更希望关联的电子程序能提供空间使用情况的实时反馈、利用地图标明不同空间的功能等。

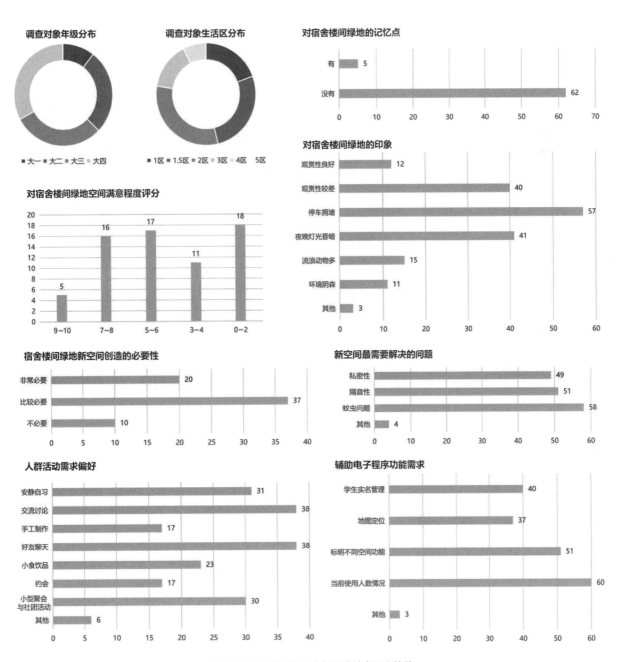

图3　绿地空间认知评价与活动需求调查结果
（图片来源：作者自绘）

103

3 绿地空间活化设计

3.1 总体策略

首先选定针灸试点。根据场地情况选择的"针灸"方式为置入单元功能模块，模块可根据不同绿地类型及使用需求进行组合，以应对复杂的植被情况，减少环境破坏，满足人群需求；其次，通过"针灸"进行局部激活。人群在空间内活动，形成新的空间氛围，并有一定辐射影响力；最后，形成活力圈，将针灸试点进一步扩展到其他消极空间位点，待各消极空间逐步激活，相互串联。通过这种催化式小尺度规模的针灸方式循序渐进地解决公共空间的病因（图4）。本文选取福州大学旗山校区生活区的三处绿地（图5），分别对应上述茂密、较稀疏、十分稀疏三种绿地类型，以此为例进行典型绿地空间更新设计。

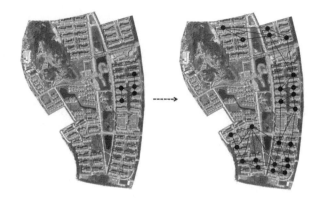

图4　单点至多点的逐步实施
（图片来源：作者自绘）

植被茂密绿地
9#~11#楼间绿地空间

植被较稀疏绿地
12#~14#楼间绿地空间

植被十分稀疏绿地
21#~23#楼间绿地空间

图5　设计场地位置及现状
（图片来源：作者自绘）

3.2 单点介入模块空间构建

置入单元功能模块以六边形为空间形态，六边形形态组合可以塑造多重可能性，通过面的消减得到封闭、半开启、开敞的空间；不同面根据需求采取不同的透光性、显色性、分隔措施等可以达到不同的效果；多面围合的空间还可以回避植被的枝干，减少环境干扰，利于未来模块扩展到校园多位点时的适应性。基于人机工程学及活动空间的需求，确定空间室内家具的尺度，进而确定单元空间的模数（图6），一人工作空间面积约3.1m²，二、三人工作空间面积约4.7m²，四人工作空间面积约6.2m²。

单元模块（图7）充分利用在地资源，融入绿色技术，包括雨水收集系统、下凹植草沟、透水铺装的改造，构筑物的绿植屋面、架空通风等。建筑材料方面尝试采用折板构造与石材玻璃。折板利用绿色环保、可重复利用纸板制成，经过重加工与加固塑形后，多单元组织可以形成完整的外墙体，其中的空腔中可填充静音棉，也可填充吸湿、隔热的材质，实现室内空间的分隔、降噪；可透光的石材玻璃，具有石材纹理的美观性、玻璃的透光性，在保证一定隐私性的状态下，充分引入自然光源，提升空间品质；在结构的基础上，设置雨水收集管道融入建筑造型之中，雨水通过纵向管道流入地下水过滤重塑系统进行再利用，如植被灌溉、宿舍清洁用水等。

根据不同场地情况进行六边形模块组合布置（图8）。绿地上的道路设计首要考虑对邻近的两栋宿舍楼与外侧道路进行流线的重新规划梳理，从主道路引入大部分人流，再进行多支路分流，形成活跃的流线，提高空间可达性，联系绿地空间内的不同模块组，进而根据周边的环境进行功能布局,形成动静分区与分隔。模块的功能设定为自习讨论区、个人自习区、自由租赁区、临时活动场地,实现功能复合多元化。其中,个人自习区为个人空间,模块面积模数最小,对安静环境的需求度高,布置于靠内侧的位置;自习讨论区适合进行小组作业的多人讨论或临时休憩聊天,面积模数适中;自由租赁区提供给社团活动或多人聚会使用,面积模数最大;此外还划分了临时活动场地空间,根据需求调节可开启的面,获得不同尺寸的空间。

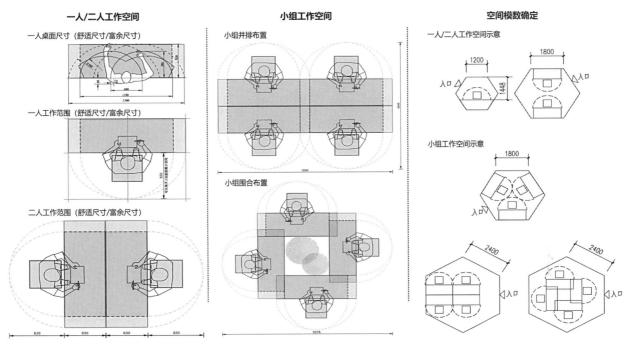

图 6　尺度模数与室内布置
(图片来源:作者自绘)

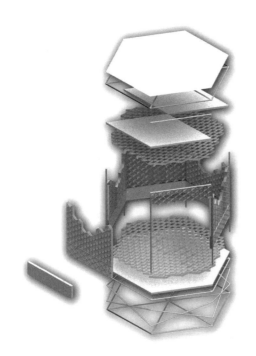

图 7　单元模块构成
(图片来源:作者自绘)

3.3　逐步实施与运行

通过典型的三种类型绿地空间改造试点,对模块改造的运行效果进行总结与改进,并进一步扩展到更多的绿地空间,逐步激活校园其余的消极空间。当改造位点增加后可加入 App 或小程序等技术手段运营辅助,如学生通过小程序扫码或预约进行使用,控制分时、分区使用,保证空间使用率与使用者的舒适度;引入 GPS 定位系统,可实时查看设施的使用情况;租赁区可进行计费使用,获取一定利润用于自身运转、后期维护以及后续进一步的扩建试点,形成良性循环[5]。

4　结语

校园公共空间活力与品质的提升,对在校师生的物质及精神生活品质都能产生积极作用。本文通过对福州大学旗山校区生活区宿舍楼间绿地的设计改造,探讨了城市针灸理念下活化校园消极空间的策略。确定消极空间的位点,通过模块单元微介入绿地空间,先进行局部激活,再从单点作用到多点协同的系统作用,最终起到激活校园有机体的作用,探索了大学校园公共空间改造的多种可能性。

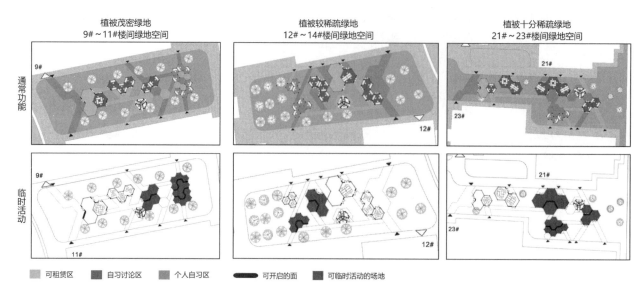

图 8　功能布局

（图片来源：作者自绘）

参考文献

[1] 芦原义信.外部空间设计 [M].尹培桐,译.北京:中国建筑工业出版社,1985.

[2] 段卓成,朱冰,王明慧,等.空间针灸视角下的高校校园消极空间活化策略 [J].城市建筑,2019,16(4):91-94,126.

[3] 贾永达,郭谦.城市针灸理论研究与分析 [J].中外建筑,2021(3):86-91.

[4] 陈杰.福州大学旗山校区校园规划使用后评价 [D].广州:华南理工大学,2011.

[5] 魏崇宵,苏琮琳,赵于畅,等.校园闲置(消极)空间的研究与再利用:以合肥工业大学为例 [J].智能城市,2020,6(12):30-31.

基于视知觉理论的非线性建筑的体验与分析
——以扎哈·哈迪德作品为例

■ 刘昕彤[1] 周铁军[1,2]
■ 1 重庆大学建筑城规学院 2 山地城镇建设与新技术教育部重点实验室

摘要 由于现代建筑设计理念和技术的不断发展，非线性建筑的美学价值日益凸显。从视知觉的角度对非线性建筑形态的艺术和审美表达进行感知和分析，本质上是外部异形形态的表达和心理感知维度之间的相互作用的审美过程。本文以人的视知觉感受为基础，以扎哈·哈迪德的代表作品为例，来剖析非线性建筑形式给予人的情感语义表达，对于其在现代建筑中的存在意义与价值和视知觉感知形态产生的心理体验进行探讨，以期从建筑形态的体验之中使人们获得更为良好的视觉感知与空间美学感受。

关键词 建筑视知觉 非线性建筑 扎哈·哈迪德 设计美学

随着经济条件、科学技术越加发达，人们在建筑设计手法上也开始大胆创新，非线性结构开始被越来越多的建筑使用。本文选择视知觉理论对非线性建筑形态的美学呈现进行分析与评价，通过对扎哈·哈迪德相关作品的解读，以期可以正确、理性地对待这种具有未来发展趋向的建筑形态，相关研究成果对之后的相关建筑设计实践有所启发。

1 非线性建筑概况

1.1 非线性建筑的发展现状

随着世界经济的发展和信息时代的到来，伴随着多个学科的交汇融合，建筑理论研究获得了新进展，现代建筑形式也越来越丰富多彩。受新思维、新理论的指导，以可持续发展为基础的非线性建筑形态的创作思潮迅速兴起，建筑师们运用复杂的科学理论及形式语言，创作出了一个又一个极具视觉感染力的非线性建筑形态。非线性建筑是指一种具有持续流动状的形体的建筑，与常规方正形式的建筑不同，更能表达出建筑的视觉张力。通过对非线性因素的分析，建筑既可成为一种反映外部特征的表达方式，也可成为一种信息传递介质，甚至成为一种与环境密切相关的沟通手段，而上述内容将共同形成非线性建筑设计特点。非线性建筑具有强烈的运动感，风格变化多端，源自对建筑需求与周围环境因素的分析和影响因素的研究，最终形成既具有理性逻辑又具有自由随机表达的建筑的形态。

1.2 非线性建筑的美学体验

建筑设计的美学价值体现在技术和艺术手段的密切结合上，包括空间形式、结构选择和周边环境。现代主义所推崇的具有几何理性的线性设计已经不能满足现代人多样化的审美欲望，简单明了的建筑设计很难吸引到人们的注意，人们开始喜欢不规则或复杂的建筑空间[1]。

非线性建筑所强调的复杂性和多样性，势必促使美学设计理念的改变，拓展了人们的时空审美观念，打破了传统建筑的方形和标准形态，柔和的曲线和弧形的表达拉近了人们交流的距离，流畅的弧形表面之间的平滑过渡创造了强烈的流动感，创造了新的视觉刺激，导致了新的审美体验，改变了人们对建筑的审美的观念。非线性的形式语言解除了固有建筑美学的桎梏，自由舒展的线条显得感性而无意识，符合人类社会的发展和现代人的精神和心理需求。

2 视知觉理论概述

2.1 视觉与视知觉理论

视知觉是超越视觉自身，扎根于心灵的理论，是对视觉信息从物理环境传达到人眼生理环境产生视觉，以及视觉进一步转化为感知的详细描述，再到进行认知主体的理解和抽象的过程。根据格式塔心理学，鲁道夫·阿恩海姆提出了视知觉理论。视知觉理论侧重于艺术与审美对象的视觉感知之间的关系的研究，认为人类的视觉感知是艺术创作和欣赏的最基本要素[2]。阿恩海姆在他的《艺术与视知觉》一书中指出：一切实践都证明了，视觉艺术形态并非对感性素材的机械复制，而是对真实的某种创造力的掌握，它所掌握到的艺术形象必然是具有丰富的想象力、创造力、敏锐性的美的形象[3]。视知觉是人类感受与理解的结合过程，在观察物体的过程中，人类的大脑会尝试简化、抽象甚至对其进行重新组合和评价，以便更好地把握其本质和其中蕴含的深层意义。（图1）。

2.2 基于视知觉的美学体验

视知觉对视野中的物体进行重组，这种重组涉及与物体相关的心理、经验和情感因素，从而形成一种新的感知结构——人类对物体的审美感知。心理学研究表明，视知觉具有简化信息处理的作用。例如在舞蹈中，

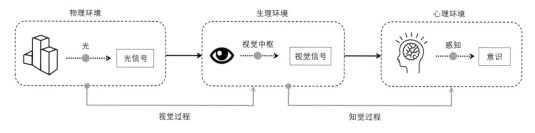

图1 视知觉过程
（图片来源：作者自绘）

四肢的运动可以被视为线条的节奏，或者裙子的摆动可以被视为线条的轨迹。由此可知，非线性的复杂性更能迎合人类视觉的审美需求，在某种程度上，人类视知觉的心理需求可以通过适当地在当代建筑创作中增加非线性元素而得到满足。建筑和雕塑的本质区别在于建筑是为人类需求而建造的，是以人作为中心存在的。最初建筑只是人们的住所，具备简单的功能性。如今，随着技术的进步和经济的繁荣，现代建筑不同于以往，种类繁多。此外，非线性结构的增加扩大了建筑运用的可能性，非线性空间结构的利用引发了人们的创新和思考。建筑本身是一种无感情的空间媒介，通过建筑师来实现对感情与情绪的传达，并通过用户来产生对其中所蕴含的感情与情绪的体验。基于人们的视知觉感受，可以产生对整个建筑空间的认识，并与其表现的内涵形成情感共振，在人们的审美体验和感知中留下深刻印象[4]。

3 非线性建筑的视知觉组织方式及表达

那种略微呈现出复杂、偏离和不对称、无组织性的图形，显然具有更大的刺激度和魅力[5]。直线在被外力变形后呈现出非线性的形式，具有恢复其原始属性的视知觉心理。下面从非线性建筑的三种形态，来感受非线性建筑的视知觉组织方式及其表达。

3.1 仿生形态的表达

建筑仿生学是指将建筑运用类比的手段，从自然界中汲取灵感加以创造，并为了与自然界的生态环境相互调和，保持自然均衡，吸收动、植物的生命肌理及其一切自然生态环境的规律，并根据建筑的本身特性来适应条件的创作方法。自然形态往往是由非线性的形态组成，非线性是自然界普遍形态的映射，在心理上是更易被感知与接受的，它们在审美上让人放松，易于给人带来舒适、享受的审美体验。建筑师们从这些自然形态中汲取灵感，获得艺术形式，使建筑具有强烈的视觉活力。

有两种表达仿生形态的设计手段：具象的模仿和自然形式元素的抽象再现。具象的设计在审美感知上很难把握，因为具象化的形式深深地嵌入到人们的感知经验中，当其被放大为具体的建筑对象时，这种不相称的虚假形式会引起人们心理上的不适。从视知觉角度来看，这类建筑的表现手法，多在人的视觉上产

生一定的负面感受，导致人们对事物的审美判断产生一定程度的自我怀疑，进而影响到心理上的平衡。不同于具象的模仿，抽象创作将自然界中一些充满魅力的元素抽离出来，融入整体建筑形态中，通过对自然形态的抽象和模仿，使建筑与周围的自然景观相协调，与其周围的环境实现互动。容易带给人们视觉冲击力，知觉上因对人们熟知的自然元素的特殊化处理与表达，让人们联想与内化建筑带来的信息的同时，更易产生惊叹和赞美之情。

3.2 变形形态的表达

形似跳舞、流动或折叠的非线性建筑形态往往有一种强烈的视知觉动势，能带给观者强烈的视觉和感知冲击。这是变形的动态性质，主要是在于倾斜和扭曲被认为是对正常位置的偏离。变形就是形态偏复杂、不对称、无特定组合规则的建筑物，可能不像传统的方正形态那样给人庄重感，但由于它们的形式更加奇特和多样，对大众来说却有更强的感染力，极大丰富了大众对建筑物的固有想象。这里所说变形意味着形式只发生了轻微的变化，通常变化幅度不大，而它的"母体"形式是可以被立即识别的。建筑形态的变化引起了人们强烈的好奇心，从而引起了人们的持续关注，因此人们开始主动将眼前的形式形态为他们所熟悉的形态，即开始主动塑造它，从心理上缓解了变形所产生的紧张感，最终创造出令人更满足、更丰富的审美体验。与简化的形态给人以稳定和平坦的感觉不同，整个过程经历了一个起伏的知觉感受[6]。

3.3 流动形态的表达

非线性建筑的流动之美体现在设计元素的动态和不稳定的构成上。尽管建筑本身是静止的，在建筑设计中，人们依然试图通过使用多种多样的元素配置来传达一种流动的美，营造一种动感的形态。利用计算机及其辅助的数据化处理的各种有关因素，通过细化繁杂的曲线和曲面来完成对"不可控"的复杂性曲线和曲面的构筑。非线性建筑设计是将材料和环境结合起来，自下而上地创造出独特的形态，使空间和造型元素在相互作用不断发展变化，并将其体现在曲线和曲面的流动中[7]。在具有流动的曲线和圆润的表皮的非线性形式下，形成流线型的整体，使建筑具有流动的美感，设计语言很好地利用自然流动的线条来构成建筑形态（表1）。

表 1　非线性建筑形态与特征

非线性建筑形态	仿生形态		变形形态	流动形态
	具象模仿	抽象元素		
特点	①自然中具体形态表现 ②简单、直观体现	①自然形态吸纳再创作 ②柔和置入	①形态偏复杂、不对称、无特定组织规律 ②动态的张力	①设计元素动态感 ②非稳定性
视知觉感受	①视觉冲击 ②心理不平衡感 ③审美难以把控	①视觉冲击 ②带来联想与熟悉感	①强烈的好奇心、想象力 ②紧张感到被感染的心态转化，高低起伏	①动态美感体验 ②感知发展变化

4　以扎哈作品为例的非线性建筑视知觉分析

扎哈·哈迪德的建筑艺术一向因其大胆和奇特的表现形式而闻名于世，被人称之为建筑界的解构大师，但扎哈的解构主义思想却和其他的解构主义家有所不同，她用动态的形态来消解建筑在形式系统控制下的和谐与一致性。扎哈的目标并非有意识地追求形式和秩序，而是追求自由，渴望一种毫无约束的理想世界，她的建筑使她乌托邦式的思维和幻想在真实世界中得以体现[8]。扎哈试图打破以往对线性思维的确定性与单调感，创作出表达真实世界复杂性的建筑，所传达的设计理念表明了一种非线性的世界观。扎哈认为建筑是一种非线性的复杂体系，由于不同的人群、美学观和环境元素，在建筑系统中形成了不确定性和随机性，使建筑保持一种混沌的复杂状态。她在设计时充分运用了非线性复合的手段来表达简洁形象，从而创造出复杂的建筑空间形态，反映了这个充满复杂、开放和非线性的客观世界[9]。

4.1　仿生与协调

自然景观是扎哈·哈迪德偏爱的艺术类比的源泉之一，山川、溪水、田野或者是岩石都可以作为她的创作源泉。广州大剧院的主体建筑设计就是根据"海珠石"的故事，代表了一个被江水所冲刷、侵蚀的灵石。设计理念是基于模仿现实生活中的地貌，弧度随高度而变化，不规则多边形建筑和形状的威慑和力量被钝角巧妙地化

解，仿佛一块尖锐的石头被冲刷成为圆润的模样（图2）。建筑底部的台阶也有一条柔和的曲线，映衬着不远处的珠江。剧院的墙壁和天花板是预制的悬挂式结构，形成光滑、无缝的表面，一系列弧形弯曲的墙壁和水平台面相互作用，发挥建筑的传统承重功能（图3）。扎哈在柔和的空间中创造出一种包裹和平静的感觉，建筑的内部不再是硬朗的空间，更具有不确定性，减少了大型陌生空间可能引起的心理焦虑和恐慌，同时增加了人们的好奇心和联想力[10]。

扎哈的项目中不但采用了具象的建筑物体，还采用了一些抽象的自然元素。"人造地景"的概念在扎哈的建筑作品中不时出现（图4）。这种和大自然相通的建筑空间并没有明显的界线，复杂的空间系统旨在传达自然的渗透性。通过场地来确定建筑的形式，把设计的线条延伸到景观之中，把空间融合到线条之中，提供一种开放的、运动的、具有各种功能的空间。对于空间的体验，目的是创造情感上的共鸣，通过视知觉来体会空间想要传达的情感，体验整个空间想要讲述的故事。在扎哈的建筑中并没有单独或独立的功能元素，其边界是流动的，被有机地连接和使用（图5）。在这样的建筑空间里，建筑向不同方位伸展，许多活动与内容可以被同时体验，而不仅仅为单一的空间片段。空间的功能划分将以新的形式进行，每个空间单元不再独立存在，而是保持空间的感知连续性。

图 2　广州大剧院外形
（图片来源：广州大剧院官方网站）

图3　广州大剧院内部
（图片来源：谷德设计）

图4　意大利梅斯纳尔山博物馆
（图片来源：谷德设计）

图5　梅溪湖大剧院内部
（图片来源：谷德设计）

4.2　变形与秩序

扎哈设计的"星球城市中心"是一个变形形态的公寓楼。设计团队将九个巨大的纽带作为建筑变形的主体元素，并抛弃了传统的高层住宅的建筑设计手段，采用了墨西哥传统白色混凝土结合晶格构造来创造一个天棚，连接到每户居民的阳台，形成一个如波浪般起伏的九层建筑。通过建筑风格、景观设计和色彩的使用等方式使建筑更加温馨，创造和谐的社区氛围。整体形式通过变形变得更加复杂，且富有动感，内含的科技感带来强烈的视知觉体验，曲线的柔和带给居住者温暖的感受，动态的完美平衡给观者带来了强烈的愉悦感。

隐藏在变形形态中的是一种深沉的秩序感，这种内在的秩序感使建筑给人以本能的吸引力。秩序是美学研究中最直观、最具代表性的美学特征之一。扎哈消解了对以往的等级、结构与秩序的认知，摆脱了以往线性思维模型的约束，而更加注重于随机性和偶然性在设计中的体现，使得设计在形态和空间上都似乎是"混乱"而"无序"的。所谓的"混乱"和"无序"就是以摒弃了"确定性的混沌"的线性思考方法进行判断，它也意味着并非完全没有规则的绝对混乱，而只是秩序与无序之间的深度整合。扎哈的建筑融合了许多异质和不和谐的元素，从外部体现了非线性系统的深层秩序[11]是出于本质的，意义重大。

4.3　包裹与流动

依据古典美学家的理论"迫使双眼以某种爱动的形态去追求它们，这一过程给予意识的满足感，使这些形态可以被称作美"，非线性建筑动感和优雅的美感，给视知觉带来了一个愉快的审美体验。这种流体一般自由的建筑充满着偶然性与不确定性，其随机而动态的结构形式是对建筑复杂性的主题的温和表现。扎哈利用数字技术克服了传统封闭的建筑思维方法，突破了传统建筑的对称性与平衡性，把这种柔和的非线性构造方式运用到了建筑，从而让建筑形式产生了动态的可塑性，消除了明显的主次关系，整体呈现出去中心化的态势。无论人们视线落在建筑空间中的哪个地方，都能够发现它是在流动的，这种流动是以某种方式组织，感知也随之不断的转变，内部和外部空间交叠，空间界限模糊从而带来混沌的主体感知[12]。

通过鸟瞰来欣赏，能够体会到哈尔滨大剧场的曲线具有非常强烈的动感。建筑的外部通过双曲线结构和自由曲线，提供了一种运动与优雅的审美感受。而双曲线结构在遵守着合理的逻辑规则下，颠覆了人们传统意义上的对线性结构的刻板印象。从外部看，攀登到旋转的曲线外墙的任何高度，都能从四面八方感受到它引人注目的美，感受到扎哈所追求的建筑形式超越建筑空间和建筑技术的要求的。随着建筑的展开，这种流动产生了强烈的旋律与韵律。

5　结语

现如今，非线性的使用不仅是建筑空间的重大突破，也是人与建筑之间互动的一大进步。未来还应进一步探讨非线性因素在建筑中的运用，建设者们应该依据现实状况谨慎选用合理的设计方法，并适应人类的生理与心理需要，保证建筑与周围环境的协调融合，实现人与建筑以及建筑与环境之间和谐共生的状态。基于视知觉理论对非线性建筑进行审美欣赏是对审美评价体系的一种充实，且基于对扎哈作品的探讨，从大师作品中更能感知到非线性建筑的独特魅力。尽管目前对非线性建筑设计的理论与实践研究已经有了相当的基础，但仍应借助视知觉层面上对非线性建筑设计形式的剖析，来培养设计师的审美能力，这也将有助于推进建筑领域的创新和发展，丰富未来建筑设计的可能性。

参考文献

［1］王煜. 曲尽其妙：形式语言视角下非线性建筑设计的美学分析［J］. 美与时代：城市，2021（8）：6-7.

［2］张阳. 基于视知觉视域下的建筑形态语义研究［J］. 中外建筑，2020（6）：35-37.

［3］龙灏，马林. 境由心生：浅析视觉心理作用下的当代建筑［J］. 室内设计，2011（2）：9-13，36.

［4］许婧，宋畅. 视知觉体验下的曲线元素在现代建筑中的情感表达［J］. 城市建筑，2022，19（4）：114-116，147.

［5］张媛. 论格式塔与建筑形式［J］. 南北桥，2009（6）：45-47.

［6］李闽川，安姗娟. 非线性建筑形态的视知觉动力审美分析［J］. 建筑与文化，2016（4）：228-229.

［7］安姗娟，高祥生. 建筑形态的视觉动力类型分析：基于格式塔心理学中视知觉理论的解析［J］. 建筑与文化，2013（6）：49-54.

［8］张琴，李捷. 永恒的流动：解析扎哈·哈迪德的设计思想［J］. 艺术与设计：理论版，2019（10）：78-80.

［9］张钰涔，杨婷薇. 扎哈·哈迪德建筑中的非线性理论［J］. 中华建设，2019（18）：200-201.

［10］代铮. 浅析扎哈·哈迪德的建筑设计作品特点和对"线"的运用［J］. 科技风，2011（6）：214-215.

［11］曲敬铭，何旭泽. 解构主义思想与扎哈·哈迪德设计理念［J］. 山西建筑，2019，45（15）：10-11.

［12］郭玉山. 从非线性看：扎哈·哈迪德的建筑设计概念［J］. 中外建筑，2017（6）：31-33.

对批判地域主义的认知与思考
——以刘家琨建筑作品为例

■ 周铁军[1,2]　罗程[1]
■ 1　重庆大学建筑城规学院　　2　山地城镇建设与新技术教育部重点实验室

摘要　批判地域主义作为过去 20 年间对全球建筑设计实践和理论研究影响最大的建筑理论系统之一，对当代中国建筑的发展也产生了重要影响。本文首先对批判地域主义理论的发展和内容进行分析；其次，通过从乡土定位、空间手法和场地策略分析了刘家琨的批判地域主义建筑思想；接着从建构技术、材料运用和知觉感知三方面分析其建筑实践。以期对批判地域主义在当代中国的发展作出新的认知与思考。

关键词　批判地域主义　刘家琨　建筑思想　建筑实践

引言

20 世纪上半叶，以柯布西耶为代表的建筑师进行了一场轰轰烈烈的现代主义运动，"国际式"建筑风格逐渐地成为了时代发展的主流。第二次世界大战之后，随着国际社会的稳定与经济的复苏，越来越多的人对席卷全球的现代主义风格提出了质疑，作为与"全球化"这一语境相对的"地域性"而诞生的地域主义成为了当时的国际建筑思潮的讨论热点。批判地域主义理论作为过去 20 年间对全球建筑设计实践和理论研究影响最大的建筑理论系统之一，在全球化和国际化风格仍然极具影响力的今天，为建筑多样化发展提供了更多的思考与可能。

在 20 世纪，上一辈建筑师在经历了现代主义和后现代主义思潮的影响之后，逐渐开始了尝试世界文化和民族文化的结合，当批判地域主义在 20 世纪末进入中国之后，中国一批新锐建筑师在批判地域主义的影响下逐渐开始了回归本土建筑发展的探索，希望能够在全球化的发展背景之下，实现世界普遍文明和中国乡土文化之间的联系与平衡。在高新建筑思潮和建筑技术受到追捧的今天，刘家琨意识到中国建筑在本土的地域性上的缺失与不足，从中国西南的传统文化和现代建筑技艺与审美之间找到联系，抓住"此时此地"的设计立足点，以"低技策略"作为现代中国建筑营造的设计策略，努力地践行着批判地域主义在中国的实践与探索[1]。

本文希望从批判地域主义的视角出发，通过解析刘家琨的建筑创作背景及其创作理念，对刘家琨的建筑实践进行解读和分析，研究刘家琨是如何将批判地域主义的态度和方式与中国的本土化回归进行结合，从而探索批判地域主义在当代中国多样化的建筑思潮背景之下的影响与发展。

1　批判地域主义的产生与发展

从西方早期的传统地域主义到芒福德对地域主义进行重新定义，再到弗兰姆普顿的批判地域主义概念的形成，看起来只是对地域主义的思潮进行了批判性的再定义，但实际上这一过程是从地域性与全球性的绝对对立到二者逐渐融合自洽的一个过程。

1.1　传统地域主义

地域主义形成于西方早期风景画造园运动，其追求一种浪漫的甚至是具有伤感气息的地域性，强调对于园林场地原本要素的保留，甚至是一些早已破旧的元素，也认为其在新的园林中应当留存。在 20 世纪初，随着现代主义思潮的大举进攻，仍然有一部分建筑师试图从世界化的建筑界独善其身，他们转向了地域主义。地域主义的拥护者们对于外来试图将国际化、全球化和普遍化的建筑置于特殊的地方特征之上的倾向具有批判的倾向。为了对抗现代主义的侵袭，传统地域主义采取了一种极端的方式——极度地崇尚历史与自然、拒绝一切外来者对当地文化和物质元素的改造与融合。

1.2　芒福德对地域主义的重新定义

芒福德继承了地域主义的批判性，但他不仅仅是对于全球化持有者具有批判性，对于传统的地域主义同样具有批判性。芒福德在他的思想中展现着相对性的光辉，他批判全球化和国际化对现代建筑发展的专制性，拒绝绝对意义上的建筑同一化，但他同样批判传统地域主义对现代化的绝对反对。芒福德认为地域主义不应该是守旧者们对现代化的武器，而应该是地区与世界沟通的态度与方式。芒福德尊重历史、自然、当地材料和生态（传统地域主义绝对推崇的建筑设计应当考虑的要素）在建筑设计中的作用，但他也同样接受机器和新材料在地区建筑中的使用。芒福德以参与而非完全拒绝的态度来面对现代主义，他重新改写了地域主义的概念，把它从商业和沙文主义的弊端中拯救出来，并把它重新构筑在一个与新的现实情况有关的文脉中[2]。

1.3　弗兰姆普顿的批判地域主义

弗兰姆普顿的地域主义观点从未将地方传统和现代

性对立起来，恰恰相反，弗兰姆普敦所提倡的批判地域主义实践是世界性的，是现代主义思想在当代条件下的发展和延续[3]。首先，弗兰姆普顿的批判地域主义在强调历史文脉对区域建筑影响的同时，也认可现代化和全球化所带来的建筑的解放性和包容性；其次，他反对现代主义对建筑功能的过分重视，以至于忽视建筑的场所属性，对于场所与场所精神的回应是当代建筑必须面对的；另外，他认为对于建筑的体验绝对不仅仅是视觉感受，触觉、嗅觉和听觉被他提升到同样重要的程度；最后，他认为对地域性的回应应当是建立在现代主义的实践和理论探索之上，而非将原本区域的符号化元素原封不动地照搬到现代建筑之中。

批判地域主义批判地继承现代主义和地域主义的同时，注重在建筑设计中历史文脉的作用，强调适宜场地和区域的材料、建构技术和多元化的知觉感受和体验，在多元化的审美中通过抽象化的区域元素与符号进行地域化的表达。

2 刘家琨建筑思想解读

2.1 近代传统的乡土定位

在当代中国，乡土回归是批判地域主义中对建筑所在的区域文化和区域历史进行回应的重要态度，乡土建造成为了建筑界极为重要的命题，刘家琨在20多年前就开始通过自己的建筑实践摸索当代中国的乡土建筑的发展。乡土与传统是很多人眼中刘家琨建筑抹不去的建筑印象，但刘家琨在建筑中所表现出的传统似乎更为质朴和简洁一些。刘家琨的传统概念是植根于近代中国这一历史时期，即中华人民共和国成立后，也就是他所说的"近期传统"，这一点区别于绝大部分建筑师关注的"古代传统"。提到乡土建造不可避免会提及王澍，刘家琨也以王澍的传统为比较来表达自己所追求的"近代传统"："'近期'现现代更近一些，王澍讲得有点像'孙子'讲'爷爷'，我就讲'我爹'吧。"[4]刘家琨认为对中国传统的回归是一个非常宏大的命题，这不是一代人就能够完成的事情，而他们这一代的主要任务还是接续近代中国与当代中国的问题，让当代中国的建筑先找到能够向上追溯的起点，然后再一步步完成对中国历史的转译。

传统不仅仅是过去的样式，更是一个系统；将传统转译时，需要在历史和当下之间寻找相似思维结构的平行同构方式[5]。这种平行同构不仅仅是时间上的近期与当下的联系，也是地域性与全球化之间的联系。刘家琨的建筑在外形上往往以简洁的体块构成建筑形体，这与现代主义的风格不谋而合，但当深入到建筑的建构艺术时，能够看到刘家琨在设计上对于中国西南地区的历史文脉和区域精神的回答，从空间构成到材料运用都体现着刘家琨"此时此地"的设计智慧。刘家琨从未刻意地给自己贴上某个标签，但从他的建筑智慧中，我们能够看到批判地域主义在他的建筑中表达出的态度。

2.2 文学叙事的空间手法

在进行建筑设计的同时，刘家琨还在进行文学创作，文学叙事化也成为了刘家琨很多建筑设计中常用的空间设计手法。在大学毕业之后，刘家琨被分配到成都市设计院工作过一段时间，后来他在西藏度过了一年，1987—1989年他进入到四川省文学院进行文学创作，这样一段文学创作经历为刘家琨在他的建筑中体现出的文学关怀打下了基础。与何多苓、罗中立、张晓刚等一批艺术家的密切来往，使其深受伤痕美学的影响，在他的建筑中有着明确的表现20世纪革命年代的建筑形式语言，表达着刘家琨对那个时期的集体回忆与情绪。

鹿野苑石刻博物馆和何多苓工作室是刘家琨叙事空间的重要表现。在鹿野苑石刻博物馆中，刘家琨将其设计为从二层进入建筑再下到一层，制造出了反常的行进体验，以叙事化的空间手法，将建筑的入口、展厅、中庭和出口进行串联（图1）。何多苓工作室中，刘家琨以墙体的围合与间离表现出传统空间意趣，一条斜穿天井的飞廊则是对建筑内部迷宫的破解[6]（图2）。参观者行进在其中，能够感受到如小说文学中的起承转合般的空间变化，通过材料和光线的变化，营造出强烈的知觉体验，强化出空间的行进感和序列感。

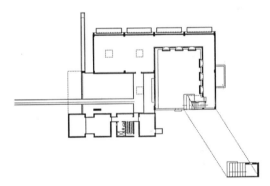

图1　鹿野苑石刻博物馆平面图
（图片来源：家琨事务所）

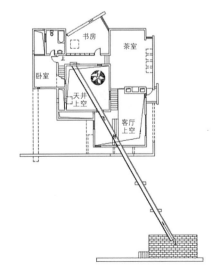

图2　何多苓工作室平面图
（图片来源：家琨事务所）

2.3 先来后到的场地策略

"一桌人吃饭，你来晚了，应该谦和点嘛！"刘家琨将城市中相邻建筑的共生比喻为"同桌吃饭"——面对历史街区、文化遗址这样的特别"邻居"，后者需给前者应有的尊重[7]。我们能够看到刘家琨的很多建筑与周边的场所有着极度融洽的共生关系。在建筑设计之初，应该着重考虑建筑特定的"任务范围"。面对场地，建筑不应该是做张扬者，更多地应该承担缝补者的态度，要保留对原有场所空间尺度和空间特色的延续，但这种缝补应该是立足场所，而又面向当下的，不是一成不变的。

在成都水井坊博物馆（图3）的设计中，刘家琨为了处理好建筑与场地的关系，通过大量的调研与资料收集查阅，复原了建筑所在场地的历史样貌，以和谐的建筑形式和立面表现回应周边的传统建筑，为了保护原有场地的街巷空间的尺度与格局，建筑做出了合理的空间退让，尽最大的努力去实现新建筑与场地的合理对话。

3 刘家琨建筑实践解读

批判性地域主义的实质就是在对现代建筑批判性继承的同时还要基于地域材料和建构，通过艺术的再加工抽象地表达地域性[8]。除了在建筑理论上表现出了批判的地域主义态度，在刘家琨的建筑实践中同样展现了批判地域主义的方式，下文将从建构技术、材料运用以及知觉体验这三个方面，解读刘家琨的批判地域主义实践。

3.1 低技策略的建构技术

中国建筑的完成度不高的问题一直是建筑界长久存在的一个问题，刘家琨的"低技策略"正是在这样的背景下提出的[9]。"低技策略"是在建造现状条件下，针对早期乡村建造提出的一种应对方法。尽管当代的建筑材料、技术、手法和建筑理念越来越先进，

图3 成都水井坊博物馆
（图片来源：作者自摄）

但建造条件却依然处于一个较低的水平，刘家琨希望能够以"低技策略"来弥补建造条件的不足所导致的低完成度的问题。

面对西方自工业革命以来就不断发展至今的"高技策略"，刘家琨选择从中国西南的实际情况出发，将西南传统建构技艺与现代建筑技术相结合，在经济性、艺术性和技术性之间慢慢地摸索到一个平衡点，实现刘家琨"低技策略"下的高完成度建筑设计。在鹿野苑石刻博物馆的设计中，刘家琨面对当地较为低下的施工技术，以及建筑建成之后将会随意地改动的情况，采用框架结构、清水混凝土和页岩砖组合墙的特殊施工工艺（图4）。页岩砖一方面作为组合墙的内模具能够保证整体完整性，另一方面页岩墙相较于其他材料比较软，能够方便建筑在后期的随意改动。在刘家琨的洞仙别院中耐候钢的建

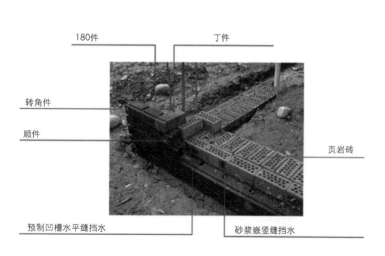

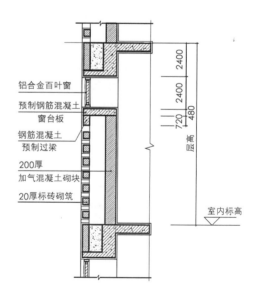

图4 混合墙构造
（图片来源：文献[10]）

构策略同样体现了刘家琨的低技策略。为了表达心中的中国性格，他选择了未经涂刷时就是红色的耐候钢作为建筑的主要结构材料，但是受限于当地的施工水平难以在水平和垂直方向都做到精准的收边，便放任屋顶的耐候钢边缘的不平整，虽然是建造技艺所迫，但不整齐的边缘也破坏了雨水的表面张力，使得雨水不至于倒流进入建筑。

3.2 尊重现实的材料运用

在对于材料的选择与运用上，刘家琨有着自己的独特哲学思考。刘家琨充分尊重材料的本真功能，在他的建筑中很少会对某样确定了的建筑材料化用。在他的眼中，砖应该是围护材料，而瓦也应该老老实实地待在屋顶。一种材料可以有多种用途，但用某种材料做成某种特定的产品后，它就有它最本真的用途[10]。将某种材料改变了它的使用方式，比如将瓦放在立面上作为装饰材料，材料的装饰性就会大于本真性。在水井坊博物馆中，刘家琨为了处理好建筑与周边传统西南建筑的关系，依旧选择了青砖黛瓦的材料（图5），而在四川美术学院雕塑系楼的设计中，刘家琨选择了能够代表近代重庆时代发展的"类工业化"形态的建筑，选择了红砖作为主要的建构材料（图6），因为刘家琨认为无论是工业文脉还是建筑尺度，红砖都是最能够代表重庆性格的材料。为了让材料更好地展现建筑的性格，刘家琨在水井坊博物馆和四川美术学院雕塑系楼的砖都选用了比正常尺度小一些的。在前者中，小尺度的青砖强化了建筑的斑驳感和厚重感；而在后者中，小尺度的红砖则强化了建筑的精致感。刘家琨保留了材料的本真性，但却没有固执于传统，而是在保留材料本真性的基础上加以创作，实现了材料的新生。

图5 水井坊博物馆的青砖黛瓦
（图片来源：作者自摄）

除了保留材料的本真性之外，刘家琨还对材料进行了重构再利用。在汶川大地震后的一个月，刘家琨开始了"再生砖计划"（图7）的自主研发项目。在初期，通过利用震后灾区现存的当地材料制作再生砖，用作于地震民间重建工作。在地震重建工作完成之后，再生砖不再局限于地震救灾产品，成为了废旧材料再利用的环保产品，逐渐在城市公共建筑中使用。再生砖不仅仅是废

图6 四川美术学院雕塑系楼的红砖
（图片来源：作者自摄）

图7 再生砖
（图片来源：家琨事务所）

弃材料在物质方面的再生，还是灾后重建在精神和情感方面的再生[11]。

3.3 多维视角的知觉体验

批判地域主义从现象学的方法出发，强调对建筑和场地的知觉感受，这种知觉感受不仅仅是视觉层面，还包括了触觉、嗅觉和听觉上的多维感知。在视觉感知层面，刘家琨似乎很喜欢将对天空的感知作为一个重要的知觉要素。成都地区潮湿、多雾、阴天多、日照少，民间有"蜀犬吠日"的说法，这里的"灰色天空"显然与地中海强烈的阳光有很大的不同。因此，在鹿野苑石刻博物馆的设计中，刘家琨在其墙体的清水混凝土中掺杂了一些铁灰，为的是能够使建筑在"灰色天空"中显得更"青"和"润"一些[12]。在诺华上海园区一期项目建设中，刘家琨有意地选择了暴露骨料的砖作为建筑的主要立面，希望能够在建筑中体现出材料在视觉和触觉上的体验。当远处观望时，整个建筑是一面大灰墙，当走进建筑之后，能够看到表面的骨料，展现出建筑的材质细节（图8）。

图8 诺华上海园区一期项目立面
（图片来源：文献［10］）

结语

　　作为当代中国批判地域主义的实践者，刘家琨以其独特的文学素养和地域情怀，深深植根于中国西南建筑的发展。刘家琨尊重中国近代历史的文脉传承，重视建筑的地域化表达，同时又充分吸收现代建筑发展的理论与技术发展。在其建筑作品中，刘家琨立足于"此时此地"，以"低技策略"作出他对中国当代建筑最质朴而又最有力的实践宣言，为批判地域主义在当代中国的发展作出了不可磨灭的贡献。

参考文献

［1］刘家琨. 此时此地［M］. 北京：中国建筑工业出版社，2002.
［2］亚历山大·楚尼斯，陈燕秋，孙旭东. 全球化的世界、识别性和批判地域主义建筑［J］. 国际城市规划，2008（4）：115 - 118.
［3］朱亦民. 现代性与地域主义：解读《走向批判的地域主义——抵抗建筑学的六要点》［J］. 新建筑，2013（3）：28 - 34.
［4］刘家琨. 记忆与传承［J］. 建筑师，2012（4）：38 - 40.
［5］自然与传统　刘家琨访谈录［J］. 室内设计与装修，2016（3）：102.
［6］何多苓工作室［J］. 建筑师，2007（5）：133 - 134.
［7］褚冬竹. 退让的力量：成都水井坊博物馆观察暨建筑师刘家琨访谈［J］. 建筑学报，2014（3）：20 - 23.
［8］蔡荣庆. 批判性地域主义在中国当代建筑设计的实践应用探讨［J］. 建材与装饰，2020（18）：97 - 98.
［9］刘家琨. 我在西部做建筑［J］. 时代建筑，2006（4）：45 - 47.
［10］刘家琨，冯仕达，赵扬. 刘家琨访谈［J］. 世界建筑，2013（1）：94 - 99.
［11］吴凡. 当代"砖建筑"的表现与建构研究［D］. 西安：西安建筑科技大学，2019.
［12］钟文凯. 灰色的天空　刘家琨设计的鹿野苑石刻博物馆二、三期及其作品的另一解读［J］. 时代建筑，2006（4）：96 - 101.

浅析中国传统檐下空间及其在当代建筑中的应用

■ 韩欣雨

■ 四川大学艺术学院

摘要 檐下空间是一种介于室内和室外之间的空间形式,在中国传统建筑中广泛存在。通过对中国传统建筑檐下空间形式、布局、尺度、功能、感受五个方面的讨论,尝试归纳传统檐下空间的特征与内涵,为现当代建筑的实践转换提供一定基础。同时,通过对现当代建筑案例的解读,归纳中国传统建筑檐下空间在现当代继承与演化的手段与方法,以探寻未来更多的可能性。

关键词 中国传统建筑 檐下空间 当代建筑 传承与发展

在中国传统建筑中,"檐"指的是屋顶朝低坡挑出的边沿,"出檐"即"檐"伸出梁架之外的部分,原意图是减少雨水和日晒对建筑外围结构的侵蚀。之后,为满足更多样的需求,逐渐发展为一种过渡性空间,并具备独特的美学价值。檐下空间在中国传统建筑中有着极强的过渡性、社会性、开放性,其理念与当代建筑设计追求的模糊性、公共性、发展性等诸多理念不谋而合[1]。

1 中国传统檐下空间的形式与布局

经过长期的历史发展,中国传统檐下空间的形式与布局灵活多样,在建筑组群中的表现更是繁复纷杂。但究其根本,也可对传统建筑檐下空间的形式与布局进行研究,概括空间原型,为现当代实践中对原型的运用做一定铺垫或借鉴之用。

1.1 中国传统檐下空间的形式

中国传统檐下空间依附于建筑主体而存在,其顶部界面由其依赖建筑的屋檐挑部分构成,内侧与室内空间的划分通常是柱和檐墙。当出檐较浅时往往不再另设柱子,而出檐较大的檐口下则常设檐柱支撑,常见中柱式和边柱式两种形式[2]。檐柱的有无和位置直接影响着中国传统檐下空间形态。无檐柱的檐下空间由主体建筑挑檐覆盖,遮蔽性弱,外向观景性强,其下可容纳活动范围较窄。有檐柱支撑的挑檐可以距离更大,从而使檐下空间的行为活动面积增加,又因为柱列成"虚"面,一定程度上对视线有所遮挡,同时增加了庇护感。其中,相对于中柱式,边柱式有着更完整的檐下活动空间。而中柱式以檐柱为中线使檐下空间分为较均衡的"两部分",可保障檐下通过性活动和停留性活动互不干扰(图1)。

1.2 中国传统檐下空间的布局

檐下空间作为室内外之间有体积的界面,与单体建筑间的关系可大致分为4种布局形式:出现在建筑一侧、分布于建筑两侧、相接于建筑两边、围绕建筑一周。以4种基本形式作为基础单元,根据建筑布局形态可组合

演变出其他形式——当单体建筑内向聚合成园院,檐下空间构成园院的边界,可以是半围合或是围合的布局形态;当单体建筑外向限定出街道,檐下空间与街道形式相依而生,可以分布于街道单侧、相对双侧、路口街角。檐下空间平面布局的4种基本形式以及演变出的6种组合形式都可视作"简单模块"(图2),复合相加能生成更多样的形式,产生多变的空间结构与感知。

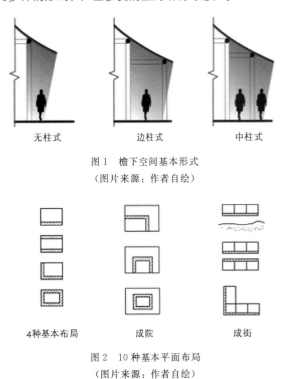

图1 檐下空间基本形式
(图片来源:作者自绘)

图2 10种基本平面布局
(图片来源:作者自绘)

2 中国传统檐下空间复合的功能

基于檐下空间的模糊性,其发生的功能活动也是复合了私密行为与公共行为的,人的行为尺度与檐下空间的尺度相互拓展又相互牵制。如要满足最基本的遮蔽和交通需求,檐下空间宽度须1.2m;如需满足短坐暂歇,宽度则1.8m;如檐下有多人围坐、商业交易等活动,宽

须达 2.6m 以上（图 3）。虽然尺度可以继续增加，以包容更多的人和活动，但传统木构架和出檐条件有所限制，并不多见，并且更大的尺度会使空间感受转向室内，破坏檐下空间的模糊性。所以总体来看，小于 1.8m 的檐下空间是舒适的通过型空间，大于 1.8m 则发生停留与交流，大于 2.6m 则包容适当的娱乐、商贸活动。

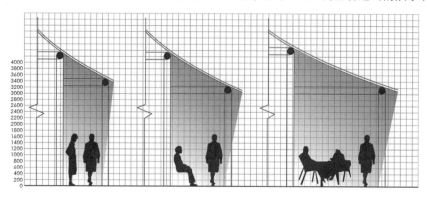

图 3　中国传统檐下空间行为尺度示意图
（图片来源：作者自绘）

2.1　交通功能触发的路径美学

檐下空间作为一个中间层次过渡室内与室外，不仅在属性上是模糊的，在功能上也是多重叠加的。首先，它有着遮阳挡雨之用，既维护建筑也保护人，是其他衍生功能的基础。其次，它是优质的交通空间。檐下空间处于单体建筑周围，或是多个单体建筑之间，加之与廊的结合，组织交通，连接空间，使传统居住环境成为有机的整体。在中国传统园林中，介于"宅"与"园"之间的檐下灰空间左右与连廊结合、前后与园景交往，檐下空间的交通作用被发挥成为一种"路径"美学。檐下空间的交通功能对于街道更是不言而喻的了，在中国传统集镇中，檐下构成一种线性的流动性，成为街道交通功能的延伸部分。

2.2　生活和商业功能激发的"街头文化"

古城古镇中，承担重要交通功能的街道毋庸置疑会因为大量人流激发商贸活动，那么作为构成街道两侧界面的檐下空间自然发展出商业的功能。店铺商家利用屋檐伸出把底层铺面向街道延伸，使交易空间得到拓展，檐下空间的商业行为对顾客有更大的便捷性，对商家有醒目的招揽性，对街道甚至城镇的形态与氛围也有着一定的影响。

雅各布斯就在《美国大城市的死与生》中指出互动交往是城市生活的特征，街道各类混合的活动对城市的活力有着重要价值。檐下这样公共的开放空间给人们提供了生活、商贸、社交的场所，使自身变成一种关联因素拓展了社会关系发展的机会[3]。中国古代城市的繁荣在张择端所描绘的清明上河图卷中可见一斑，在画中所呈现的街市之景中也不难发现檐下空间的身影。

"刘家上色沉檀拣香"店铺紧邻宽敞的街道，马车行人络绎不绝，檐下空间向外拓展并且面对街道开放，檐下宽大的桌案可摆放香药展示售卖。在香铺的对面，十字街转角处的檐下挂有"斤六一足"幌子的是一家肉铺，檐下空间地面铺装与街道无异，极大程度上与街道空间相渗透，向行人开放。檐下空间摆放操作台，割肉的动作成为招揽顾客的表演，也是便捷的买卖场。较深的出檐甚至可以容纳行人的聚集，很多行人在属于店铺的檐下围聚观看表演，形成了商贸买卖和艺人表演等街头文化的混合交织。许多食肆和茶坊在较长外侧屋檐下摆放宽松的桌椅，将檐下空间设置为室外堂食区域，城内居民可闲坐喝茶、呆望街市，商旅可卸下重担大快朵颐。檐下空间的过渡性和开放性使得餐饮买卖衍生出谈笑风生的社交活动和饮茶偷闲的生活习俗（图 4）。

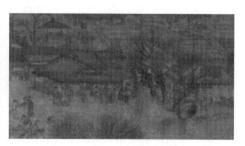
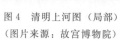

图 4　清明上河图（局部）
（图片来源：故宫博物院）

3　中国传统建筑檐下空间多重的感受

中国传统建筑是讲求意蕴的，这种精神上的境界通常难以表现，但在现代建筑中通过调动身体知觉，引发体验者对于传统空间的场所情感和想象不失为继承传统的方法之一。那么把握檐下空间富有特点的多重感受就至关重要了，多重的感受是与檐下空间多重的层次相关联的。

传统的檐下空间按照从外至内可以分为两层界面、三层空间。第一层界面是"空的界面"，是檐口垂直向地面投影所形成的界面，首当其冲地划分外部空间与室内空间；第二层界面是"虚的界面"，以柱的排列和门窗、墙体等建筑元素的组合限定室内外。两层界面之间的空间同时拥有着室内与室外感受，又通过两层界面划分出黑、白、灰三层空间，自然过渡建筑内外[4]。一如李允鉌在其书中述："檐廊使屋身立面由多个层面来组成，由此带来了一种'流通的空间'的感觉，使室内室外之间产生了柔顺的过渡。"[4] 这种"过渡"不仅作用物质空间，也影响精神感受。身处檐下空间，由于内侧的墙面和头顶的出檐，人们在心理上有着被庇护的慰藉之感，精神上产生一种类同原始安全感的隐喻。获得蔽身之感的同时，目光却可以几乎不被阻挡地自檐下投出，视线中开阔的风景又使人感受到开放之感，那是精神上的自由感置换于本体的结果。

檐下空间有着作为过渡空间连接室内与室外空间、感受的中介性质。这种可内可外、亦内亦外的空间感构成了檐下空间的模糊性，使得檐下空间包含多重的感受、多层的内涵与多样的可能。

4　现当代建筑对传统檐下空间的应用

中国传统建筑檐下空间与传统建筑建造体系和院落、街道的布局紧密关联，同古代社会秩序、传统思维观念、行为习惯也不可割裂。随着现代技术的高速发展和社会转型，人们的行为观念有较大转变，建筑所承担的功能和需求也更加复杂，如何继承和发展中国传统建筑檐下空间需要深刻地探讨和不断地实践。

4.1　布局的延续与转换

中国传统建筑檐下空间根据礼制、审美、功能等多方面的需求最终形成具有一定特征的布局方式，延续并合理转换，可以为现代建筑满足功能划分、增加空间层次的秩序感与丰富性提供灵感。

十屋书院就是以江南传统"宅院"檐下空间布局为灵感，设计意趣不同的10个"院"与"园"，提供办公空间。处于中心位置的五号院在"檐下空间"的塑造上有着精彩的表现。此院的"宅"建筑屋檐向内侧庭院倾斜延伸的幅度和向建筑外侧所伸相比明显增加，借此连贯檐下空间布局以围合出五号院的内部中心庭院，令内院与室内之间的空间更为模糊、流动。使得庭院植物景观、室外光照通过檐下空间的过渡柔和地进入室内，工作之余的人可以安然、宽松地享有檐下空间的美妙"园

景"和放松的"社交场"。

4.2　结构的置换与演变

中国传统建筑檐下空间以木构架为载体，空间形式较为灵活，但这种结构的材料、工艺也具有一定的弊端。传统檐下空间结构的意境营造力借助现代的结构也是可以继承与演变的。

像是陈其宽先生就颇爱使用倒伞形结构，曾撰文《薄膜结构建筑界的新兽》解释倒伞形结构的双曲面屋顶挑檐大，侧视为曲线，与传统木结构挑檐的反宇向阳有异曲同工之妙[5]（图5）。利用倒伞形结构大尺度的外翻曲线可以塑造与传统檐下空间相似的视觉效果和感受。

东海大学艺术中心就是运用了倒伞形结构的建筑，4个由多个倒伞形结构组成的公共体量——教室、画廊、演出厅和乐器练习室各占一边，向内围合出一个矩形中庭（图6）。由8把倒伞构成的演出厅较高，舞台面向室外，与下沉庭院形成露天剧场。其他两面的教室和画廊也置于排布整齐的倒伞结构单元之下（图7）。

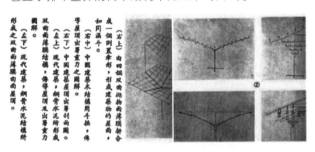

图5　倒伞形结构与传统木结构相似性解释
（图片来源：黄庄巍，《现代空间结构的
集体呈现及其中国化表达》）

图6　东海大学艺术中心中庭
（图片来源：祝晓峰，《形制的新生：陈其宽在
东海大学的建筑探索》）

所有的墙体都从结构单元的外边内缩，形成不同宽度的檐下空间，除了良好的遮阳和雨棚之用，也承担不同的活动功能。演出厅和教室南北两侧出檐较窄，形成兼有庇护感和通透性的檐下通过空间；画廊的一角凹进两面垂直的墙面，大大拓宽了檐下空间，使得画廊入口的过渡性和丰富性加强；舞台紧邻中庭的一侧墙面适度内缩，令檐下空间宛如古时戏台的台口，更好呈现表演的画面；教室和画廊与中庭相邻的檐下空间宽敞，方便师生在檐下观赏舞台表演或内庭风景。同时，倒伞形柱与外侧的墙不平行，使柱不隐没于墙中，暗合传统檐下空间最内侧界面的墙柱关系。

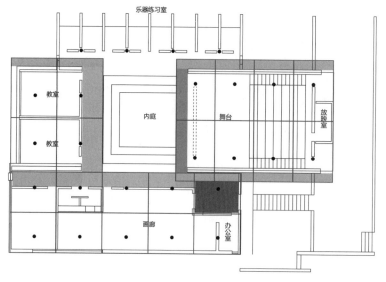

图 7 东海大学艺术中心倒伞形结构分布及檐下空间平面分析图
（图片来源：作者自绘）

一如汉宝德的评价，薄壳倒伞成列有"深檐蔽身之感"[6]，陈其宽即通过这种结构"重现"中国传统建筑檐下空间遮蔽之感（图8）。借由倒伞在墙外的挑檐来实现建筑周边的檐下空间，陈其宽先生利用新技术产生的结构秩序组织空间，传统建筑檐下空间的形制通过抽象的建构获得了新生，意蕴感受获得了传承。

4.3 尺度的继承与突破

芦原义信在《街道的美学》一书中指出，人的空间感受同街道的宽度与两侧围合高度的比例有着直接的关系。设街道宽度为 D，围合物高度为 H，$D/H<1$ 时具有一定封闭感；$D/H=1$ 时高度与宽度之间存在着一种匀称之感且空间存在围合感；$D/H>1$ 时产生远离感，比值超过2则宽阔感增加，超过3逐渐丧失围合感[7]。

中国传统街市因为常有檐下空间的存在，从而产生双重的高宽比，檐口高度、街心宽度、檐下宽度之间产生的不同比例带给人的感受不同。川渝地区传统场镇对檐下空间的利用可谓精彩，川渝传统建筑檐下空间以边柱式较为常见，通过增加步架数以增加檐下宽度。窄者单步架，宽度1.8～2m，宽者可至四步架，能达5～6m（图9）。例如四川广安的肖溪古镇，街道两侧檐下空间由多达四五个步架承担，檐下宽度大，街心宽度与檐

图 8 艺术中心深檐蔽身之感
（图片来源：陈其宽，《建筑母语》）

下宽度几乎接近1：1，颇有"以檐为街"的独特市井风味。此时街道的高宽比有两层，一层是街心宽度（D_1）比檐口高度（H_1），比值略大于1，视觉感受是匀称舒适的；然而檐口下并非实墙而是柱列，位于街道的人实际还可以感受到第二层高宽比——街心宽度＋檐下宽度为 D_2，内侧柱高为 H_2，D_2/H_2 约为2，具备宽阔感（图10）。由此不难看出，中国传统城镇利用沿街建筑将屋檐向街心

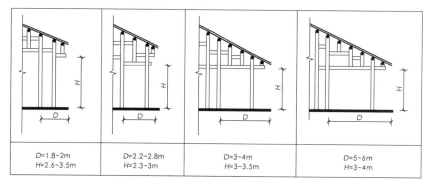

D=1.8~2m H=2.6~3.5m	D=2.2~2.8m H=2.3~3m	D=3~4m H=3~3.5m	D=5~6m H=3~4m

图 9 川渝传统建筑檐下空间尺度示意
（图片来源：作者自绘）

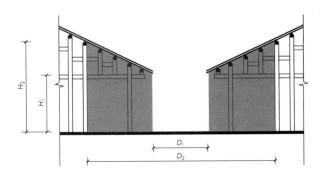

图10　肖溪古镇街道高宽比剖面示意
（图片来源：作者自绘）

墙体内缩，形成檐下空间，其檐下宽度基本与传统 1～4 步架构成的檐下空间相等。两种方式结合常常也构成两层高宽比——第一层接近 1，第二层高宽比为 1.5 左右，与四川传统场镇檐下空间比例相似。继承了传统檐下空间精神内涵的太古里商业街区使来此娱乐购物的人们可以选择自己的步调，一如古时场镇上熙攘繁华的街市风貌。

出挑，形成檐下为人们提供休闲和商品交易的空间，也使得街道获得"双层"高宽比，丰富了人们身处街道时的视觉感受。

成都远洋太古里是以现代方式表达四川传统建筑和空间环境的典型实践。设计中自然也少不了对四川传统街道及檐下空间的现代表达。太古里的檐下空间一种是以坡屋顶出檐的方式形成，取消了步架而用现代结构代替，具有简洁之感；另一种是以二层底界面为檐，一层

5　小结

檐下空间既承载了中国传统建筑奥妙的空间艺术，也记载了中国人民多情的生活。现在，建筑师们的当代建筑创作或多或少地将檐下空间进行转译，从空间布局、结构材料、比例尺度以及功能布置等不同方面延续传统檐下空间的特征又加以演变突破。

当然，对中国传统建筑檐下空间内涵的挖掘与研究欠缺甚多，继承与发展的建筑实践脚步也不可浅止。但纵使时间更迭、社会变迁，民族情感的深处始终珍藏着传统空间的生活记忆。当建筑唤醒情感，建筑空间便可以获得更深远的精神价值。

参考文献

[1]　曲敬铭，许松林. 中国传统建筑檐下空间设计浅析 [J]. 建筑与文化，2022（4）：185-186.

[2]　孙首康. 中国传统建筑檐廊空间在当代建筑实践中的应用研究 [D]. 西安：西安建筑科技大学，2019.

[3]　简·雅各布斯. 美国大城市的死与生 [M]. 南京：译林出版社，2005.

[4]　李允鉌. 华夏意匠：中国古典建筑设计原理分析 [M]. 天津：天津大学出版社，2014.

[5]　黄庄巍，刘静，邹广天. 现代空间结构的集体呈现及其中国化表达：1960 年代台湾地区建筑探索 [J]. 新建筑，2020（4）：112-117.

[6]　汉宝德. 建筑母语 [M]. 北京：生活·读书·新知三联书店，2014.

[7]　芦原义信. 街道的美学 [M]. 尹培桐，译. 天津：百花文艺出版社，2006.

情境化消费场景空间的设计特征研究

■ 胡　栋[1]　郝心田[2]　刘　超[3]
■ 1　华中科技大学建筑与城市规划学院　2　中国市政工程中南设计研究总院
　3　武汉开间设计咨询有限公司

摘要　消费场景空间作为日常生活中高频次的参与性活动空间，随着互联网经济的发展与后疫情时代的到来，正受到前所未有的冲击。文章结合当今消费场景的现状与发展趋势，探讨情境化空间设计的必然性，并围绕体验经济视角下的需求升级分析，对情境化消费场景空间的设计特征进行总结梳理。着重以情境化空间的趋势必然性以及体验经济视角下的需求升级为背景，对情境化消费场景空间的叙事性与场景化、交互性与体验化、技术性与共生化、文化性与差异化进行剖析。

关键词　情境　消费场景　设计特征

引言

　　"情境"一词从字面上可以简单地理解为情景、境地，《辞海》中解释为"进行某种活动时所处的特定背景，包括机体本身和外界环境有关因素"，由此可以看出其除了客体的环境范畴释义之外更强调人的主观感受，是物化状态下的精神感知体现。罗伯特·文丘里（Robert Venturi）在《论建筑构图中的情境》（Context in Architectural Composition）一文中首先将"context"概念运用至建筑学领域，以"忽略情境"抨击现代主义建筑的单一机械性与过于自主性[1]，认为建筑设计与空间设计应当考虑其背后的复杂性与矛盾性，不仅包括场地的物理特征，还包含场所精神与历史、社会、文化等多重因素以及人对空间环境的认知和体验[2]。随后凯文·林奇（Kevin Lynch）与乔治·凯普（Gyorgy Kepes）一起开展了名为"城市感知形式"的专题研究，在现象学背景下将情境概念结合格式塔视觉研究引入城市设计领域，崇尚以整体感知的形式来分析城市中的各类空间形态，并以此为基础编著《城市意象》（The Image of the City）一书。本文中"情境化"的场景理解为以人为主导且具有感知偏向的空间，是以人的活动为要素的承载体系，是具备多种个性特征的物质化与非物质化因素的扰动集合。《易经·系辞》有云："形而上者谓之道，形而下者谓之器。"实体的消费场景空间在经过现代主义至今的发展历程中已经形成了具有固定范式的设计特征，消费场景空间的"器"以其表征形态与功能已发展得较为成熟，其"道"的核心围绕客体空间来进行设计操作，而以人的视角聚焦感知的"道"却还未被深入发掘，这是由于设计的体系流程与经济政治等其他多方面影响的固化设计思维使然。在当今社会数字互联网经济驱动与后疫情时代约束实体经济的双重作用下，传统的消费场景空间需要作出具有情境化设计的方式转型。

1　情境化空间发展的趋势性与必然性

　　以人为主体的角度来看，互联网5G时代下的消费观念已悄然改变，数字科技的发展模糊了消费场景的虚实空间界限，线上的虚拟消费场景正以极高的速度与多样的形式扩大占领消费市场。2020年，由于受到新冠肺炎疫情的影响，居家消费的需求明显上升，"宅经济"带动新型消费模式快速转型。据国家统计局数据统计，2020年全国网上零售额比2019年增长10.9%，实物商品网上零售额占社会消费品零售总额的24.9%。互联网经济以其"低成本、高效率、非接触"的优势获得了消费群体的青睐，这也加剧了传统实体消费商业空间的萎靡，但是，互联网经济也因其缺乏情感体验与双向反馈暴露出自身的局限性。

　　从空间为主体的角度来看，传统消费场景空间在快速的城市化建设浪潮中，在资本逐利的驱动下，各类型的消费场景呈现出同质化特征，品牌方的空间复制与运营商的模式化设计抹除了商业场景的差异化，将都市"千城一面"的特征镜像至小微空间，使得消费场景犹如"货架机器"。现如今，仅依靠以功能为依托，以形式为变化的空间难以形成强有力的客流吸引与情感认同。摒弃了文化精神的非物质化要素与差异化的场景氛围以及基于人为主体的空间体验，空间的特征将会被弱化，由此可见传统实体的消费场景空间需要转向以人为核心，关注人的情感需求与参与体验，并形成具有认同感的物质要素与非物质要素融合的情境化空间。

2　体验经济视角下的需求升级

2.1　非物质性要素需求融入

　　随着人们多样化精神需求的提升，非物质化要素开始集中于物质化要素的场域之中，逐渐使空间设计更具有内核化的动力，显现于物理载体之上，使空间的界面突破了材质、色彩、造型的束缚，文化、艺术、主题、个性等概念都开始寻求与人更为紧密的介入机会，这意味着商业资本空间形态的机能主义逐渐瓦解，转而强调情境化空间对人的影响，这也是体验经济视角下消费者对于消费场景的要求。

2.2 参与式消费需求的增量上行

传统消费场景下人与商品、空间的关系处理一直被设计为单向传输的模式，缺乏双向有益互动，被动接受的关系给人带来的结果是体验感的缺失，在消费场景中，实现的是价值的交换，而交换过程品质的升级需要通过服务提升、情境搭建、参与营造等方法来实现，进而满足消费者情感体验需求。参与式的情境空间设计在多维度非线性的过程中将服务与体验的关系通过"人—场景触点—情绪反馈"的路径进行扩散架构处理，并实现"参与体验—校验评估—迭代创新"的进化机制，以保证参与的生命力与延续性。

2.3 网红空间的数字传播驱动

在此强调"网红"一词不仅是因其具有代表性的当代消费价值新观念，更多的是表达体验经济视角下空间已作为文化价值符号的传播媒介具备了数字化链条下裂变效应的扩散原型特征。网红打卡点、网红店等之所以能够迅速传播，是其本身自带的个性吸引与美学特征使得该类空间蕴含了精神消费价值与社交属性，但粗放式的网红空间设计模式还并未能彻底起到文化传播的作用，网红空间也被商业化消费的手段转向可复制化的商品，其本质是一种快销形态下的表层商业包装，目的是获取更多的曝光率，生命周期有限。只有少部分具有文化精神沉淀的地域性网红场景空间才能够获得长足发展的活力与动能，例如重庆洪崖洞商业区（图1）、成都太古里商业区（图2），其共性是都具备极强的地域个性、人文沉淀、多样体验。

图1　重庆洪崖洞商业区

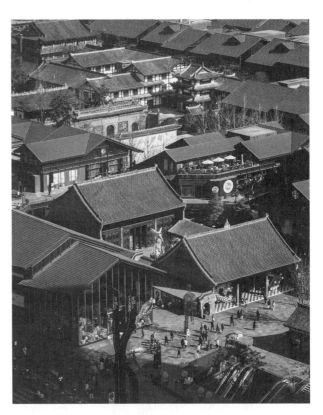

图2　成都太古里商业区

3　情境化消费场景空间的设计特征

3.1　叙事性与场景化

情境化的场景中叙事性作为空间认同感形成的精神特质[3]，与物理空间上的方向感、尺度感相互补充[4]。文丘里在《论建筑构图中的情境》中提出"情境赋予建筑表情"[1]，从演进的视角来看，这个概念同样适用于当今的各类消费场景空间，无论是线上还是线下都应将情境化的场景纳入到整体的消费构图体系之中。消费产生的这个动作需要空间来进行承载，而强烈的叙事氛围与场景的烘托则会使消费场景的意义产生变化，使消费过程产生不同的"表情"，这种"表情"的释放会根据情境的不同传递给消费者不同的文化风格、美学特征、情趣感受，从而摆脱单纯的以物易物的交易法则，实现对消费的赋能，这种赋能是多元的且具有分类结构的。特里·尼科尔斯·克拉克（Terry Nichols Clark）从社会经济学视角将反映人们态度行为的价值观整合到舒适物设施与活动中，形成了场景的分析框架[5]。而场景化的思维落实到消费活动中则具有了场景空间的叙事性价值，叙事性的特征为场景化空间的构架提供了非物质性要素设计的支持，场景化的框架又在物理消费空间的基础上为叙事性的设计提供路径。

3.2　交互性与体验化

消费行为的发生需要具备消费者、销售者、商品、消费环境四个要素，消费环境融入叙事性场景后转变为情境化的消费场景，消费环境与商品的品质直接影响整体消费过程的体验。在消费行为过程中环境与商品的交互体验感越强，越能激发消费者的购买欲望。让·鲍德里亚（Jean Baudrillard）在其消费社会理论中指出，消费不是被动的吸收和占有，而是一种建立关系的主动模式，消费行为中的媒介与商品背后所传递出来的符号往往更加具有价值[6]，在情境化的消费场景中对于整体环境与消费过程的符号化设计是传递出商品品牌价值并且增进与消费者精神联系的重要方法。而交互设计则可以在传统媒介的基础上以多样的形式强化这种联系，形成消费过程中场所感的体验，场所感的获得也是建立空间叙事的目的与最终结果。交互设计的参与可以使传统的场所感向新型的场所感转变，传统的场所感是以单向物理特征为基础的，而新型场所感的获取是以多域感知且双向反馈为基础的。比如新加坡滨海湾金沙购物中心与 Team Lab 合作在商场中庭区域打造了一个"Crystal Tree"大型光雕互动装置室内景点（图3），通过光影技术与交互设计结合塑造了一个沉浸式的体验空间，消费者可以与横向交互地坪以及纵向的立体光雕进行身体和讯息的对话，产生个性化的信息与路径展示，强化购物参与，实现感知与行为的具象化，打破空间界限，形成新型的场所感体验。

图3　新加坡滨海湾金沙购物中心中庭区域"Crystal Tree"大型光雕互动装置

3.3　技术性与共生化

马歇尔·麦克卢汉（Marshall McLuhan）认为，多媒体技术在很大程度上改变了人们的思索和行为的方法，正如"冷热媒介"理论中所提及的媒介可以影响人的感知结构，使人的感官得到延伸，通过现在发展的虚拟现实（virtual reality）、增强现实（augmented reality）、混合现实（mixed reality）技术以及其他数字技术结合甚至可实现真正的虚拟环境与现实环境的模糊，实现感官与空间的共生、空间与品牌的共生、技术与品牌的共生，这是重组感官模式之后的情境化场景空间的基本特质需求，其中技术的共生推进共情作用的迭代升级，让品牌和消费者之间产生比以往更有深度的链接机制。空间的活力需要以人的参与作为前提，但由于数字技术的融入，空间的界面、人体的感官都拥有非常多样的可变交融价值。另外，新旧技术在融合的过程中也实现了共生，传统空间的设计工程技术、新型空间的数字媒体技术之间的交融与碰撞，导致了空间设计语汇发生改变，空间的形态也随之重构，变得更加灵活且摆脱了物理形态本身，使传统的空间虚实关系开始向数字虚实与数字情境发展，当空间这一承载消费活动的场所具备了数字技术媒介的功能，那其影响也延展了消费活动本身，使其变得更加具有技术共生下的复合意义。

3.4　文化性与差异化

在数字媒体发达的今天，线下实体空间拥有多样的媒体介质手段来传递商业感知讯息，线上虚拟空间也更加具有灵活释放商业体验共情信号的可能。但这种信号的释放依旧局限于商业消费链条中，它所代表的是商品本身的使用功能与其符号价值，如何在商品本身的符号价值之外构建社会认同价值共性又凸显地方存在价值特性，这就需要强化文化在消费场景中的设计融入。不论是什么空间，要凸显其特征，首先就要释放其品牌的识别性，根据地区不同还应注入地方性，如果只有品牌识别性则会导致前文所提的千店一面现象，正是因为有了更为宏观的地域性文化特征的融入，才使商业空间更为"柔软"，具备更高价值的场所感。沈克宁在谈到场所与空间时，强调场所有界，空间无限，空间无处不在，场所则不是。场所有空间的特性，而空间并不是都具有场所性。品牌空间的复制造就的只是容纳该商品的空间，而根据地域文化设计的品牌空间才是真正的场所，差异化的文化场所体验会延长消费者的消费过程，满足消费者的精神诉求，激发消费场景的空间活力。

4　结语

互联网时代下的消费场景空间依托体验经济支撑与新媒体技术融入，衍生出多元的设计新模式以及新的适应群体，随着消费者的逐渐年轻化，物质本身的吸引力弱化，更多强调交互、技术、文化的体验场景成为消费者所追寻的趋势，也是构成未来消费场景的新方向，情境化概念的融入将体验消费场景统一在一个有构架设计特征的维度，不再是游离设计元素碎片化拼凑的空间，四类特征不仅是作为校验情境化消费场景的一个标准，也是多元要素汇聚的一个平台，至于如何构建标准的校验指标体系，则是进一步需要研究的要点。

参考文献

[1] 宋雨. 罗伯特·文丘里建筑理论中的"context"概念 [J]. 世界建筑，2020 (1)：106 - 109，137.
[2] 安德里娅·格莱尼哲，格奥尔格·瓦赫里奥提斯. 情境建筑学：复杂性——设计战略和世界观 [M]. 孙晓晖，宋昆，译. 武汉：华中科技大学出版社，2011.
[3] 沈克宁. 建筑现象学 [M]. 北京：中国建筑工业出版社，2008.
[4] 诺伯舒兹. 场所精神：迈向建筑现象学 [M]. 施植明，译. 武汉：华中科技大学出版社，2010.
[5] 丹尼尔·亚伦·西尔，特里·尼科尔斯·克拉克. 场景：空间品质如何塑造社会生活 [M]. 祁述裕，吴军，等译. 北京：社会科学文献出版社，2016.
[6] 孔明安. 从物的消费到符号消费：鲍德里亚的消费文化理论研究 [J]. 哲学研究，2002 (11)：68 - 74，80.

基于适老化理念下医院门诊部公共空间无障碍环境设计研究

■ 蒋维乐　贾心怡
■ 西安交通大学

摘要　未来5~10年，中国将步入深度老龄化社会。医疗设施是重要的社会公共空间，人群中包含有自理能力弱或无自理能力的老年人，无障碍环境设计的完善能够使他们更好地融入社会，同时将"平等与尊重"的社会理念更好地落实到老年人群体中。因此本文基于社会问题，从适老化理念出发，针对陕西中医药研究所医疗街公共空间无障碍环境设计进行研究，通过分析数据、查找资料等研究手段了解社会现状，尝试性提出适老化理念下医院门诊部公共空间无障碍环境设计的原则和方法运用到设计中。

关键词　适老化理念　医院门诊部公共空间　无障碍环境设计

引言

本文从无障碍设计角度，将空间中无障碍分为交通流线无障碍、垂直空间无障碍、导视系统无障碍三种。对无障碍设施配备不齐全、老年人活动不便利等问题提出便利性设计、安全性设计等四种设计原则，并结合美观性在医院空间内部创造适合老年人生活的无障碍环境。

1　发展背景及现状

1.1　中国老龄化现状

20世纪90年代以来，中国开始跟世界同步进入老龄化阶段，因人口基数大，出生人口多，老龄化进程十分快速。中国第七次人口普查结果显示，2020年中国60岁及以上人口为26402万人，占总人口的比重为18.70%❶。同时高龄化趋势明显，截至2016年60岁及以上老年人人口规模大约2.2亿人，约占世界老年人口总量的24.3%，位居世界首位，根据推测增加1亿人大约用时10年，在2050年前后老年人人口规模会达到4.7亿人[1]。老龄化进程高龄化特点，显示出中国老年人口内部结构的快速变化，因此医疗设施以及养老服务要根据当前阶段的特点做出相应变化，使老年人能享受到更好的社会福利。

1.2　无障碍设计发展趋势

无障碍设施建设是创造无障碍环境重要方面，也是最早的无障碍设计重要手段。最早产生于20世纪30年代的欧洲，在当时第一次世界大战的环境背景下，出现了许多伤残人士，所以产生了专门为残疾人服务的无障碍设施建设。1961年，美国制定了世界上第一个无障碍标准。此后，英国、加拿大、日本等几十个国家和地区相继制定法规[2]。无障碍设计这个概念名称始见于1974年，是联合国组织提出的设计新主张[3]。

当前我国对于无障碍设计仍认为无障碍是对于特殊人群所设计的，把使用对象范围化，对于弱势群体界限化，未能达到无障碍设计真正的第三阶段——通用设计阶段（表1），不能落实平等尊重的无障碍设计理念；在技术上缺乏研究力度，应用上难以真正满足随着经济不断发展的人们的生活需求；同时后期监测管理更新不够完善，难以从时间维度维持。

表1　无障碍设计发展阶段

阶　段	内　容
起步阶段	狭隘分离的服务对象：无障碍设施作为独立存在，只服务于残障人士
发展阶段	扩大兼顾的服务对象：除了残障人士外，社会弱势群体以及外国人等也被无障碍设施覆盖，每个人一生当中都有一段时间需要无障碍设施
通用设计阶段	包容统一的服务对象：为社会所有成员服务，使社会成员公平，独立，自尊的参与社会活动，构建和谐的美好社会

2　基于适老化理念下医院门诊部公共空间无障碍设计思路

2.1　使用人群分析

本文的研究空间为医院公共空间，主要针对老年人进行分析研究。

以下图表数据❷表明（表2），45岁及以上的中老年人在行为上、视力上和听力上的患病情况。行为障碍患病人数占比为3.14%，视力障碍患病人数占比为4.15%，听力障碍患病人数占比为5.96%，可知老年人伴随着年龄的增长在听力上有障碍的概率较大，所以在

❶　数据来源于《第七次全国人口普查公报》。
❷　数据来源于第八次中国健康与养老追踪调查。

医院空间中对于老年人听力上的缺陷要更加注重。

表2　老年人生理障碍分类统计

分类	患病人数	未患病人数	患病人数百分比	总人数
行为障碍	574	17723	3.14%	18297
视力障碍	734	16947	4.15%	17681
听力障碍	1001	15791	5.96%	16792

2.2　适老化理念下医院颐养空间无障碍设计原则

2.2.1　普适性设计原则

老年人作为主要使用群体，其内部老人包含许多不同的生理特点，例如视力听力下降、腿部活动不便、智力下降等，而无障碍设计应涵盖这些在生理上有不同缺陷的老年人群，为每一位老年人的就医都能带来便利和帮助。

2.2.2　安全性设计原则

在室内环境活动中，无障碍设计的使用首先要保障老年人的安全。在室内选用材料的时候要考虑到防滑性、环保性等安全因素；造型上提高灵活度保证不同体态的老年人都能够安全使用；灯光上要较为明亮但不能刺眼，光的亮度和色温要把控到位，合适的灯光不但有利于他们的日常生活同时还能够减缓视力下降的速度。

2.2.3　系统性设计原则

系统性设计原则主要分为横向和纵向两个维度。横向维度是指在相通的室内空间当中的无障碍设计都应保持一定的相同性。纵向维度是指时间维度，不仅要考虑到当下是否有利于使用人群，同时应对于之后的维修保养以及改造有一定的设想，使无障碍设计成为一个完整的运行系统，而不只是存在于当下现行的片段式设计。

2.2.4　明确性设计原则

无障碍设计首先应该位于明显的地方，用区别于周围环境的材质和颜色给老年人传递可以使用此设施的信息，老年人在活动时就会下意识地运用，提高无障碍设施的应用率；其次在使用时要有明确的使用方式和方法，要让老年人在无人照顾时也能独自使用。

2.3　适老化理念下医院颐养空间无障碍设计方法

2.3.1　交通流线无障碍设计方法

交通流线主要指通道、大厅等水平空间用于人员流动，在此类空间中，无障碍设施能够帮助在生理上有缺陷的人们自主行动。在《无障碍设计规范》（GB 50763—2012）中，通道的无障碍设计主要包含尺度、扶手、地面、高差、突出物五个方面。

老年人因年龄的增长多有腿脚不便的情况出现，所以要保证扶手的连续性和完整性。在建筑拐弯处、转角处，可以使用纵向或者L形扶手保证其连续性，扶手的材质最好为木材或氯乙烯类材料，高度位于人体大腿根部，宽度在2.8~4cm最为合适。地面在整体上要保持水平，在通行过程中不能有突出物和高差，同时要使用防滑材料，保证老年人在行走过程中的安全。墙体在转角处注意设计圆弧形墙体，避免老年人通行时发生碰撞，在交通节点时可以增加智能化语音提示，告知前方注意脚下同时提示空间转换的信息。灯光要保证亮度足够，避免有阴暗的盲区，使老年人的目光能够连续性地看到整个空间的路线结构，同时不能过亮，防止出现眩光的情况。

2.3.2　垂直空间无障碍设计方法

医院中的垂直空间主要包括楼梯、自动扶梯和电梯空间。

在楼梯空间内，应注重转角的圆润化，楼梯的形态采用传统的直角形式，避免旋转楼梯和弧形楼梯。转角空间要尽量大一些。楼梯的无障碍扶手最好设在楼梯左右两侧，只设一侧时要设在人更易着力的一侧，设计时要增加防滑条，增大老年人下楼梯时手掌与扶手的摩擦力。在有条件的情况下，要保证楼梯空间的自然采光和通风，应设置较大面积的玻璃窗，尽量避免密闭的楼梯空间给人的压抑感，若自然采光不足，则要求室内人工照明系统灯光的质量更高，亮度足够的前提下，光线也要柔和，以免出现阴影导致的视线混乱。若没有电梯，楼梯需配置升降台，并配置扶手、挡板、呼叫按钮和控制按钮。电梯空间首先要在电梯口设置盲道，为视力障碍人群提供指引。进入电梯内部后，在楼层按钮的下方加入低位按键，同时也要有盲文说明。还应配备报层装置，帮助听力有障碍的老年人准确找到自己的目标楼层。

2.3.3　导视系统无障碍设计方法

医院导视系统最初是在日本产生，20世纪末引入中国。刚引入时医院导视系统只有简单的文字和图像，在名牌上提供最为基础的信息。随着生活水平的提高，原有的导视系统不能很好协调人与医院环境关系。导视系统主要由文字和图像符号组成。主要分为四个层级，分别为户内外导视、各楼层总索引导视（包含大厅、走廊等地的标识）、单元导视（各个功能单元的标识）以及各个窗口的名牌导视。

导视系统在医院空间中高度和位置都要符合老年人的身高状况，字体要略大，具体要根据老年人行走速度和距离决定，使用汉语简体和英文，内容要简练明确，避免"老弱病残孕"这样的刺激性语言；在色彩上既要符合环境的整体色调，又要有所不同和区分，可以采用照明和触摸装置加强识别性；材质上既要美观又要考虑到后续的清洁与维修的问题，要易于清洗和维持，不能有褪色、掉色的情况，避免高反光材料，保证质量和持续时间。

3　设计方案：陕西省中医药研究所医疗街设计

3.1　设计背景

此项目位于陕西省西安市西咸新区，处于西安市和咸阳市建成区之间，是关中-天水经济区的核心区域。项目基址周围10km范围内未设三级甲等医疗设施，所以发展潜力较大。项目净用地总面积为20718.67m²，由综合门诊住院楼、中医药研究中心、宿舍食堂三个部分组成（图1），属于大型综合类医院。

本次设计选取综合门诊住院楼中的一般门诊部公共空间进行设计，门诊部总层数为4层，方案设计部分为一层，主要功能分区为药房、挂号中心、供应中心、儿科、出入院中心、外科。本次设计具体区域为医疗街，是一楼直梯所在的通行空间，面积大约为1260m²。

图1　功能分区图
（图片来源：作者自绘）

3.2　整体设计

本次设计任务在于通过室内空间设计改造医院，将适老化理念融入环境当中，辅助室内设计知识创造出拥有心理关怀又含有创新概念的高质量医院无障碍空间环境。

《道德经》曰："上善若水。水善利万物而不争，处众人之所恶，故几于道。居善地，心善渊，与善仁，言善信，政善治，事善能，动善时。夫唯不争，故无尤。"[4] 水是万物生命之源，却能够利万物而不争，医生、医德、医规同样要求如此。在中医看来，水即是药，具有药用价值，更是老年人的"长寿仙丹"。所以本次设计以水为主题，配合木质材质营造让老年人感到舒适安心的就医环境。

本次设计门诊部空间结构呈一字形，整体呈东西走向（图2）。功能空间可以细分为电梯空间、休憩空间、等候空间、阅览空间、通行空间以及景观空间（图3）。

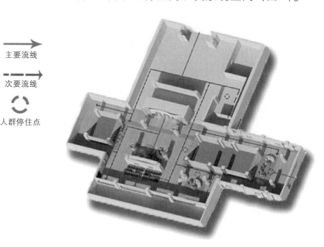

主要流线
次要流线
人群停住点

图2　空间流线分析
（图片来源：作者自绘）

整体空间提取水纹波动的形式语言作为顶面和墙面的主要造型来源。电梯墙使用的木质材质做起伏的波浪和顶面衔接（图4），顶面做条状波纹，在同一平面呈现出交错起伏的视觉感受，丰富空间层次，明确空间主题。大厅顶面、柱面和座椅相连接，全部统一使用木质竖条纹拼合而成，座椅采用曲线形式，将波浪几何化，在美观同时座椅靠背能够当作扶手使用，兼顾实用性，为老年人提供视觉和行动都便利的无障碍环境（图5）。等候空间用竖形条纹形式连接墙面顶面，符合空间整体形式的同时将功能区划分（图6）。

本次设计的创新点是基于适老化理论下的无障碍设计应用，主要分为信息无障碍和物质无障碍两部分。在医院空间中信息无障碍主要体现在导视系统以及阅览空间，导视系统分为墙面、地面、柱面三种形式；阅览空间当中有中医药相关知识便于老年人在等候时了解。物质无障碍主要包含无障碍扶手、地面平整防滑、视觉无障碍景观、流线形家具设计、取药处低位设计等（图7）。

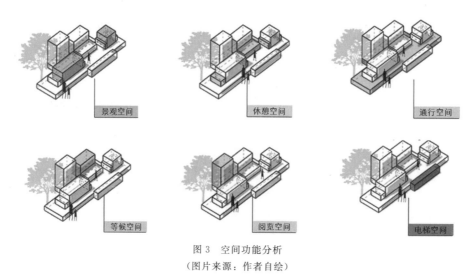

景观空间　　休憩空间　　通行空间

等候空间　　阅览空间　　电梯空间

图3　空间功能分析
（图片来源：作者自绘）

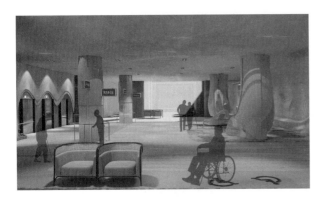

图 4　大厅空间

（图片来源：作者自绘）

图 5　休憩空间

（图片来源：作者自绘）

图 6　等候空间

（图片来源：作者自绘）

本次设计目的在于将无障碍环境设计全面落实到医院设计当中，将信息无障碍和物质无障碍两方面相结合，在功能空间中通过便捷有效的方式体现。将适老化的概念灵活运用，针对老年人特殊的生理心理状况，创造出舒适的就医环境，在完整的就医过程当中为老年人提供便利的人性化服务。

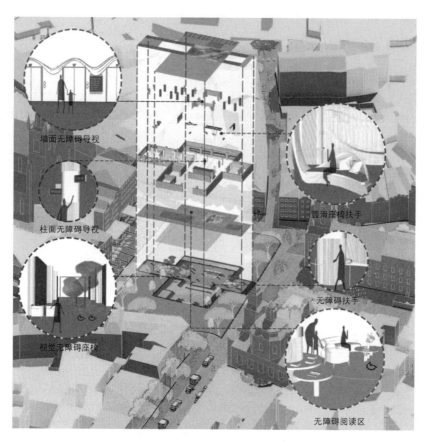

图 7　无障碍分析图

（图片来源：作者自绘）

参考文献

［1］翟振武，陈佳鞠，李龙. 中国人口老龄化的大趋势、新特点及相应养老政策［J］. 山东大学学报（哲学社会科学版），2016（3）：27-35.

［2］潘海啸，熊锦云，刘冰. 无障碍环境建设整体理念发展趋势分析［J］. 城市规划学刊，2007（2）：42-46.

［3］曹儒，张珺. 无障碍设计与无障碍服务设施［J］. 包装工程，2008（6）：151-153.

［4］道德经［M］. 张景，张松辉，译注. 北京：中华书局，2021.

协同共营：古村落保护与发展

■ 赵　磊　王骁夏　王　铁
■ 中央美术学院

摘要　在现代化背景下，古村落历史艺术价值的延续与发展面临诸多困难，需要相应的理论来指导实践。本文结合古村落案例，对古村落保护的方法、策略和内容进行研究和阐述，指出古村落保护的关键要素和规划重点，为当前传统村落的保护工作提供一些经验。古村落的发展需要利用其独特的优势和个性。古村落的自然资源和人力资源比较丰富，旅游开发潜力大，对古村落进行保护、改造、更新、功能置换，实现古村落保护与旅游开发的协调发展。以往中国古代村落文学研究多侧重于历史文化村落的特征价值、形成与演变，但是历史文化村资源整合与利用的研究还有待进一步深入。

关键词　古村落　发展　文化保护　遗产

引言

传统村落是传统社会中至关重要的空间组织单元，代表了历史创造的不可再生的遗产。通过漫长的历史演变和多样的地理环境，形成了独具特色的古村落。这些古村落不仅具有情感和物质维度，而且承载着不同的民俗和历史文化。人们逐渐深刻地意识到传统建筑本身特殊的历史、艺术和科学价值，以及它所蕴含的深厚文化底蕴。在古村落里，你总能注意到现代生活对传统的冲击，这种冲击正在潜移默化地改变着古村落的生活。

不容乐观的是，在现代化背景下，大量被历史遗留下来的古村落正面临着消亡的危机。在快速城市化的进程中，随着经济的发展和现代化、城市化的影响，中国古村落的生存和发展面临着诸多困难，并受到不同程度的破坏[1]。现代正在逐渐取代传统，而传统正在逐渐消失。古村落保护工作正在进行中，迫切需要相应的理论建设来指导实践。对于抽象文化和民俗，应采取一定的措施保护其原有文化和社区居民的利益，使其可持续发展。古村落的开发面临着保护与更好发展的选择以及新建建筑与既有建筑在风格、体量、布局等方面的关系等问题。

乡村旅游的发展对传统村落的振兴与更新具有重要意义，多学科参与已初步形成，但在历史文化村镇的资源普查与识别、跨学科方面还需进一步深入。解决这一问题的关键在于在规划过程中充分认识和最大限度地保护传统村落的历史文化、地方特色和生态环境。本文以湖南省宝镜村为案例，探讨古村落保护与利用的方法、策略和实施途径，旨在为当前古村落的保护与发展提供经验参考，有助于推进中国传统村落的保护工作。

1 宝镜古村落保护

宝镜村位于湖南省永州市江华瑶族自治县大圩镇，建于清朝顺治年间（1650 年）。这是一座保存完好的传统村落，具有重要的文化价值。村落地处丘陵地区，气候宜人，日照充足，降雨充沛。村舍规模大，坐落在不适宜农耕的斜坡上，后依青山，前依河流，与自然环境和谐相处。建筑材料多来自当地烧制的灰砖、青瓦、木材，与白墙形成统一的建筑风格。村民们主要从事农业经济。随着现代化的进程，老房子的功能已无法满足现代人的需求。一些居民开始意识到古建筑保护的重要性。搬出去后，他们在离旧房子不远的地方盖了一座新房子。新材料如瓷砖、大理石等的应用导致新房与旧房及周围环境不协调，破坏了原有与自然和谐一致的氛围。日常生活中难以降解的现代生活垃圾也威胁着宝镜村的整体环境。

1.1 保护古村整体环境——再建"新村"

整个古村落的保护需要从宏观和微观两个角度进行规划，有统一的指导原则和个性化的针对性。作为一种文化价值，近百年来的房屋结构和功能与现代人的需求相差甚远，从使用的角度很难与现代人的生产和生活方式相匹配。它承载着人们历史生活的痕迹，需要作为一种记忆、一种地方精神而存在，也需要作为宝镜村宝贵的旅游资源而存在，这是宝镜村的主要发展方向。因此，为了在不破坏古村落建筑和环境本身的前提下，保证这里人们的现代生产和生活方式，有必要将古村落需要承载的部分内容转移，并对宝镜村的传统民居进行部分疏散，进行功能保护。地方政府有必要从宏观上进行规划，建立一个以发展旅游为主的古村落区和一个承载生活的居住区。划分这两个区域并不意味着所有人都要迁出古村落区域，而是需要当地政府考虑实际情况，结合每个家庭的情况做出综合规划。

古村落区可以从微观层面进行梳理和规范。第一种情况是由于人口增长过剩，居民需要寻求扩大居住空间。第二类居民是希望改变生活环境，寻求符合现代生活方式的生活空间的居民。第三种是接受将现有古房出租的居民，可以获得一定的回报，并能保证自己舒适的居住条件。第四种是不寻求改变，仍然保持现有的生活方式，居住人口不超过房屋的承载能力。第五种是人口已经超过房屋的承载能力，但仍然希望保持现有的生活方式，房屋急需翻新的居民。第六种是知道人口已经超过了古房的承载能力，在古房不远处，用现代常用的建筑材料建造了一座与村风格格不入的新"现代建筑"，打破了原有与自然和谐统一的氛围。通过走访和访谈，对村民的意见进行了总结和整理，形成了上述六类，需要当地政府根据每户的实际情况和居民的个人意愿进行部署。

对于第一种、第二种、第三种情况，可以将这部分居民迁出到生活区，按照自己的个人意愿经营原有的古民居，或者委托他人代为经营，从事不损害古民居本身的商业活动。第四类居民可以维持原有的居住现状，但政府需要设立专门的部门，定期为居民检查古民居的状况，是否需要维修，并提供专业的维修指导，这部分居民既保证了古村落原有的生活，也满足了游客对古村落原有生活条件的感受。在第五种情况下，政府需要进行干预，说服村民部分迁出，使这部分居民在生活区的生计得到保障，使有强烈维持现状意愿的居民在延续原有生活方式的同时，减轻古民居的压力。对于第六种情况，需要对破坏地方风貌、与原有建筑风格不相容的新建建筑进行改造，从外部建筑形态上统一古村落的建筑风格，强化地域性建筑特色（表1）。

表 1　调　查　分　类

类　型	存在的问题	解决方案	困难程度	对居民影响	优　势	难　点
类型 1	古建内人口数量超过房屋承载空间	将居民迁出古建，将古建应用于商业活动	小	小	古村落由居住型向商业型转变，提高了古村落的旅游承载力	商业运营必须符合当地特色
类型 2	希望改变生活环境现状					
类型 3	期望将老宅租出去					
类型 4	期望维持现状	当地政府成立相关部门，负责古民居的定期检修工作	适中	小	展示原有的居民生活气息	专项的维修资金
类型 5	期望维持现状，但古建内人口数量超过房屋承载空间	由政府出面向居民普及相关知识，劝说居民迁出	大	大		
类型 6	在古建周围搭建了现代式建筑	将新建建筑外立面进行改造，与古民居风格进行统一	大	小	改造成本较小	新建筑的改造方式

新建的居住区对当地政府的发展前景也是非常有利的，但是新村的选址需要满足几个条件：第一，它不应该离古村太远；第二，建筑选址，后期生活垃圾污染不能破坏当地自然环境；第三，交通便利。政府的新村建设，在缓解老村承载压力的同时，也可以为新村吸引投资，建设酒店和商业，以容纳游客。这既保证了古村落的人文和自然环境，也为后期旅游和商业的发展提供了承载空间。

1.2　古建筑的维护——修旧如旧

宝镜村的古民居以中国传统文化为基础，"天人合一"的理念体现在建筑布局和装饰主题上。宝镜村的建筑主要来自清朝，反映了当时的文化特征、生活方式、建筑材料和社会制度。宝镜村的古民居主要采用天井式建筑布局（图1），即以中轴线上的天井为核心，围绕天井布置各种功能房间。不同历史时期的不同生活方式以及新兴技术对人们的生活产生了影响。为了满足当代人们日常生活的需求和社会发展的要求，有必要考虑如何解决旧有空间与现代技术之间的冲突。

图 1　天井式布局
（图片来源：作者自摄）

古建筑的传承与发展一直是当今社会关注的问题。在古迹修复中，要从整体观念出发，把握传统建筑文化的规律，从古建筑本身的特点出发，并结合宝镜村古建筑的实际情况[2]。宝镜村古建筑遵循历史真实性、生活真实性和风格完整性的标准，在保留建筑品质和风格的基础上，采取保存、保护、改造、暂留、更新等不同的保护和更新方式。自古以来，人们就有避害的观念。宝镜村居民祈福的心理集中在住宅的装饰上：门、窗、山墙、神龛等部分都经过了艺术处理。通过心理暗示等手段表达自己的诉求：农民希望风平浪静，学子希望功成名就，官员希望升迁等等。宝镜村的建筑通过丰富多彩的图案呈现出浓厚的地方艺术风格。这些独具地域特色的装饰图案也成为宝镜村建筑艺术和民俗文化的重要表达方式。

因此在以上的基础上，旧房的修复是比较专业化的，需要多方力量的配合。政府部门需要加强居民保护老房子的意识，做好宣传工作，让村民意识到保护老房子的必要性，这不仅关系到文物保护，也关系到当地未来的可持续发展和个人的实际利益。建立古建筑修复专业机构，鼓励村民积极配合现有古建筑的测绘和存档工作。如果将来需要修复，专业人员将协助修复它们的外观，以防止居民按照他们认为合适的方式进行"现代"翻新。在政府的指导下，专业人士和村民共同参与的古民居保护为宝镜村的可持续发展奠定了基础。

1.3　宝镜村环境保护——和谐共生

宝镜村依山傍水，不凌驾于自然之上。它展示了建筑与自然环境的和谐共存，这体现了湘南先民对自然的敬畏和尊重（图2）。这种思想和态度对当代人来说具有重要的启示意义，即在住宅建筑设计中不应忽视自然环境，不应单纯追求经济指标或建筑形式，而是要保持本质的思考。宝镜村的保护是对人类生存环境的历史延续和保存，需要在古村保护与新区开发、自然环境保护与村庄历史保存、古镇风貌保护与人类生存环境改善等方面结合宝镜的地方特色，文化旅游的发展与经济的发展等。

图 2　宝镜村
（图片来源：作者自摄）

生态旅游是科学与地方特色相结合的，要求当地政府对宝镜村所在地区的生态系统特点有深入的了解，并具备生态保护的知识。严格来说，生态旅游的参与者需要有高度的环保意识。宝镜村地理位置偏远，自身生态系统脆弱。现在很多所谓的生态旅游，除了强调生态旅游、认识自然、融入自然之外，忽视了生态旅游对自然的保护，不符合生态旅游的本质要求。需要通过当地政府的宣传和制定相应的规范来提高游客的素质，让他们意识到遗产是一种人人共享的精神和物质文化，需要每个人都为保护古村落环境贡献自己的责任感。

2　宝镜古村落的发展

2.1　振兴文化——打造"名片"

古村落作为中国农耕文化的载体，体现了古代哲学思想在遗址布局和建筑风貌上的独特表达。它们具有浓厚的地域和民族传统文化特色，在建筑结构、生活方式、文化习俗等方面蕴藏着丰富的历史文化艺术信息。古村落是当地社会发展和文化艺术成就的重要见证，同时也是中国几千年农耕文明和传统文化的传承。它综合反映了所处地区的地理环境、地域文化、乡土特色和生活方式，如村落布局、街道格局、建筑构造、村落规章制度、方言谚语等。每个民族和地区都有自己的特色和习俗技术，具有很高的历史文化价值。

为解决传统村子衰落问题，需要从制定传统村落创建振兴战略、调动居民积极性、振兴地方文化、重塑区域功能、提高生活质量等方面着手。重要的是让村民深刻认识到地方资源的珍贵性和文化资产的稀缺性，以及对自己村庄文化的认同和自信心。村民的积极参与和共同建设，将有助于保护传统文化的根源和灵魂。在传统村落保护与振兴研究中，传统村落文化的自我意识和文化自信研究是基本关注点，也是解决一系列传统村落问题的关键环节。

对于宝镜村的优秀传统文化，有必要设置适当的展示"窗口"，使其形成自己的"名片"。将"名片"变成一种宣传符号，表达独特的传统文化[3]。当地政府可以利用村里保存最完好、最完整的老房子作为"博物馆"，展示宝镜村的文化，并将它们分散在村里，功能互补。传统村落的遗产价值是价值导向的传统村落保护理论框架的核心内容和目标。传统村落的遗产价值主要体现在历史文化、审美和社会方面。国内学者不仅强调了传统村落保护的重要性，还提出了文化基因和空间核在保护中的作用，以及传统村落文化资本在振兴更新中的作用，以及乡村旅游发展的价值。

2.2　古村落的传承与发展——生活区和工作区的改造

在保护传统村落的同时，科学合理地开发利用传统村落，已成为世界各国传统村落保护面临的共同问题。根据当地乡村的实际情况，将居住功能转化为商业模式[4]。利用当地的文化和环境优势，将当地的产业从第一产业转移到第三产业，增加第三产业的规模。制定区域生态旅游发展规划，加大人工生态旅游的开发力度。将生态旅游区划分为不同的区域，建立不同的项目，并对每个项目进行评价，对环境没有影响的项目优先于影响可承受的项目；在开发过程中，将宝镜村的影响降到最低。

通过完善基础设施，提前预防旅游活动造成的环境污染和自然环境以及人文环境的恶化。保持传统氛围，控制游客密度，平衡承载能力。如果宝镜村的小巷子里挤满了游客，安静的小巷子失去了，文物破坏明显，这些景点的承载能力就会饱和，保护起来就更困难了，对游客的吸引力也会大打折扣。随着乡村旅游的发展，越来越多的游客前往传统村落观光，但同时也伴随着传统村落过度商业化、游客破坏村落自然环境等不良问题。这使传统村落在保护过程中陷入了另一种困境。

当地政府必须保护宝镜村的农业和手工业，有选择地发展生态服务。对于一些经济利益较好的行业而言，如果它们对环境资源造成破坏，是不可持续发展的。一些产业尽管其短期经济效益较低，但对于宝镜村的长期发展却是有利的。它可以促进景观的生态多样性，增强宝镜村的乡土田园特色，例如初级农业生态。从长远来看，这将有助于吸引更多的游客。这些相关产业需要地方政府作为发展主线予以重点关注。

在社会层面上，重建乡村社会，恢复乡村的人气和活力，是后工业化社会所面对的普遍难题。保护传统村落需要兼顾其先行发展和借鉴社会文明进步经验，同时保护村落居民的发展权益。为此，需要对传统村落的居住空间、区位选择、空间格局、人口变化、产业调整等方面进行综合分析，涵盖人口、土地、产业、生态环境和社会环境等方面的特点。人类学、社会学、生态学、经济学等学科的理论研究有助于全面系统地把握传统村落的发展演变，这样的多方面研究将有助于传统村落的保护和可持续发展。

3 结语

保护和发展是相辅相成的，保护和发展倡议的交集往往是寻找解决问题策略的来源。综合规划当地旅游资源和居民意愿，提出适合当地的发展战略。在有条件的地方建设新村，既保证了宝镜村的生态环境，又提高了旅游开发和商业的承载能力。在古民居的修复过程中，要想高品质地延续古风和风貌，就需要专业的指导。这一过程需要地方政府、居民和古建筑修复专业人员相互配合，建立良性互动机制，将当地的精神文化和物质文化作为可持续发展资源的核心，从内部形成可持续发展的文化基础。

对于外部的自然环境，建立一系列的政策法规来保护当地的自然环境。开发应在不破坏生态资源的情况下进行。同时，地方政府应充分利用生态资源，重视保护原生态特色，提升旅游市场竞争力，发挥综合经济效益，实现宝镜村地方旅游的可持续发展战略。

宝镜村内部文化环境与外部自然环境有机结合。宝镜村充分展示了其独特的外观，为游客勾勒出一张整体的"名片"。人们通常通过可识别的符号来理解抽象的文化。在以旅游为主业的乡村建设中，利用符号来表达传统文化或独特的旅游文化是一种常见的方式。推广代表宝镜村独特地域文化的标志，提高本村落的知名度，吸引更多游客前来。同时也要保障村民的日常生活，逐步改变古村落原有的基本生活方式，接受一种对外开放的旅游模式，为村落的正常运转提供良好的人文基础。

参考文献

[1] LONG H, TU S, GE D, et al. The allocation and management of critical resources in rural China under restructuring: Problems and prospects [J]. Journal of Rural Studies, 2016 (47): 392 - 412.

[2] SHI Y, TAMÁS A M, SZTRANYÁK G. Protection and renewal design of vernacular architecture in Xiazhuang Village [J]. Pollack Periodica, 2022 (17): 158 - 162.

[3] PHILOKYPROU M, LIMBOURI - KOZAKOU E. An overview of the restoration of monuments and listed buildings in Cyprus from antiquity until the twenty - first century [J]. Studies in Conservation, 2015 (60): 267 - 277.

[4] SHI Y, TAMÁS A M, SZTRANYÁK G. Restoring rural landscape: A case study in Chongqing China [J]. Pollack Periodica, 2020 (15): 232 - 242.

基于环境行为学的校园台地空间设计
——以重庆某大学校区为例

■ 刘思佳
■ 重庆大学建筑城规学院

摘要　在当代知识经济高速发展的过程中，校园成为国家教育事业的重要载体，人们开始越来越意识到校园环境和规划建造的重要性。校园中的台地空间作为因地形产生的校园空间的特殊部分，具有很强的风格特色和探索价值。研究如何巧妙利用台地特征，建造因地制宜的兼具地域性和实用性的校园台地空间具有重要意义。本文主要以重庆某大学校区校园台地空间为研究对象，结合环境行为学的相关理论，通过分析校园台地空间的类型和相关台地空间要素对人的活动产生的影响，提出校园台地的营造策略和改进措施，以期为今后台地校园的空间营造提供一定的参考。

关键词　台地景观　空间表达　环境行为学　校园空间

1　环境行为学与台地空间

在知识经济和创新经济高度发展的时代大背景之下，人们对于校园空间的设计和规划提出了更高的要求[1]。校园空间作为高校学生们日常使用最频繁、活动最丰富的地方，其空间形态也越来越受到关注。校园空间不仅是知识传播和交流的场所，还是活动和事件的发生器，具有知识传递、文化传播、活动容纳的使命。对于一些山地城市，天然地形中的高差形成了独具特色的台地空间。校园台地空间是台地空间的一个大类，在校园大环境中分布较为分散，多是根据地形这一客观条件进行布置，也因其位置的特殊，往往具有景观性的功能倾向[2]。台地空间是高差、平台、边缘截面、交通体四种类型的要素的集合，每一个要素的变化都会对台地的最终呈现产生影响。台地可以提供多样的活动形式和功能，承载了多种行为和故事，成为场地所特有的空间记忆。但就目前的发展而言，台地空间存在使用率低、功能单一等问题，台地空间的重要作用没有被充分地发挥。如何保留、发展和活化这些存在于台地空间的空间记忆成为校园空间设计中亟待解决的问题。

环境行为学是研究人与周围环境之间相互作用的科学[3]。运用环境心理学的一些基本理论、概念和方法来研究城市中的人如何与环境相互作用、相互影响，由此反馈到城市规划与建筑设计中，从而提高环境的可识别性，以及自身的秩序性。本文基于环境行为学的相关理论，主要以重庆某大学B校区为研究对象，对其中特殊的台地空间进行分析，探索校园台地空间的设计手法，尝试归纳出山地城市台地空间记忆表达和营造的要点及手法。

2　重庆某大学某校区台地空间现状分析

2.1　整体台地分析

校区位于重庆市沙坪坝区，全区呈丘陵、台地和低山组合的地貌结构，地形复杂。校区内部总体呈现出南高北低、西高东低层层跌落的分级台地趋势（图1），西南角地势最高，主要为教学区。校园轴线是以大门开始，经主席像和田径场，逐步沿台地跌落。

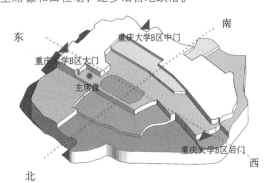

图1　校区的台地分布
（图片来源：作者自绘）

校园的功能分为教学区、生活区、运动区和公共活动区，各个功能之间有较为明显的划分。对比台地分布和功能分区的关系（图2），可以看出台地空间的划分有

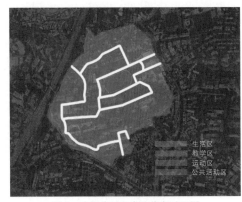

图2　功能分区和台地分布对比图
（图片来源：作者自绘）

两种应用形式：其一，台地成为校园道路的组成部分，沿着平行于台地分隔的方向形成主要的车行道路，较为平坦宽阔，垂直于台地分隔的方向形成室外的大台阶或者坡道，连接两个不同的台地；其二，台地空间的划分也部分决定了校园内功能区域的划分，借助台地天然的高差特点形成了功能区之间的分隔线，例如校区中的部分台地成为了中心的活动区和周边教学区的边界。

校园内的主要道路基本是沿平行于台地分隔线的方向布置（图3），台地之间的联系采用大楼梯和坡度较大的陡坡。校园台地的道路会出现尽端路，部分道路还会呈现出空间交错的特点。同时，受到地形的限制，校园内人车混行，在部分节点受到地形因素和空间设计的影响出现变形，主要体现就是道路的上下分流和节点的人车分流（图4）。

图4 道路上下分流和人车分流
（图片来源：作者自绘）

图3 大学校区路网分布和特殊节点
（图片来源：作者自绘）

城市道路
校园道路
校园入口
特殊道路节点

2.2 节点台地空间

根据一天早中晚几个时段过程中热力图的变化确定学生活动最为集中的场所或建筑物，并在此基础上进行实地调研考察，通过热力图的比对分析（图5），选取出教学楼、食堂、宿舍、操场、大门等具有代表性的台地空间。进一步，将校园台地空间分为建筑台地空间、公共活动台地空间和交通台地空间。

建筑内台地空间主要是通过室内楼梯或者坡道形成内院以消解台地高差的手法连接不同层级的台地，公共活动台地空间是通过室外大台阶、坡道、架空连廊、台地景观等方式实现多维联系，串联起内与外、高与低的空间场所，成为校园平台转换、休闲活动的主要空间，交通台地空间主要通过坡道和台阶以及相应的宽窄变化进行分流以到达不同高度的台地。教学楼通过"回"字形平面的设计形成不同高差入口和中心大庭院的方式处理台地关系，具有很强的内向性和围合感，活动的群体以学生为主。笔者在调研中发现，作为中心的内院部分并没有被妥善利用，甚至作为景观的基本功能也不够达标，造成很大的空间浪费和地方闲置（图6）。对于台地停车场，通过分层立体停车场的设计消解上下层台地的高差，同时三层的立体停车场在每层各设置了不同的出入口，每层之间互相贯通。停车场的使用人群主要是学校内职工、附近居民和其他人员，学生的使用占比极少。停车场的位置选择校内居民区和车行入口附近，可以提供便捷的停车服务，同时也靠近实验楼，满足教师上课的需求。停车场的每层出入口的位置不同，对应每层不同的使用人群，适应台地位置的特殊性。每个场所内主要行为以停车为主，存在小部分的人行通过现象，场地中主要的活动也是因此产生的交通和车主们相遇时的短暂寒暄和点头示意，以通过式的社会性活动最多。但停车场周边绿化布置单一，缺乏引导性。

公共活动台地空间包含大门和操场。大门入口的台地空间主要承担景观的作用。并且作为入口正对的广场空间，需要一定的中心性和秩序性。入口台地空间位于

学习时间段　　　　　　　　　　中午时间段　　　　　　　　　　晚上时间段

图5 热力图时间段分析
（图片来源：作者自绘）

图 6 教学楼和停车场的台地空间
（图片来源：作者自绘）

校园中轴线的起点处，具有明显的轴线对称特征，塑造校园的庄严感和仪式感，呈现一种精神性的象征作用。台地公园通过台阶的方式对于高差进行处理，连接不同高度的平台，台地公园下面叠合一个小型停车场，充分利用了空间。两侧为车道，考虑到从入口进入的车辆根据目的地进行分类。入口广场的位置特殊，使用的人群也很多，任何可以进入到校园内的人都可以使用，主要的活动也以散步和行走为主。作为校园入口的重要门面，台地广场的使用频率和人数并不太多，整个广场表现出一种低迷的感觉，缺乏空间活力。笔者进一步调研后发现，台地广场上缺乏停留和休息的场所和设施，整个处于一种缺乏管理的状态，中心的日晷闲置许久，缺少挡雨和遮阳以供行人停留的地方。且上下台地均为广场的部分，却缺乏明显的延续性和关联性，中间仅用台阶联系，缺乏趣味性和引导性，导致整个空间显得并不友好。在晚上的照明更是不够充分，导致晚上几乎没有经过的行人。笔者认为，作为校园门面的重要彰显，不能仅作为展品一样存在，能够真正被人们所常用的、充满人情味的场所也是同样被需要的。对于校区大门入口的台地空间而言，需要在中心日晷附近增加更多具有向心性的设施，将原本地面上无意义的白框线和大片的空闲场地替换，加入更多可供休息和娱乐的元素，例如景观小品和休息座椅等，同时场地设计也需要考虑更多的导向性和吸引力，让整个场所更加开放和具有活力（图7）。

操场的台地空间由于地势的东高西低，采用下沉式的处理方式，利用台阶结合看台巧妙消解高差，同时用

图 7 入口台地空间
（图片来源：作者自摄）

栏网区分操场的内外空间，对于不同角度设置了多个朝向的门（图8）。操场的使用人群几乎包含了所有在学校内的人，学生、居民、教职工及家属，进行的活动以运动和锻炼为主，还会包括学校组织的集体项目等。操场是重要的集会和生活的场所，也是校区的中心，但是操场的灯光和照明情况存在很大问题，夜晚时与旁边亮如白昼的篮球场形成鲜明对比，整体操场过于黑暗，对于夜跑和散步的人群显得并不十分友好。

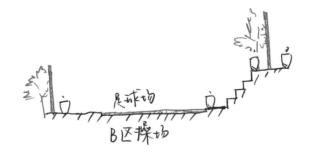

图 8 操场剖面示意
（图片来源：作者自绘）

餐厅附近的路口紧邻宿舍区，是交通的重要节点。路口设计充分考虑到不同平台和不同人群的需求，通过仅供人行的坡道和台阶联系上下平台，采用类似山体隧道的方式开辟车行通过道路，达到将上层主要学生运动、住宿和通过的场所、下层通车和行人的道路进行立体式的分离的目的。此时整个场地兼顾通过性和停留性的人群需求，实现竖向的功能分区，同时减少不同需求之间的相互干扰，使得上下部分各自具有独立性和很强的目的性。为校园的生活和出行都提供了便利。

2.3 小结

在调研分析之后可见，对于校园台地的处理针对不同的对象有不同措施。对于尝试以建筑形式解决台地问题的，有两种解决方式：一是采用台地形成内庭院，二是通过同一功能空间的上下串联。对于尝试以室外的形式解决台地问题的，有两种解决方式：一是以通过不同的功能对台地区分，形成明显的边界；二是通过坡道和台阶结合景观处理，此时的呈现方式和手法多样，更可以考虑台阶的向心性形成具有聚合性的如礼堂、操场等空间。对于作为一个交通体的台地空间，往往采用上下分流形成室外廊道或者隧道等形式。在考虑上述处理手法的同时可以考虑根据台地上下平台的具体功能进行方法的综合和区分。

3 台地空间的表达和营造手法

针对现状调研得出的结果和对于校园台地空间的分类，笔者对于台地空间的表达和营造作出了总结。

3.1 台地各要素对人的行为产生的影响

高差主要带给人的感受是好奇心和探索感。同时也会存在上下可视和上下不可视的情况。此时对于不同高度空间会产生领域感，形成一种具有连续性的动势和跌

落感，引发或兴奋或活跃的正面影响，促进人们的活动，此时高差之间的台阶和坡道会成为儿童活动和玩耍的区域，以及居民、职工和学生的主要通过性场所。

平台往往会导致人的聚集和停留。平台给人们稳定的感受，容易产生人群的聚集和停留，是主要的事件发生器，同时平台可以划分不同区域的空间，通过设置不同功能的设施以满足不同人群的需求，是教职工家属和居民广场舞和活动的场所，是学生社团活动和休闲娱乐的主要空间。

边缘截面让人产生紧迫感和未知感。站在高差较大的平台边缘会让人产生紧迫感和压力，对于或上或下的平台产生未知和神秘的感觉，具有断节感和剥离感。边缘截面可以使得上下平台产生人群视看和空间交流等关系。同时作为截面的挡土墙也有多种作用。墙面可以作为文化宣传和艺术创作的基础，成为展示和示范的区域。

交通体作为两个平台之间的联系空间具有穿透感和交互感，使用者容易产生从一个空间进入另一个空间的感觉，在各个不同的平台之间产生流动感和交互感，交通体具有过渡性和关联性的特征，让使用者产生穿越感和切换感，促进和便利人的活动。

3.2 台地的营造策略

（1）考虑到人的实际需求和使用需求。在校园空间中，主要考虑的是学生群体的需求，但是需要根据实际场所所在地和可能使用到的人群进行相应的调整。对于学生群体，考虑其对于校园空间的交往学习需求和小群生态的行为特征，营造多样化的交流学习空间，促进学术上的交流发展。对于教职工，应考虑其上下课的便利性和办公停车等的需求，提供便捷的基础设施服务。对于校园内的居民，则要考虑他们散步休闲和广场舞等的需求，考虑老年人的使用舒适度。

（2）历史文化因素的融合。地域性和文化性的传递作为大学校园知识传播之外重要的历史文化内容，其重要性不可忽视。而在台地空间的营造之中，许多空间可以作为历史文化传播的载体，表达地域文化的内涵。历史文化的延续在台地空间中可以通过挡土墙涂鸦和宣传

文化、景观小品布置和当地材料运用等方面考虑，充分利用台地空间的要素结合地形条件进行综合考虑，在台地空间中展现出学校及其所在地域的文化特征和重要历史，成为文化传播和交流的重要场所。

（3）加入景观要素和合适的基础设施。景观要素作为提高环境品质和舒适度必不可少的因素在台地空间的营造中也十分重要。在设计的时候可以考虑设计分级景观等方式创造丰富的绿化层次，体现应有的空间性格，通过雕塑等景观小品的设置提高场所的丰富性和特征性。在设计景观的时候也需要考虑到和周边其他景观的连续性和一致性。基础设施的放置可以激活场所，提供合适且便利的服务吸引人群的活动和行为，例如通过室外座椅的摆放可以满足行人休息的需求，并在此基础上激发更多的社会行为。

（4）后期管理和维护。场所的营建固然重要，后期对于场所的保持才是营造成功的关键。建成之后应注意对场地进行管理和维护，考虑对其进行定期的评价和考察，不断根据场所的实际使用情况和人的行为模式对场所进行更新，以置入活动的方式吸引更多的人流，保证场所的活力和使用程度。同时还需要注意灯光的设计和安全性的问题，考虑灯光的亮暗和色彩对人群的影响和程度，选择合适的灯光保障学生的安全。在必要的地方要用绿篱围挡、安装护栏等形式强化台地边界。

4 结语

校园台地空间是台地空间的重要组成部分，其空间塑造对于校园环境和人群行为具有重要意义，成为主要的校园内交通和人群交流的场所，是重要的场所记忆延续和保留的地方。但目前对于校园台地空间的探索还有很多值得继续深入思考的地方。本文基于环境行为学相关理论，从人的使用和感受的角度对校园内的台地空间营造手法和场所空间进行探析，归纳出了校园台地空间的分类和营造方式，探索比较合适的台地处理方式，提出校园台地空间的改进和完善措施，以期为之后的台地空间营造和设计提供一定参考。

参考文献

[1] 李道增. 环境行为学概论 [M]. 北京：清华大学出版社，1999.
[2] 张琪. 寒冷地区校园台地景观设计研究 [D]. 张家口：河北建筑工程学院，2019.
[3] 张津奕，张建. 新型大学校园空间形态规划研究 [J]. 城市规划，2009（B09）：4.
[4] 朱昊，陈宗才. 山地城市台地空间设计策略研究：以重庆市人民公园为例 [J]. 绿色环保建材，2020（2）：102，104.
[5] 陈伟强. 基于整体论的山地校园设计策略：以闽清第三实验小学为例 [J]. 福建建筑，2021（8）：41-45.

为妇女和儿童设计
——以西北妇女儿童医院二期项目设计为例

■ 叶 星
■ 中国中元国际工程有限公司建筑环境艺术设计研究院

摘要 随着社会的发展与进步，国民对于自身健康的需求正逐步从疾病治疗转向疾病预防及日常保健。在此社会背景之下，加之医疗环境设计"以人为本"思想的普及，在面向需要保健康复的亚健康人群的医疗环境设计中，产生了许多新的值得思考的问题。本文借由为西北妇女儿童医院二期项目设计的经验，聚焦亚健康人群中较为特殊的妇女和儿童群体，探讨面向此类人群的医疗环境室内设计的策略及方法，希望引发更多的关注与更深入的思考。

关键词 医疗环境 室内设计 妇女儿童 亚健康 以人为本

引言

随着我国全面建成小康社会历史任务的完成，人们生活水平不断提升，对于自身健康问题也更加关注。尤其是近几年经历新冠肺炎疫情之后，国民对于自身健康的需求正逐步从疾病治疗转向疾病预防及日常保健。党的二十大报告中也提到，推进健康中国建设……促进优质医疗资源扩容和区域均衡布局，坚持预防为主，加强重大慢性病健康管理，提高基层防病治病和健康管理能力。

在此社会背景之下，加之医疗环境设计"以人为本"思想的普及，在面向需要保健康复的亚健康人群的医疗环境设计中，产生了许多新的值得思考的问题。本文借由为西北妇女儿童医院二期项目设计的经验，聚焦亚健康人群中较为特殊的妇女和儿童群体，探讨面向此类人群的医疗环境室内设计的策略及方法，希望抛砖引玉，引发更多的关注与更深入的思考。

1 项目概况

西北妇女儿童医院二期项目位于陕西省西安市曲江新区，西北妇女儿童医院一期建筑的西侧，设计面积约6.5万㎡。项目主体建筑地上9层，地下3层，其中地上1~4层为裙房，主要为门诊和医技功能；5~9层为塔楼，包含一层妇科病房及四层儿科病房。

该项目以保健康复学科为主要建设内容，融合儿童保健、小儿行为发育、儿童康复、妇女保健和产后康复等学科及相关医技、住院功能。

与一般妇女儿童医院不同，西北妇女儿童医院二期主要针对的是需要保健及康复治疗的亚健康人群。如何激发亚健康妇女和儿童群体的信心，并为他们提供希望，是设计考虑的重点。为了实现这一目标，医院的设计需要高性能和灵活的环境，以患者为中心，鼓励患者参与，并让所有使用者感到舒适。

2 设计理念

该项目地处西安市，作为十三朝古都的"世界历史名城"，西安承载了太多厚重的历史与文化信息。面对亚健康妇女和儿童使用者，希望营造温馨而令人愉悦的就医环境。因此，面对各方希望通过室内设计体现地域特色的需求，将目光转向当地及周边地区的自然环境。

西安北濒渭河、南依秦岭，自然资源与人文资源一样丰富。通过提取与运用大自然的曲线与色彩元素进行设计，充分发挥大自然独有的治愈力，使患者和访客在医院环境中感受到舒适和愉悦。同时，将秦岭不同的动植物形象作为不同区域的主题，进一步明确各个区域的功能划分，强化其独特性及可识别性（图1）。将自然环境引入医疗空间，为提升使用者的就医体验开辟了可能性。

3 设计实现

西安自然景观得天独厚，我们采集了其周边自然环境中山与水的意向：大到起伏的山脉、蜿蜒的河流，小到植物的轮廓、水面的涟漪，并从中提取了曲线与色彩的元素，进行深度的提炼与应用。曲线具有灵活多变的特征，将其应用于环境设计中，不仅能赋予空间流动的生命力，也能带给人们亲和柔软之感。色彩作为环境设计的重要元素，可以直接影响人的情绪和行为，合理的色彩运用会带给使用者积极的情绪，起到事半功倍的效果。

下文以项目中几个典型空间为例，简述曲线与色彩在空间设计中的应用。

3.1 门诊大厅：给来院患者一个大大的拥抱

该项目的门诊大厅是一个左右对称的三层挑空空间，面宽宽、进深窄，挑空的开洞方正规整，令人感到肃穆庄严。为了优化来院患者及访客的感受，我们首先将楼板开洞方正的直线边界调整为弧线，当患者及访客进入门诊大厅时，扑面而来的是由弧线所创造的包围感，仿佛进入了一个大大的拥抱中（图2）。接下来，我们有意将二层与三层楼板的弧线边界进行了错动处理，令空间形态更有机，也更接近自然的曲线。最后，利用二层、三层楼板边界的错动，设置了一个造型独特的旋转楼梯。

为加强楼梯在门诊大厅中的体量感，将扶手与踏步的侧板处理成一个整体，并在表面使用了明黄色的涂料和金属板材质，令其成为大厅中的视觉焦点，为大厅空间增加了趣味性（图3）。

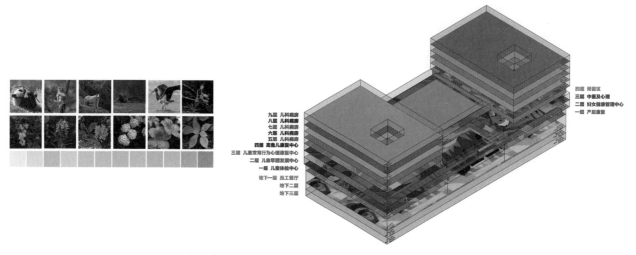

图1　秦岭动植物及色彩提取（左）建筑不同区域划分（右）
（图片来源：设计团队自绘）

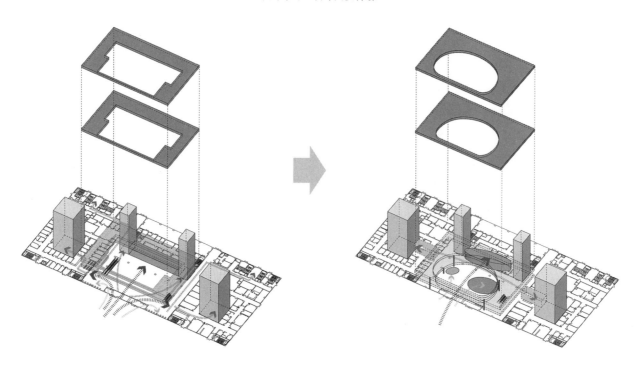

图2　原门诊大厅方形挑空（左）优化后门诊大厅弧形挑空（右）
（图片来源：设计团队自绘）

在门诊大厅的顶面，运用了金属垂片材质，并将垂片双面的颜色处理为对比强烈的互补色。这样位于门诊大厅不同区域的人看到的顶面是不同的，通过强调因不同视角而获得不同的体验，来区分患者入院－出院的变化过程。

3.2　候诊区：弧线与彩色圆圈的组合，浪漫又有趣

患者自门诊大厅进入候诊区，就由完全公共的空间

进入了半公共空间，候诊区的空间尺度变得更有亲和力，空间形式对于人的影响也更加直接。在整体建筑方正的轮廓内，继续通过合理且适度的曲线应用，柔化空间带给人的感受。首先，将候诊区调整到与室内中庭相邻的位置，患者一进入候诊区便能看到中庭的景观，感受到自然光；其次，结合柱子凸出墙面的尺度差，将墙面处理成微弧形，再针对不同诊区的人群，在此处设置内嵌式座椅、儿童活动区或婴儿护理台；最后，在地面铺装、

图 3　门诊大厅
（图片来源：设计团队自绘）

顶面造型、灯具和候诊家具的设计上融入圆圈、半圆等曲线元素，令空间带给人的感受更加温馨、柔软。

进入诊区之后，在不减少必要功能空间面积的基础上，将几处墙面处理成弧线，包括房间与中庭幕墙的交接处。这样做首先是为了让中庭的自然光能够通过这些边角的空间透进走廊；其次由于对墙面形态的调整，在走廊形成了许多形态各异的负空间，这些比走廊通行宽度多出来的小场所没有被赋予特定的功能，为人们的短暂停留提供了可能，成为鼓励人们交流互动的场所（图4）。

针对不同诊区的人群特色，我们利用不同的动植物形象与色彩设计成的抽象图案作为主题，硬装与软装的色彩也以此为出发点进行搭配，使每个诊区变得易于辨识且独一无二。明快的色彩能带给人愉悦的心情，但不适宜大面积的应用，仅在候诊区的入口墙面出现，以强调诊区给人的印象（图5）。诊区内的几间为引进自然光而设计的玻璃房间也采用了半透明的彩色渐变玻璃，既能保证使用者的隐私，也为空间增加了趣味性。

3.3　住院区：亲人尺度的弧线处理，实用且安全

住院区有别于门诊区，是患者停留时间最长的区域。住院区弧线与色彩的应用需要更加细致的考量，实用与安全应该是一切设计的出发点。

护士站作为住院区医护人员工作的核心区域，在原设计中被一个柱子截断为两半。考虑到工作效率与医护人员视线的因素，将护士台的形态围绕柱子设置为直线加半圆弧的形式，并预留了足够的办公及通行尺寸，既解决了医护人员工作时的视线遮挡问题，也使空间更加灵动。在儿科病房层，在护士台高台的一端放了一对"眼睛"，这对"眼睛"与护士台弧线造型结合，仿佛形成了一个柔软的卡通形象，削弱了护士台极强的医疗属性，能够减少小患者们的恐惧感。在地面铺装、灯具与软装的设计上也采取了弧线加圆圈造型的形式，家具选择不同的样式，使其可以组合成不同的场景以适应不同的治疗需求（图6）。

色彩也延续了门诊区的设计手法，在护士站的背景

墙设置不同的主题图案，使每个病区更具识别性与趣味性。

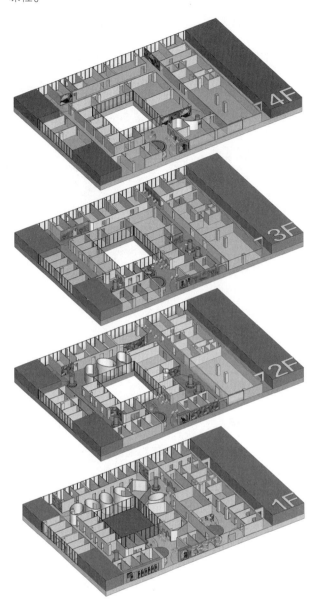

图 4　儿科诊区轴侧示意图
（图片来源：设计团队自绘）

图 5　儿科候诊区
（图片来源：设计团队自绘）

图 6　儿科病房层护士站

（图片来源：设计团队自绘）

4　设计策略

上文简述了从"以人为本"的角度出发，该项目医疗环境室内设计的具体过程。除此之外，针对亚健康的妇女和儿童群体进行了细致的调研，并总结出了设计策略，也是在本项目的设计过程中时刻牢记并融入环境设计实践的内容。

4.1　妇女群体

无论一位女性的年龄、社会地位或一般健康状况如何，都会有因性别的特殊性而产生的特殊医疗保健需求，包括疾病预防筛查、妇科服务、产科护理、产后修复、青春期及更年期保健等。妇女群体是最精明的消费群体，特别是处在亚健康状态的女性，她们对康复治疗的需求除了对医疗技术的考量外，也会关注康复保健过程中的舒适度及体验感。因此，面向妇女群体的环境设计应更加注重每一个细微的环节及体验感的优化。

1. 促进疗愈环境

在设计就诊环境时，应尽可能考虑采光、噪声控制及声学、空气、私密性等因素，在各方面营造有助于更快康复的环境。在本项目的设计中，我们尽可能将诊区走廊面向中庭打开，让候诊的区域享受到自然光；在多人治疗室的平面布置中，结合医护人员和患者的动线，合理安排座位及床位，最大限度保证患者的私密性；在诊室的平面布置中，将诊桌放置在靠门口处，检查床或检查椅靠里侧设置，保证在诊疗过程中的患者不被打扰。在环境的配色上，多采用柔和的色彩与间接照明相结合，令环境柔软舒适。

2. 融入家庭空间

女性健康的许多方面正日益成为一种家庭的共同经历，比如备孕咨询、产科课程培训等，这要求我们在设计相关的功能用房时考虑预留足够的家庭空间。例如，在妇女讲堂的设计中，除了满足医院对于可容纳座位数的需求，尽可能利用走廊的边角来扩大这个房间的面积，并在其中设置休闲区及功能齐全的水吧台，服务于前来陪同听课的男性群体，甚至是一同前往的儿童。另外，尽可能扩大母婴室及第三卫生间的面积，为使用者提供最大便利。

3. 设置能够舒缓身心的康复项目

在科室功能的设置上，除基本的康复治疗科室之外，尽可能提供更多能够令人身心舒缓的康复项目，并结合室内设计手法令就医环境舒适宜人，使其成为医院吸引女性群体的创收项目。例如本项目中设置的水疗室，其环境设计无需体现太多医疗的属性，能够让前来进行康复保健的女性患者暂时忘记自己身处医院，能够享受到舒缓、平静的康复治疗。

4.2　儿童群体

为儿童患者设计意味着鼓励他们玩耍并为他们和家属带来希望。为了实现这一目标，医院需要高性能且灵活的环境：在提供卓越的医疗护理技术的同时，鼓励互动和患者参与，并让所有年龄段的人感到舒适。

1. 创造可以令儿童产生积极分心的环境

积极分心理论（positive distraction theory）指出任何

积极的分心都会引起积极的感受，引起注意力和兴趣，并由此减少紧张的情绪。

在本项目的设计中，我们尽可能置入更多非医疗属性的空间，比如咖啡简餐区、休闲区等，为小患者及家属提供可以暂时抽离身处医疗环境的紧张感的场所。同时，设计适合各个年龄段患者的活动区来分散他们的注意力。比如在候诊区和走廊较宽敞的区域，在墙面设置了高度不同的互动装置，为身高不同的儿童提供游戏的可能；在地面结合材料的特性设计可爱的拼花图案，结合就诊动线来引导小患者及家属的行进，达到事半功倍的效果。

2. 促进疗愈环境

与面向妇女的医疗环境设计一样，面向儿童患者的医疗环境也需要考虑采光、噪声控制及声学、空气、私密性等因素。考虑有特殊需求的患者，比如自闭症儿童，需要通过材料的形式、颜色、肌理等设计提供低刺激的康复环境。例如，在设计本项目中各类儿童活动治疗室时，我们细致考虑了门口的换鞋区域，保证使用的便捷性的同时，通过软包材料减少安全隐患；墙面与各个设备之间的隔断也采用半高的软包材料，以保证使用者的安全。

室外空间拥有充足的阳光及空气，在室外设置康复花园和活动空间是很好地促进疗愈的设计手段。利用大自然的天然治愈力，加之结合需求设计的有趣的康复设施，让小患者们在此进行康复治疗，可以最大限度地减少儿童和家庭的压力。

3. 营造家的氛围

儿童患者就医及住院往往会有家庭成员的陪同，家庭成员作为照顾者的角色非常重要，他们的陪同与照料能够让身处医院环境的小患者们延续他们所熟悉的日常生活节奏。

在设计中使用形式、材料、颜色和肌理来营造令小患者及家属熟悉的环境，使其具有家的氛围。强调家庭空间，例如尽可能扩大等候区及活动区、设置洗衣设施、预留更大的储物空间等。在本项目儿童病房的设计中，我们首先压缩了病房卫生间的面积，使其只能容纳一组

患者及其家庭使用，然后利用节省出的面积设置了更多的储物空间。在病床区域，创新性的设计了可以收纳到墙面上的桌面及座椅，为每个床位的家庭提供围坐在一起就餐的小场所；另外结合家具的设计为每个床位预留了可以自行装饰的画框，各个家庭可以通过自己喜欢的方式，把各自的床位打造成只属于自己的场所。

4. 支持医护人员

医护人员的技术水平是一个医院的核心竞争力，医疗环境设计首先要考虑安全与高效的因素，比如让医护人员更方便快捷的获取药物和用品、为他们提供更开阔的视野、更方便的会议讨论空间等。但除了技术劳动，医护人员也要付出情感的投入，因此必须要为他们提供良好的充电场所，令他们能够及时排解自己的情绪以更好地为患者提供服务。在本项目中，我们为每个诊区的医护人员都预留了尽可能大面积与功能合理的休息空间，并提供尽可能多的新鲜空气与自然光。

5 结语

人民健康是民族昌盛和国家强盛的重要标志。近年来，国家的发展越来越重视保障人民健康，建立完善生育支持体系，强调优生优育。保障妇女儿童群体的健康是此战略的重要一环。

在人们对于自身健康的需求由疾病治疗转向疾病预防及日常保健的趋势下，本文聚焦亚健康人群中的妇女和儿童群体，借由为西北妇女儿童医院二期项目设计的经验，探讨了面向此类人群的医疗环境室内设计的策略及方法。

项目以"以人为本"的设计原则作为指导，结合其所在地的地理环境特征，采用提取自大自然的曲线与色彩元素贯穿整个空间设计，令医院环境具有柔软、温暖、舒适的体验感。同时，更加细致地考虑妇女和儿童群体的特殊需求，关注各项指标以促进环境的疗愈属性、重视营造家庭空间氛围、引入积极分心理论，从细节入手，让亚健康的妇女和儿童群体在医院中既可以享受到专业、高效的医疗服务，又能够以最轻松愉悦的心态去体验愉快的康复保健过程。

参考文献

[1] JIANG S. Positive distractions and play in the public spaces of pediatric healthcare environments：A literature review [J]．HERD：Health Environments Research & Design Journal，2020，13（3）：171 - 197.

[2] UIRICH R S. Effects of interior design on wellness：theory and recent scientific research [J]．Health Care Inter Des，1991，3：97 - 109.

基于场所记忆营造的长沙市靖港古镇再生策略研究

■ 曹　铮　李瑞君
■ 北京服装学院艺术设计学院

摘要　在城市化进程迅速推进的社会背景下，作为我国城市更新中的重要一环的文化古镇更新也有了更为迫切的需求。当下的古镇更新呈现本土文化流失、同质化、商业化的现象。针对这一问题，本文以湖南长沙靖港古镇为例，调研靖港古镇更新所面临的基础设施落后、产业落后、文化记忆流失等现实问题。本文基于场所记忆理论，挖掘梳理靖港古镇内的场所记忆及其记忆载体。在此基础上探讨营造场所记忆的古镇再生策略，营造古镇的场所记忆，增强居民和游客与场地的情感共鸣，延续古镇历史文化。

关键词　场所记忆　靖港古镇　再生策略

古镇是在现代保留较好的、较大规模的居住性商业集镇，是由商业发展而来的一种介于古城和古村落之间的聚落形态。古镇的存在作为城市历史发展中的不可再生的重要一环，承载着一个地区的传统文化、人文历史以及生活方式、地域性特征等多种记忆。对文化古镇进行合理地保护与开发更为符合城市发展进程中的人文主义需求，其传统文化价值的挖掘与保护有利于增强场所认同感，对保护其他地区独特性、提升地区吸引力有着至关重要的作用，是城市更新进程中一直以来所追求的目标。随着我国城镇化进程迅速推进，为了适应这种变化，城镇建设迅速发展。然而一些历史古镇在城市发展进程中逐渐走向衰败，许多传统文化与历史记忆没有得到有效的保护与传承。一方面，古镇内产业落后、基础设施的更新跟不上居民需求的增长，使得当地居民大量迁出。这又致使古镇内部生产力不足，古镇的经济文化发展停滞。另一方面，对传统文化建筑群更新的迫切需求，引发了一些地区的历史古镇改造出现乡绅化问题。对历史古镇的釜底抽薪式的改造更新层出不穷，失去原有的建筑群落特征，导致地区场所记忆出现断层，失去了城市记忆的延续性。除此之外，历史古镇更新的同质化、商业化问题也越发严重。因此，在古镇更新过程中，协调历史古镇的场所记忆的保护与发展问题变得尤为迫切。

1　场所记忆视角下的古镇

1.1　场所记忆的提出

张松在《历史城市保护学导论》[1] 中这样描述道，一个没有历史的城市，仿佛一个没有记忆的人。

场所具有空间性、功能性、联结性和情感性，其本质在于让人在实体的空间中感受到其内在的人文内涵。当空间被赋予了地域特征、人类文明、历史演变等含义后，空间便成为了承载着某种记忆的场所。特定人群在某一特定场所中共同进行的生产活动会产生共同的"集体记忆"，这种集体回忆是在一个群体里或社会中人们所共享、传承以及一起建构的事或物。集体以宏观视角来概括地表述场所记忆，然而，真正进行场所记忆的是处于集体中每一个独立个体。

20世纪20年代，法国历史学家兼社会学家哈布瓦赫在其著作《论集体记忆》中首次提出了区别于"个人记忆"的"集体记忆"（collective memory）。这种集体记忆是在一个群体里或社会中人们所共享、传承以及一起建构的事或物。承载着这种共同的集体记忆的场所则被称为"记忆场所"。20世纪80时代，法国另一位历史学家、社会记忆研究专家皮埃尔·诺拉在其主编的《记忆的场所》系列丛书中，正式提出了"记忆场所"（place of memory）概念。皮埃尔·诺拉认为记忆场所在承载了大众生活的丰富多样的人文内涵，同时他提出这种具有历史性的空间对构建地域性文化认同感有很大帮助。这种认同感正是归属感的基础。从场所记忆营造的角度切入到古镇的再生改造设计中，有利于唤起人对场地的归属感。在保护了原有的文化背景的前提下，加强人与空间的情感连接。

1.2　古镇更新中场所记忆的载体

场所记忆的产生需要依托于特定的载体，即场所中的人以及人所发生的行为、所接触的事物。同时，场所记忆具有空间性，不能脱离于特定的场所。记忆随着事件的发展而产生，事件的发生是群众产生情感的方式，有了事件，人们才能对场所特征获得感知。因此记忆场所通过营造事件空间来引发情感共鸣，进而营造场所精神。人们在特定场所中获取记忆，以此得到对场所空间的认同[2]。古镇中所发生的历史事件、文化活动，古镇内的街巷、传统建筑、一砖一瓦等都保留了这片土地原有的时代记忆。通过阅读文献与对相关案例的分析，对场所记忆载体进行结归纳，在本文中将这些记忆载体主要分为两类：物质记忆载体与非物质记忆载体。

1. 古镇中的物质记忆载体

古镇中的物质记忆载体主要包含有以下几种：

（1）牌楼。牌楼是我国特有的一种建筑艺术与文化载体，通常会设立在古镇区域的入口处，作为街巷区域的分界标志。区别于牌坊，牌楼的横梁上有斗拱和屋顶的结构，是更为恢宏的标志性建筑。

（2）传统建筑。古镇内部的传统建筑保留了传统的建筑材料、建造方式、地域特征，同时表达了过去的生活方式与礼教制度等信息。除公共建筑外，商铺和传统民居也是场所记忆的延续的重要物质载体，传达了十分重要的文化信息。由于古镇是由商业发展而来的一种聚落形态，在这种聚落形态中的民居大多呈现出商住一体的建筑形态。

（3）生产用具。一个区域的生产用具的传承传达了一定的、当地的地域特征，同时生产用具能够直观地展现当时的作业方式与过程，更好地将人带入到特定的生产情境中，引起情绪的共鸣。

这些物质记忆载体承载着过去居民生活的痕迹，通过观察这些历史痕迹可以追溯过去的事件与信息，获取当地居民对这一记忆场所的感知，进而解读其中的文化价值。

2. 古镇中的非物质记忆载体

非物质记忆载体主要包含有民俗活动、历史事件和传统技艺等。民俗活动与传统技艺都是当地的民间文化的重要展现方式。历史事件的发生与场所记忆共同发展。这些非物质记忆载体承载着古镇的人文历史，相较于物质记忆载体而言，更多展现的是当地居民对场地的主观历史文化感知与生活感受。

2 靖港古镇的现状调研

2.1 靖港古镇发展现状

靖港古镇位于湖南省长沙市望城区城西北，地处湘江西岸，南邻沩水。距长沙市区 25km。靖港原名芦江，又名沩港。靖港古镇属于靖港镇的古镇部分，地处沩水入湘江之三角洲地带。靖港优良的水运条件为靖港的商业发展提供了良好的地理环境基础，由此，靖港自清末以来便成为了商业贸易频繁的优良港口。

靖港古镇未经过度的商业开发，这很大程度上为保留传统建筑、原有街巷布局等原生环境提供了便利。然而，传统建筑与场所记忆的保护也走向另一极端。传统建筑没有得到合理地维护以及定期修缮，一些建筑逐渐老化衰败，甚至坍塌。没有经过规划的自建民居逐渐代替传统民居出现在古镇内部，放弃使用传统的建造方式与建筑材料，取而代之的是现代化的混凝土结构自建房。这使得靖港古镇逐渐失去原有建筑群落的特征，历史文脉难以延续，场所记忆出现断层。除去传统建筑的保护与更新问题外，古镇内的基础设施以及商业模式落后，无法适应城镇现代化的需求，这进一步导致了当地居民的迁出，古镇经济难以得到发展（图1）。

2.2 靖港古镇所承载的场所记忆

1. 建筑、街巷空间记忆

靖港古镇的传统古建大多始建于明清时期，大部分

图1 被拆除的部分宗教建筑
（图片来源：作者自摄）

保存下来的传统建筑位于老镇区域的半边街。沿街的商住两用民居（图2）多采用双层砖木混合结构，相邻两户通常共用一道山墙，山墙部分为高于屋顶的马头墙，以此达到防火、防风的作用，屋面通常采用硬山搁檩式。

图2 商住一体民居
（图片来源：作者自摄）

古镇内部现保存"八街四巷七码头"，包含河堤在内的八街分别为：保粮街、半边街、保健街、保安街、少先路、兴农堤、横堤、南岸堤；四巷为：大巷子、桐仁巷、当铺巷、庐江巷；七码头为：大兴码头、裕大码头、蔡家码头、卞河码头、渔船码头、桐仁码头、庙湾码头。街道分布呈鱼骨状，以保粮街、半边街、保健街、保安街为主轴向两边发展。

2. 民俗文化记忆

（1）红色文化。靖港内部保留有中共湖南省委机关原址以及"革命母亲"陶承故居。

（2）堤垸文化。堤垸作为防洪构筑物，在湖南地区十分常见。靖港也是在新中国成立后，出于防洪要求的考虑，将沩水河道改道后在古镇西侧筑起堤坝，沩水至此改为从更南部的新康流入湘江。此外，在 1978 年，在保安街入湘江口处，筑起堤坝，使得沩水成为内湖。[3]

（3）戏曲文化。靖港是长沙花鼓戏的发源地之一，湘剧在靖港得到了很好的传播与发展。且望城被誉为"皮影之乡"，有着精美细致的制作皮影的技艺。坐落于古镇中段保健街的八元堂，又称宁乡会馆的内部的戏台部分得到了完整保留（图3）。除此之外，还有紫云宫戏楼、庐江戏剧院、邻水戏台等提供演出的场所。

图 3　八元堂戏台
（图片来源：作者自摄）

3. 商业活动记忆

靖港古镇作为天然良港，有着良好的商业基础。靖港古镇是宁乡、益阳、湘阴、望城的粮食以及当地土特产的集散转运之地。曾是湖南四大米市之一，且是湖南省内淮盐的主要经销口岸之一，贸易往来丰富活跃。靖港古镇的商业活动带动了靖港古镇经济发展和古镇规模的发展，对古镇居民的生活方式与生产方式的形成有着决定性的作用。靖港古镇沿街位置保留有大量传统商住一体式民居，以及望江楼制鞋厂旧址（图 4）、杨广兴行等商业建筑。

图 4　湖南望江楼制鞋厂
（图片来源：作者自摄）

3　场所记忆视角下的古镇再生策略

3.1　整体统筹规划，完善基础设施

统筹修复古镇整体环境，完善区域内的基础设施，营造良好的居住游览环境。古镇沿保安街两侧有部分二层民居的建筑结构已经产生变形，且有倾倒的趋势。同时，主街北侧由于古镇原住民大量迁出，留有大量荒置的空楼与荒地。在对古镇进行整体规划时，考虑对已产生形变的传统建筑以原有的建筑结构与建筑材料进行修缮维护，以期达到修旧如旧的效果。对于闲置的空楼和空地，考虑置入居民与游客所需的功能空间，如客栈、餐馆、口袋公园、生态园等公共设施。

在保护古镇原有自然环境与人居环境的基础上，完善针对当地居民的现代化需求，置入相应的功能空间。完善对外交通，增强可达性，便于吸引外来游客，活化

古镇生态。

3.2　重塑场所记忆，再造地方体验

通过对靖港古镇历史文脉、民俗文化以及古镇居民记忆的深入调查和研究，提取出具有代表性的场所记忆，选择邻水戏台、河畔茶社、居民活动中心、篝火广场、滨水栈道等公共空间的设计作为重塑场所记忆的载体。对场所记忆的重塑，主要遵守古镇文物保护的原真性原则，以微更新的方式将这些场所融入进古镇中，保留在地性。公共空间作为作为承载居民记忆的重要场所，对于这些场所的改造重现，有利于延续居民对靖港古镇的场所记忆。同时为外来游客提供场所体验，丰富古镇文化特征，与靖港古镇产生情感共鸣，促进当地文化的传承发展。

3.3　完善文创产业，文化多元发展

通过对靖港古镇文化的挖掘与保护，依托其民俗文化、商业文化等文化记忆，在展览展示的基础上，置入靖港古镇文化体验工坊，将展示、体验、零售等功能集合在工坊中，如观看湘剧、制作皮影、售卖文创周边等。为当地居民与外来游客提供文化体验的机会，能够直观深入地了解靖港文化，感受靖港记忆。

3.4　依据居民记忆，将叙事性融入街道

叙事是记忆保持的手段，也是唤醒记忆的方式[4]。结合靖港古镇的商贸文化，将古镇的商贸场景与居民的生活场景融入进古镇景观设计当中，同时利用抽象的视听符号，通过记忆叙事将置入在古镇内的多个功能空间进行相互串联。通过记忆叙事，重现过去的商贸场景与生活场景，增强人在古镇空间中的体验感，增加记忆点。

4　结语

古镇是我国城市发展历程中的重要组成部分，是记录了我国商业贸易兴起和发展的节点，记载了我国传统的商贸文化与民俗文化等重要的文化线索。古镇场所记忆的挖掘与保护，对增加居民文化认同以及居民同场地的情感联结具有重要的作用。

古镇更新需要遵守基本的原真性原则，需要在保留原有风貌的基础上，以点连成线的微更新手法进行古镇空间活化。不可采用"推倒重建"式的更新方式，否则会脱离了在地性。对古镇的保护也不能一味地还原原有的状态，需要适应居民不断变化的生产生活需要与精神需求，满足游客游览、住宿、娱乐等方面的需求。与此同时，传统建筑与文化的保护不应该是静态的和固化的，而应是在动态中追求时代性和可持续，适应经济和产业的发展变化，提供场所记忆和在地文化的体验途径，有益于激发传统建筑与文化的活力，使其获得更为长远的延续与发展。

[本文为 2022 年北京高等教育本科教学改革创新项目"一流专业建设背景下环境设计专业教学体系建构研

究"、北京服装学院 2021 年教育教学改革立项项目"一流专业建设背景下环境设计专业教学体系建构研究"（项目编号 ZDJG－2103）和北京服装学院 2023 年研究生科研创新项目"基于场所记忆营造的古镇再生设计研究——以湖南省长沙市望城区靖港古镇设计为例"（项目编号：X2023－072）的成果。]

参考文献

［1］张松.历史城市保护学导论［M］.3 版.上海：同济大学出版社，2022.
［2］李扬.基于记忆场所理论的纪念性建筑设计研究［D］.长春：吉林建筑大学，2021.
［3］饶翔宇.长沙靖港古镇历史文化景观的保护与利用研究［D］.长沙：中南林业科技大学，2012.
［4］程炎焱.记忆理论视角下当代文化建筑叙事空间设计研究［D］.广州：华南理工大学，2018.

室内环境中标识显著性的影响因素综述

■ 尹梦雅　周希霖　李传成　朱志凌
■ 武汉理工大学土木工程与建筑学院

摘要　寻路标识是协调空间与人之间关系的中介公共设施，其对于帮助人们在复杂的室内环境中找到方向时确定方向至关重要。在人们对寻路标识的认知行为过程中，标识的视觉显著性是保证其有效运行的前提和关键。本文旨在回顾已发表的关于室内环境对寻路标识显著性影响的研究文章。本文总结了两类影响标识显著性的因素：①平面图因素；②环境因素。本文分析总结了寻路标识的特点，以及这些特征在寻路过程中如何影响行人的视觉认知。回顾影响室内环境中标识视觉显著性的因素，有助于了解行人在室内环境中如何关注视觉引导信息，为室内寻路领域提供理论基础。

关键词　标识　室内环境　寻路　视觉显著性　决策点

引言

在寻找特定位置、建筑物或环境时，人们通常需要运用认知策略理解环境线索，此搜索的过程称为"寻路"[1-2]。尽管寻路的定义因研究而异，但通常指的是寻找前往特定目的地或位置的适当方式[3]。寻路场所包括室内和室外环境[4-5]。行人在室内迷路时可能会导致严重后果，如错过航班或在建筑火灾中无法找到紧急出口[6]。在室外，行人可以采用多种方法轻松寻路，然而相对于室外环境，室内环境通常较为局限，通道狭小、细节众多且能见度有限[7-9]。由于缺乏精确的数据和技术，室内寻路研究相对室外寻路而言较为滞后。因此，在复杂的室内环境中需要地标和标识来指引路线，帮助人们找到目的地[10-11]。与室外寻路相比，在室内寻路过程中人类的视觉行为更为复杂。研究表明，在户外寻路过程中，显著性对视觉引导的影响较小[12-13]。人们普遍认为，在室内寻路时具有高视觉显著性的物体或标识可以吸引人的注意力[14-15]。

标识被定义为在视觉、语义和结构上从周围环境中脱颖而出的物体，通常用作寻路的附加工具或指南[16-17]。在室内寻路过程中，标识的视觉显著性主导了视觉注意力[18]。因此，标识的视觉显著性在空间认知研究和寻路系统设计中具有重要意义。人类能够实时确定从视觉环境中接收到的信息的优先级并进行信息处理。他们可以通过视觉注意力快速选择信息[19]。复杂建筑类型的发展（如医院和地下空间）使室内布局变得更加复杂，从而使寻路和视觉理解变得更加困难[20-21]。因此，不准确的视觉访问可能会阻碍有效的寻路和决策[22]。面对越来越模糊和陌生的空间，人们往往会不经意地失去方向感[23]。为了向人们提供关于其位置和目的地路线的信息，标识系统已成为室内环境中不可或缺的一部分[24]。因此，研究目的地路线和提供视觉线索的标识在室内寻路中的视觉信息至关重要。

为方便人们在室内寻路时对自己位置的短暂记忆，越来越多的研究人员对标识的图形、符号和文字进行了研究[25-27]。它们的共同点在于，与标识相关的图形和文本带来不同的视觉体验。简化图形标识具有明显的优势，在吸引注意力方面能促进人与人之间的记忆和交流[28]。标识在室内寻路中起着关键作用，是规划目的地路线和确定位置的基础[29-30]。之前的研究主要集中于提高环境可读性的标识图形和符号的信息能力[31-32]。尽管有这些令人鼓舞的发现，但至今为止，在室内环境中探索标识视觉显著性的研究很少。缩小这一研究差距至关重要，因为标识的视觉显著性取决于周围环境的不同特征。回顾影响室内环境中标识视觉显著性的因素，有助于了解行人在室内环境中如何关注视觉引导信息，以便更好地进行室内寻路。

因此，本文系统地总结了以往研究和认识，旨在促进今后在该领域的研究。本文报告了室内环境中影响标识视觉显著性的因素的认识，以应对以下问题：

（1）室内环境中的人类寻路理论哪些？

（2）哪些室内环境因素会影响标识的显著性？

1　标识显著性的定义与发展

1.1　标识显著性的定义

城市环境寻路过程中，标志物的显著性主要受其视觉、语义和结构吸引力的影响[33-34]。视觉吸引力受标志物与周围环境的外观对比反差及寻路者的视觉感知影响，标志物的外观特征包括面积对比、形状比例、色彩差异和可见程度等因素。语义吸引力类似于认知吸引的概念，依赖于寻路者的经验知识和对环境的熟悉程度。结构吸引力则由标志物在空间结构和流线系统中的突出位置所决定[35]。这三者相互作用，会共同影响寻路者的观察过程，进而加工并强化标志物的视觉显著性（图1）。

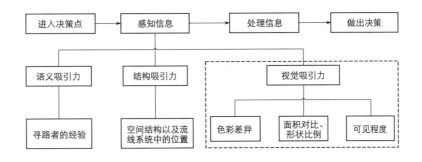

图 1 寻路过程标识显著性

1.2 标识显著性研究的发展

在现代建筑中，导向标识已成为一种不可或缺的元素，其显著性也成为设计师和研究人员的热点关注点之一。置身于多元复杂环境下的正确寻路研究与设计越发重要，为了获取环境影响下导向性标志研究的历史脉络和未来发展趋势，本次研究中主要检索以下四个数据库：Web of Science 核心库、EBSCO、Engineering Village 和 ProQuest。以关键词"wayfinding""indoor environment"和"signage saliency"进行初步检索，共获得检索结果54 篇。

在环境影响下的导向寻路研究中，欧美国家参与贡献众多，综合占比超过 70%，美国的研究机构在导向寻路与室内外环境的关系方面投资最多。欧美国家的建筑风格可能更加关注环境对导向标识设计和布置的影响。因此，对环境对导向标识显著性研究在全球进行全面回顾具有重要意义，或许可以得到一份符合地区特色的阶段性研究总结，对城市的发展具有参考意义。

回顾过去的综述文章和研究文章发现，寻路领域最初集中在几个主要主题上，如图 2 所示，例如户外寻路、寻路的个人和群体差异以及紧急情况下的寻路行为。但最近在寻路领域的研究变得更加多样化，表明了这一领域的重要性，特别是在复杂的室内环境中[36-37]。在室内环境中，综述文章的中心主题是寻路研究的演变和趋势，较少总结标识对行人寻路的影响[38]。该领域的研究主要集中在医疗环境和紧急疏散场景[39-40]。虽然对导向标识的研究有几种分类，但它们只关注标识本身设计的特定方面[41]。因此，需要一个新的框架来进一步组织室内环境中的哪些特定因素可能会影响室内寻路过程中标识的显著性，将影响因素与研究方法相结合以报告跨学科领域的发现。

标识在寻路过程中的视觉显著性是空间认知研究和寻路系统设计中的一个重要问题。在所调查的研究中，确定了两大影响行人寻路效率的因素：标识设计因素和环境因素。本研究聚焦于室内寻路过程中标识在视觉引导方面的作用，室内环境有两个影响标识显著性的因素，即平面图因素和环境因素。

2 结果

2.1 平面图因素

多项研究表明，平面图布局的复杂性是影响寻路性能的主要因素。研究者可以通过评估平面图的复杂程度来评估寻路的难度[42-44]。在研究平面图类型对寻路效率的影响时，发现线性、圆形和网格平面图类型对寻路效率的影响最为显著。在这三种类型中，线性平面图对寻路有积极影响，而圆形和网格平面图对寻路效率有负面影响[45-46]。其中，具有线性空间的平面图由于方向感强，更容易寻路，允许沿着主走廊从一个点移动到另一个平面。为了帮助人们提高寻路效率，空间布局应该是对称

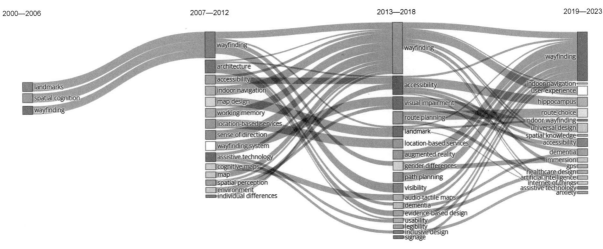

图 2 2000—2023 年文章主题演变趋势

的、规则的、连续的或井井有条的，并提供可识别或令人难忘的标记，引导人们主动完成寻路任务[47]。圆形平面布局在寻路方面具有中等难度，因为它们的特点是围绕中央空间在圆形路径中移动，这可能会导致行人在寻路时出现频繁的方向变化，从而导致寻路过程中的歧义和混乱[48]。相比之下，网格布局由于网格点分散、布局不美观、复杂性较大，在行人寻路方面难度最大。大多数研究人员认为，在平面图中的主入口、走廊、十字路口和具有多个通道组合的区域必须放置标识，以帮助行人导航[49]；然而，一些研究表明，在这些区域放置临时标志可能会使行人感到困惑[50]。在上述放置标识的区域中，决策点的视觉范围会影响标识的使用率。决策点处更宽的可见范围会增强行人获取标识信息的能力，并对室内寻路性能产生积极影响。已确认复杂平面类型对寻路效率会产生显著负面影响，然而不同平面类型组合对寻路效率的影响仍需进一步探讨。

2.2 环境因素

2.2.1 颜色

颜色是一种环境线索，已经有研究表明通过建筑物内部颜色的配置会直接影响标识在陌生环境中的显著性和行人对空间认知信息的获取[51]。研究表明，环境中颜色的种类和对比度都会影响标识的显著性。早期的研究集中在环境颜色种类的数量对标识显著性的影响上。Richman的研究发现，在室内环境中标识符号过多的颜色会降低可读性，这对标识的显著性和空间认知的快速获取都有不利影响[52]。近期的研究探讨了环境背景和颜色对比度之间的关系[53-54]，结果表明高对比度的颜色搭配和纯色背景有助于寻路。然而，现有的研究仅仅关注环境背景颜色类型数量和对比度的影响，缺乏对它们综合影响的全面调查。此外，研究尚未考虑某些特定颜色对标识显著性的影响。

2.2.2 光线

照明是影响室内寻路标识显著性的重要因素，包括自然光和人工照明设施。关于自然光对标识显著性的影响，研究发现，室内环境中自然光的亮度越高，标识的显著性越强[55]。Fletcher等对比了鲜明的暗光环境，提出了关于标识亮度设计的改进建议[56]。关于人工照明设施对标识的影响，研究发现，通过设置适宜且明亮的照明可以提高行人的寻路效率[57]。Vilar等利用虚拟现实技术模拟了室内走廊的视觉环境，研究结果表明，在低光照水平的室内环境中，用户对暖色和冷色的反应比较负面[58]。Lasauskaite和Reisinger对瑞士火车站进行了现场调研，结果表明在高环境光照条件下标识显著性比低环境光照条件下高，但是当照明亮度达到一定程度时，标识显著性地增加趋于饱和[53]。然而，现有的研究主要关注环境照明对医疗和交通标志显著性的影响，对其他建筑物室内空间，特别是地下区域的研究相对较少。此外，使用虚拟现实技术的研究仅模拟了室内走廊的视觉环境，缺乏对复杂室内空间的模拟研究。

2.2.3 标识的空间布局

标识的安装角度和位置会影响行人的视线和阅读习惯，从而影响标识的显著性。研究人员一直在关注行人阅读角度对标识显著性的影响[41,59]。Garvey发现，当视角垂直于视线范围之外的20°～40°时，标识的显著性就会受到影响[60]。Cai和Green的研究表明，在十字路口附近安装的室内标识，标识面与视线方向接近平行，可以更容易地阅读相应的标识[59]。Zhu等发现，相比于水平安装在天花板上的标识，安装在地板上的标识更容易被受试者识别。此外，标识的安装位置也会影响行人的视觉注意力[61]。由于人类习惯于从左到右阅读，位于左侧的标识具有更强的吸引力。同样，使用从左到右的描述和方向箭头将提供更流畅、高效和质量更高的寻路体验，特别是在室内环境[50]。与研究标识安装角度和位置对标识显著性的影响相比，室内空间标识的数量和可被认知的布局研究相对较少。此外，标识的布局和内容应根据不同的年龄、文化和语言群体进行适当调整，以确保易于理解和接受。

2.3.4 其他因素

其他室内环境因素，如声音、烟雾和人群流动，也会对标识的显著性产生重大影响，尤其在火灾疏散等紧急情况下。Dalirnaghadeh和Yilmazer指出，视觉标识和声音环境的结合可以增强人们对室内空间的认知[62]。Xu等的研究表明，环境中的视觉噪声会影响人们的视觉认知和寻路能力，高噪声环境可能会导致寻路标志的声音提示被掩盖或难以听到，从而降低其有效性[55]。此外，如果方向标识的声音提示类似于环境中的其他声音，也会影响标识的显著性。在紧急情况下，如果建筑物内出现烟雾，标识可能会因烟雾的阻挡而变得模糊，降低其显著性[63-64]。Zhu等通过在虚拟地铁站模拟火灾疏散场景证实了烟雾对寻路的有害影响[64]。同时，人流也是影响标识显著性的一个因素。在人流密集的情况下，标识的视觉提示可能会被人群阻挡或干扰，人们可能会因此忽略标识，降低了其显著性。Lin等的研究表明，在紧急疏散情况下，与其他出口相比，人们选择设有标志的出口或周围大多数人选择的出口的可能性是其他出口的18倍以上[64-65]。这些研究表明，室内环境因素对标识的显著性具有影响，但目前的研究领域仍然存在研究的局限性，需要从不同的角度深入研究室内环境对标识显著性的影响并进行总结。为了更好地理解标识的显著性和如何改进标识在不同环境中的可读性，未来需要更系统地研究这些室内环境因素的影响。

3 结论

本文旨在探讨室内的环境特征对标识显著性的影响因子，旨在回答前面介绍部分提出的问题，调查的文章结果表明，关于标识显著性在寻路领域的研究相对较新。文中确定了影响标识显著性的两个因素：①平面图因素；②环境因素。

建筑平面图会影响行人的寻路，因为不同的布局设计将决定行人移动的方向和路径。一般来说，建筑平面图越复杂，行人导航就越困难。不同类型的平面图，包括线性、圆形和网格平面图，对行人的寻路效率有不同程度的影响。一些研究表明，通过增加墙壁的视觉透明度、提高楼梯的能见度、调整人和设施的流动，可以提高决策点的视觉可达性，为行人提供更多的寻路信息，进而提高寻路效率。简单的布局可以增强标识的显著性，而复杂的布局很容易遮挡或难以注意到标识。在设计标识时，有必要充分考虑环境颜色对标识的影响。如果环境颜色相似，则标识应该选择更鲜艳的颜色，以提高显著性。如果环境对比度强，标识可以与环境相呼应，从而增加和谐性，同时保证显著性。环境照明因素如光线强度、光源、光的方向、背景颜色和反射率也会影响标识的显著性。此外，在考虑标识高度、倾斜角度、大小和形状时，必须更好地适应不同的识别需求和环境要求，从而提高标识的可见性和可识别性。环境噪声和建筑物复杂的视觉信息也会影响标识的显著性。因此，在设计标识时必须综合考虑这些其他环境因素。

对文章中影响标识显著性的因素进行分类是有实际意义的，有助于明确研究所涉及的因素和技术方法。大多数文章在探索影响室内环境中标识显著性的因素时，使用单一的技术方法进行试验，但缺乏对多种因素的组合效应的研究，也缺乏各种技术组合来实现更多的定性和定量分析。此外，进行认知现场试验以改善建筑环境具有挑战性。虽然已经调查了影响室内和室外寻路的因素，但似乎很少有研究分析这些因素如何影响识别寻路标志的显著性。由于可用数据的稀缺，很难衡量各种因素对识别显著性的影响。此外，与室外环境相比，室内环境更加复杂，真实世界行为数据的稀缺性和不完整性，高成本以及建立受控试验条件的难度都极大地阻碍了研究人员对这一主题的探索。

参考文献

[1] CHEN J L，STANNEY K M. A theoretical model of wayfinding in virtual environments：Proposed strategies for navigational aiding [J]. Presence，1999，8（6）：671 – 685.

[2] HÖLSCHER C，BÜCHNER S J，MEILINGER T，et al. Adaptivity of wayfinding strategies in a multi – building ensemble：The effects of spatial structure，task requirements，and metric information [J]. Journal of Environmental Psychology，2009，29（2）：208 – 219.

[3] JAMSHIDI S，PATI D. A narrative review of theories of wayfinding within the interior environment [J]. HERD：Health Environments Research & Design Journal，2021，14（1）：290 – 303.

[4] FEWINGS R. Wayfinding and airport terminal design [J]. The journal of navigation，2001，54（2）：177 – 184.

[5] KULIGA S F, NELLIGAN B, DALTON R C, et al. Exploring individual differences and building complexity in wayfinding: The case of the Seattle central library [J]. Environment and Behavior, 2019, 51 (5): 622 – 665.

[6] D'ORAZIO M, BERNARDINI G, TACCONI S, et al. Fire safety in Italian – style historical theatres: How photoluminescent wayfinding can improve occupants' evacuation with no architecture modifications [J]. Journal of Cultural Heritage, 2016, 19: 492 – 501.

[7] CHEN Z, ZOU H, JIANG H, et al. Fusion of WiFi, smartphone sensors and landmarks using the Kalman filter for indoor localization [J]. Sensors, 2015, 15 (1): 715 – 732.

[8] DE COCK L, OOMS K, VAN DE WEGHE N, et al. Identifying what constitutes complexity perception of decision points during indoor route guidance [J]. International Journal of Geographical Information Science, 2021, 35 (6): 1232 – 1250.

[9] DE LEEUW D, DE MAEYER P, DE COCK L. A Gamification – Based Approach on Indoor Wayfinding Research [J]. Isprs International Journal of Geo – Information, 2020, 9 (7): 423.

[10] BASIRI A, AMIRIAN P, WINSTANLEY A, et al. Seamless pedestrian positioning and navigation using landmarks [J]. The Journal of Navigation, 2016, 69 (1): 24 – 40.

[11] MILLER C, LEWIS D. Wayfinding in complex healthcare environments [J]. Information design journal, 1998, 9 (2): 129 – 160.

[12] ALBRECHT R, VON STÜLPNAGEL R. Taking the right (or left?) turn: effects of landmark salience on the retrieval of route directions [J]. Spatial Cognition & Computation, 2021, 21 (4): 290 – 319.

[13] The emerging spatial mind [M]. [S. l.]: Oxford University Press, 2007.

[14] LYU H, YU Z, MENG L. A computational method for indoor landmark extraction [J]. Progress in Location – Based Services 2014, 2015: 45 – 59.

[15] NOTHEGGER C, WINTER S, RAUBAL M. Selection of salient features for route directions [J]. Spatial cognition and computation, 2004, 4 (2): 113 – 136.

[16] DONG W, QIN T, LIAO H, et al. Comparing the roles of landmark visual salience and semantic salience in visual guidance during indoor wayfinding [J]. Cartography and Geographic Information Science, 2020, 47 (3): 229 – 243.

[17] KALIN A, YILMAN D. A study on visibility analysis of urban landmarks: The case of Hagia Sophia (Ayasofya) in Trabzon [J]. Metu Jea, 2012 (1): 241 – 271.

[18] AI X, WU Z, GUO T, et al. The effect of visual attention on stereoscopic lighting of museum ceramic exhibits: A virtual environment mixed with eye – tracking [J]. Informatica, 2021, 45 (5).

[19] STENTIFORD F. Bottom – up visual attention for still images: a global view [J]. From Human Attention to Computational Attention: A Multidisciplinary Approach, 2016: 123 – 140.

[20] ROBETS A C, CHRISTOPOULOS G I, CAR J, et al. Psycho – biological factors associated with underground spaces: What can the new era of cognitive neuroscience offer to their study? [J]. Tunnelling and Underground Space Technology, 2016, 55: 118 – 134.

[21] AHMED S, MUHAMMAD I B, ISA A A, et al. Influence of Spatial Layout on Wayfinding Behaviour in Hospital Environment in Nigeria [J]. Jaabe, 2020, 31 (2): 32350.

[22] BRUNYÉ T T, GARDONY A L, HOLMES A, et al. Spatial decision dynamics during wayfinding: Intersections prompt the decision – making process [J]. Cognitive Research: Principles and Implications, 2018, 3: 1 – 19.

[23] Anthropological locations: Boundaries and grounds of a field science [M]. [S. l.]: Univ of California Press, 1997.

[24] GIBSON D. The wayfinding handbook: Information design for public places [M]. [S. l.]: Princeton Architectural Press, 2009.

[25] IFTIKHAR H, ASGHAR S, LUXIMON Y. The efficacy of campus wayfinding signage: a comparative study from Hong Kong and Pakistan [J]. Facilities, 2020, 38 (11/12): 871 – 892.

[26] IFTIKHAR H, ASGHAR S, LUXIMON Y. A cross – cultural investigation of design and visual preference of signage information from Hong Kong and Pakistan [J]. The Journal of Navigation, 2021, 74 (2): 360 – 378.

[27] LI H, XU J, ZHANG X, et al. How Do Subway Signs Affect Pedestrians' Wayfinding Behavior through Visual Short – Term Memory? [J]. Sustainability, 2021, 13 (12): 6866.

[28] OVIEDO – TRESPALACIOS O, TRUELOVE V, WATSON B, et al. The impact of road advertising signs on driver behaviour and implications for road safety: A critical systematic review [J]. Transportation research part A: policy and practice, 2019, 122: 85 – 98.

[29] VILAR E, REBELO F, NORIEGA P. Indoor human wayfinding performance using vertical and horizontal signage in virtual reality [J]. Human Factors and Ergonomics in Manufacturing & Service Industries, 2014, 24 (6): 601 – 615.

[30] JAMSHIDI S, ENSAFI M, PATI D. Wayfinding in interior environments: an integrative review [J]. Frontiers in Psychology, 2020, 11: 549628.

[31] ROUSEK J B, HALLBECK M S. Improving and analyzing signage within a healthcare setting [J]. Applied ergonomics, 2011, 42 (6): 771 – 784.

[32] WAN Z, ZHOU T, TANG Z, et al. Smart design for evacuation signage layout for exhibition halls in exhibition buildings based on visibility [J]. ISPRS International Journal of Geo – Information, 2021, 10 (12): 806.

[33] RAUBAL M, WINTER S. Enriching wayfinding instructions with local landmarks [C] //International conference on geographic information science. Springer, Berlin, Heidelberg, 2002: 243 – 259.

[34] 智梅霞, 贾奋励, 田江鹏, 等. 显著度模型的地标提取方法综述 [J]. 测绘科学, 2017, 42 (4): 48 – 54, 67.

[35] KLIPPEL A, WINTER S. Structural salience of landmarks for route directions [C] // International conference on spatial information theory. Springer, Berlin, Heidelberg, 2005: 347 – 362.

[36] LIU L, LI B, ZLATANOVA S, et al. Indoor navigation supported by the Industry Foundation Classes (IFC): A survey [J]. Automation in Construction, 2021, 121: 103436.

[37] BOSCH S J, GHARAVEIS A. Flying solo: A review of the literature on wayfinding for older adults experiencing visual or cognitive decline [J]. Applied ergonomics, 2017, 58: 327 – 333.

[38] GHAMARI H, SHARIFI A. Mapping the evolutions and trends of literature on wayfinding in indoor environments [J]. European Journal of Investigation in Health, Psychology and Education, 2021, 11 (2): 585 – 606.

[39] Al – SHARAA A, ADAM M, AMER NORDIN A S, et al. Assessment of Wayfinding Performance in Complex Healthcare Facilities: A Conceptual Framework [J]. Sustainability, 2022, 14 (24): 16581.

[40] DENG L, ROMAINOOR N H. A bibliometric analysis of published literature on healthcare facilities'wayfinding research from 1974 to 2020 [J]. Heliyon, 2022: e10723.

[41] BULLOUGH J. Factors affecting sign visibility, conspicuity, and legibility: Review and annotated bibliography [J]. Interdisciplinary Journal of Signage and Wayfinding, 2017, 1 (2): 2 – 25.

[42] WEISMAN J. Evaluating architectural legibility: Way – finding in the built environment [J]. Environment and behavior, 1981, 13 (2): 189 – 204.

[43] RAUBAL M, EGENHOFER M J. Comparing the complexity of wayfinding tasks in built environments [J]. Environment and Planning B: Planning and Design, 1998, 25 (6): 895 – 913.

[44] ASKARIZAD R, HE J, KHOTBEHSARA E M. The legibility efficacy of historical neighborhoods in creating a cognitive map for citizens [J]. Sustainability, 2022, 14 (15): 9010.

[45] ARTHUR P, PASSINI R. Wayfinding: people signs and architecture [M]. [S. l.]: [s. n.], 1992.

[46] KALANTARI S, TRIPATHI V, KAN J, et al. Evaluating the impacts of color, graphics, and architectural features on wayfinding in healthcare settings using EEG data and virtual response testing [J]. Journal of Environmental Psychology, 2022, 79: 101744.

[47] CANTER D, WEST S, WOOLS R. Judgements of people and their rooms [J]. British Journal of Social and Clinical Psychology, 1974, 13 (2): 113 – 118.

[48] NATAPOV A, PARUSH A, LAUFER L, et al. Architectural features and indoor evacuation wayfinding: The starting point matters [J]. Safety science, 2022, 145: 105483.

[49] NATAPOV A, KULIGA S, DALTON R C, et al. Linking building – circulation typology and wayfinding: design, spatial analysis, and anticipated wayfinding difficulty of circulation types [J]. Architectural Science Review, 2020, 63 (1): 34 – 46.

[50] LEE E, DAUGHERTY J A, SELGA J, et al. Enhancing Patients'wayfinding and visitation experience improves quality of care [J]. Journal of PeriAnesthesia Nursing, 2020, 35 (3): 250 – 254.

[51] JANSEN – OSMANN P, WIEDENBAUER G. Wayfinding performance in and the spatial knowledge of a color – coded building for adults and children [J]. Spatial cognition and computation, 2004, 4 (4): 337 – 358.

[52] RICHMAN E E. Standard measurement and verification plan for lighting retrofit projects for buildings and building sites [R]. Pacific Northwest National Lab. (PNNL), Richland, WA (United States), 2012.

[53] LASAUSKAITE R, REISINGER M. Optimal luminance of internally illuminated wayfinding signs [J]. Lighting Research & Technology, 2017, 49 (4): 521 – 533.

[54] XU R, SU X, XIA H. Understanding and evaluating visual guidance quality inside passenger terminals – a cognitive and quantified approach [J]. Journal of Asian Architecture and Building Engineering, 2019, 18 (4): 362 – 379.

[55] ULLMAN B R, ULLMAN G L, DUDEK C L, et al. Legibility distances of smaller letters in changeable message signs with light – emitting diodes [J]. Transportation research record, 2005, 1918 (1): 56 – 62.

[56] FLETCHER K, SUTHERLAND S, NUGENT K. Identification of Text and Symbols on a Liquid Crystal Display. Part 2. Contrast and Luminance Settings to Optimise Legibility [R]. Defence Science and Technology Organisation Edinburgh (Australia) Maritime Operations div, 2009.

[57] HIDAYETOGLU M L, YILDIRIM K, AKALIN A. The effects of color and light on indoor wayfinding and the evaluation of the perceived environment [J]. Journal of environmental psychology, 2012, 32 (1): 50 – 58.

[58] VILAR E, TEIXEIRA L, REBELO F, et al. Using environmental affordances to direct people natural movement indoors [J]. Work, 2012, 41 (Supplement 1): 1149 – 1156.

[59] CAI H, GREEN P A. Legibility index for examining common viewing situations: A new definition using solid angle [J]. Leukos, 2009, 5 (4): 279 – 295.

[60] GARVEY P M, KLENA M J. Parallel – mounted On – premise Letter Height and Sign Size [J]. Interdisciplinary Journal of Signage and Wayfinding, 2020, 4 (1): 72.

[61] ZHU R, LIN J, BECERIK – GERBER B, et al. Human – building – emergency interactions and their impact on emergency response performance: A review of the state of the art [J]. Safety science, 2020, 127: 104691.

[62] DALIRNAGHADEH D, YILMAZER S. The effect of sound environment on spatial knowledge acquisition in a virtual outpatient polyclinic [J]. Applied Ergonomics, 2022, 100: 103672.

[63] ZHU R, LIN J, BECERIK – GERBER B, et al. Influence of architectural visual access on emergency wayfinding: A cross – cultural study in China, United Kingdom and United States [J]. Fire safety journal, 2020, 113: 102963.

[64] LIN J, LI N, RAO L L, et al. Individual wayfinding decisions under stress in indoor emergency situations: A theoretical framework and meta – analysis [J]. Safety Science, 2023, 160: 106063.

[65] LIN J, CAO L, LI N. How the completeness of spatial knowledge influences the evacuation behavior of passengers in metro stations: A VR – based experimental study [J]. Automation in Construction, 2020, 113: 103136.

阶梯教室改造中的声光环境设计
——以某阶梯教室为例

■ 张志豪 杨婷婷 陈 易
■ 同济大学建筑与城市规划学院

摘要 随着教学模式的改革与学术需要的变化，目前大多数阶梯教室室内声、光环境已不再适应师生日益增长的需求。本文以某设计院改造完成的阶梯教室为例，通过计算机模拟比较改造前后室内声、光环境变化，从多角度探索阶梯教室的改造模式与经验，希望为今后阶梯教室室内声、光环境改造提供参考与借鉴。

关键词 阶梯教室 声环境 光环境 室内设计

1 建筑概况

阶梯教室整体容积约为 1500m³，约有座位 236 个，每座容积率约为 3m³，主要功能为教学活动、学术汇报等。教室平面为长方形，总长 23.8m，宽 12.4m。其中讲台投影屏幕线至观众席后墙最大水平距离为 22.9m，座位呈阶梯状，首排标高与室外入口平台标高差 0.4m，第十二排标高 0.35m 处建筑层高抬升 900mm，并配备一面 LED 屏幕。讲台宽 11.4m、高 2.7m、进深 3.4m；讲台面至梁底高 3.1m；讲台与首排座位高差 0.45m。教室南、北侧分别有两个窗口提供自然采光，室内采用阵列式直接型灯具照明。

2 现状分析

2.1 计算机仿真模拟

在 rhino 中建立模拟模型，包括建筑周围环境、室内界面、门窗洞口、材料等信息。（图 1）声环境采用 grasshopper 中的插件 pachyderm 软件模拟，将声源设置在讲台几何中心高度 1.2m 处，接收器共 15 处均匀布置在观众席距离地面 1.2m 处。模拟环境空气温度为 20℃，相对湿度为 50%，静空气压力为 100kPa。评价标准与建筑材料参数参考《建筑物理》《中小学校设计规范》《剧场、电影院和多用途厅堂建筑声光学设计规范》，采用混响时间 RT（Reverberation Times）、声压级 SPL（Sound Pressure Level）、语言传输指数 STI（Speech Transmission Index）指标对声环境进行评价分析。光环境采用 grasshopper 中的插件 honybee、ladybug 软件模拟，评价标准与建筑材料参数参考《建筑采光设计标准》《室内工作环境的不舒适眩光》，采用动态评价指标全天然采光百分比 DA（daily autonomy）、空间内满足采光面积占比 sDA（spatial daily autonomy）、全天然不舒适眩光百分比 GA（glare autonomy）、全天不舒适眩光概率 DGP（daily glare probability）进行分析。

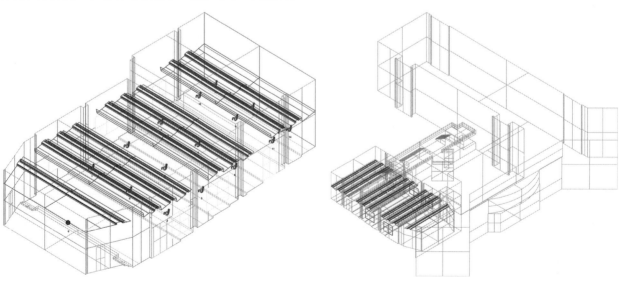

图 1 声、光环境模拟模型
（图片来源：作者自绘）

2.2 改造前声环境问题

模拟获得现状声学环境 RT、SPL、SPI 数据（图2~图4），现状阶梯教室各点位各频率混响时间随着与声源距离增加逐渐下降，中间点位混响时间均高于两侧，目前中频（500~1000Hz）混响时间平均值为 1.76~2.06s，不符合规范要求的 0.7~1.1s 标准，过长的混响时间会导致语音清晰度下降、语音信号强度衰减、听觉定位困难等问题，使得语音变得模糊不清，学生在教室内听觉体验较差。各点位各频率声压级随着与声源距离增加逐渐下降，中频（500~1000Hz）最多声压级衰减，高频（2000~4000Hz）次之，低频（125~250Hz）最少，中高频声压级整体为 40~60dB，符合室内教学要求。语言传输指数为 0.5~0.6 语言传输质量较差，语言可懂度较低，不利于学生理解教学内容；但各点位间指数差较小，最大差值在 0.07，说明各点位语音传输质量较为相近，语音均匀度较好。

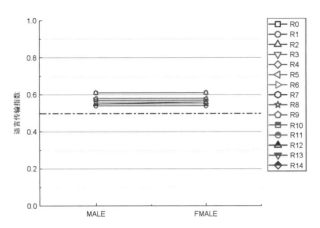

图4　改造前语言传输指数图
（图片来源：作者自绘）

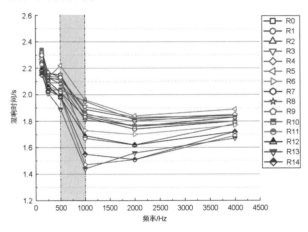

图2　改造前混响时间图
（图片来源：作者自绘）

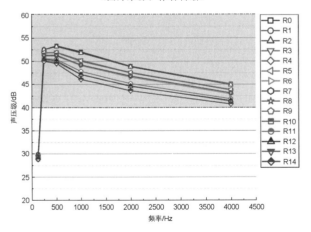

图3　改造前声压级图
（图片来源：作者自绘）

2.3 改造前光环境问题

分析 DA 图（图5）发现靠近南北侧窗口天然采光较充足，并随着与窗口距离增加呈现发散式削减，同时北侧的天然采光百分比更高，这与北侧窗墙比更大及周围无建筑遮挡有关，sDA 数值显示满足照度要求建筑面积仅占 37.8%。对 GA 图（图6）分析可得南北侧窗口附近

24 座位置会受到眩光影响，进而对不同选点的 DGP 图（图7）分析可得越靠近窗口处位置受到眩光影响越严重，这体现在单日受眩光影响的时间长度及每年受眩光影响的月份跨度，5—8 月单日眩光时长跨度比 11 月至次年 2 月更大，此外随着与窗户距离的增加，5—8 月单日眩光影响时长减少速率明显快于 11 月至次年 2 月。

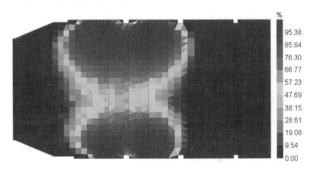

图5　现状 DA 图
（图片来源：作者自绘）

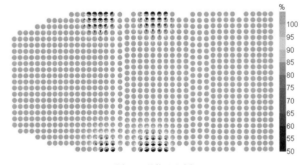

图6　现状 GA 图
（图片来源：作者自绘）

3 声光环境改造

3.1 声环境改造及模拟分析

3.1.1 声环境改造

在现有建筑室内基础上，为解决阶梯教室混响时间过长、语言清晰度差、语音传输质量低等问题，声学改造以局部变动体型、界面替换声学材料为设计原则。设计优化阶梯教室形体，将顶棚改为折板形，使其有效将讲台声源的早期直达声反射至观众区域，增加语言的清

晰度与响度。此外为了控制后墙回声、侧墙声聚焦、室内噪声等问题，改造结合室内装饰合理布置声学材料，后墙采用 1200mm×2700mm、25mm 厚的毛毡板，金色铝合金嵌条收边；侧墙及讲台墙面均采用 15mm 厚开缝吸音板；观众席地面采用 PVC 铺装，讲台地面采用符合

木地板铺装有龙骨架空；顶棚采用金属龙骨悬吊折板形穿孔双层纸面石膏板吊顶；门窗换成隔声门与断桥铝合金框、双层中空玻璃窗（各材料吸声系数见表 1）。声学改造施工分为改造地面、后墙、侧墙、吊顶 4 个步骤，对各阶段进行模拟并分析 RT、SPL、SPI 各指标情况（表 2）。

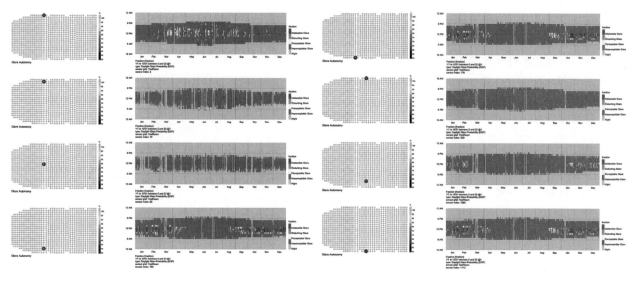

图 7　现状 DGP 图
（图片来源：作者自绘）

表 1　不同改造区域的材料吸声系数

改造区域	改造材料	吸声系数					
		125Hz	250Hz	500Hz	1000Hz	2000Hz	4000Hz
后墙	毛毡板	0.08	0.34	0.68	0.65	0.83	0.88
侧墙	开缝吸音板	0.14	0.35	0.78	0.52	0.3	0.28
吊顶	双层纸面石膏板	0.26	0.13	0.08	0.06	0.06	0.06
地面	PVC 铺装	0.01	0.01	0.01	0.03	0.09	0.08
讲台	木地板	0.15	0.11	0.1	0.07	0.06	0.07
门窗	双层中空玻璃	0.35	0.25	0.18	0.12	0.07	0.04
	隔声木门	0.1	0.15	0.2	0.25	0.3	0.3

表 2　阶梯教室五个阶段改造界面材料使用情况表

改造阶段	材料使用	材料布置示意图	
		平面图	轴测图
原始状态（G1）	—		

改造阶段	材料使用	材料布置示意图	
		平面图	轴测图
地面（G2）	PVC 铺装		
地面＋后墙（G3）	毛毡板		
地面＋后墙＋侧墙（G4）	开缝吸音板		
地面＋后墙＋侧墙＋吊顶（G5）	双层纸面石膏板		

3.1.2 混响时间分析

模拟结果显示声学改造五个阶段 G1～G5 的中频混响时间为 1.91s、1.88s、2.07s、0.54s、0.99s（图 8）。通过比较各阶段混响时间下降百分比（表 3），G4、G5 阶段对混响时间降低作用显著，G2 阶段作用较为微弱，G3 阶段对混响时间减少起副作用，说明侧墙部分的声学改造对混响时间降低主导作用，而目前采用的毛毡板吸声效果不如改造前的微穿孔板。

表 3 不同改造阶段的混响时间情况表

改造阶段	低频（125～250Hz）		中频（500～1000Hz）		高频（2000～4000Hz）	
	RT/s	下降百分比/%	RT/s	下降百分比/%	RT/s	下降百分比/%
G1	2.23	—	1.91	—	1.75	—
G2	2.11	5.4	1.88	1.6	1.7	2.9
G3	2.22	1.4	2.07	−8.4	1.79	−2.3
G4	1.69	24.2	0.54	71.7	0.84	52.0
G5	1.45	35.0	0.99	48.2	1.20	31.4

为进一步比较不同区域改造布置的吸声材料对混响时间改变的影响，笔者仅改变单一区域材料进行声学模拟并与改造前的状态进行对比（表4）。结果表明，侧墙开缝吸音板材料的替换对中频混响时间下降起到主导作用；后墙毛毡板和吊顶双层纸面石膏板，对中频混响时间下降都起到轻微副作用，说明改造前微穿孔材料吸声材料性能更佳。笔者进一步模拟不同形状吊顶对中频混响时间降低影响，发现整体式平顶形吊顶相比分段式折板形吊顶对中频混响时间降低作用差1.1%。目前混响时间虽已满足标准，但建议在后墙处布置吸声性能更佳的材料，降低混响时间的同时也亦可降低回声影响。

表 4 吸声材料单一位置改变混响时间情况表

布置区域	低频（125～250Hz）		中频（500～1000Hz）		高频（2000～4000Hz）	
	RT/s	下降百分比/%	RT/s	下降百分比/%	RT/s	下降百分比/%
改造前	2.23	—	1.91	—	1.75	—
地面（PVC）	2.11	5.4	1.88	1.6	1.7	2.9
后墙（毛毡）	2.25	−0.9	2.00	−4.7	1.81	−3.4
侧墙（开缝吸音板）	1.56	30.0	0.55	68.3	0.92	47.4
吊顶（折板石膏板）	2.23	0	2.00	−4.7	1.97	−12.6
吊顶（石膏板）	2.29	−2.7	2.02	−5.8	1.83	−4.6

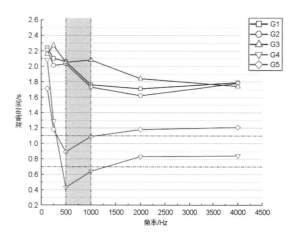

图 8 改造后混响时间图
（图片来源：作者自绘）

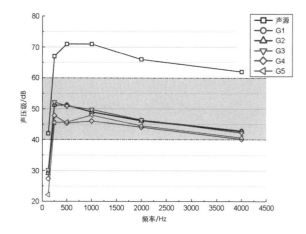

图 9 改造后声压级图
（图片来源：作者自绘）

3.1.3 声压级分析

将模拟所得各声学改造阶段的声压级与声源进行对比分析（图9），G2～G5阶段分别降低了0.17dB、−1.12dB、2.85dB、5.27dB，共降低了7.17dB，并且声压级衰减主要集中在中频、高频和低频衰减不明显，与混响时间整体变化趋势较为相近，此外各阶段声压级均处于40～60dB间，符合室内教学要求。

将各点位声压级衰减量进行对比分析（图10），G2～G4阶段各点位声压级衰减量曲线较为平缓，各测点声压级衰减量的最大差值分别为0.13dB、0.27dB、0.49dB；G5阶段的曲线呈现以三个测试点为一组的台阶式递增，同时这种递增呈现逐渐放缓趋势，各测试点声压级衰减量最大差值小于3dB为2.12dB，G5阶段声场均匀度相比G2～G4阶段稍差，但在可接受范围内。对于室内声场而言，各点位声压级的大小受到直达声与反射声的共同影响，G5 阶段采用的是分段式折板形双层纸面石膏板，折板造型可为观众提供早期反射声，由于现状设备难以移动，顶棚局部结构露明导致折板反射面不足使到达观众区域的早期反射声减少。因此在声学改造中，应当充分考虑到吸声材料的安装位置、角度、密度对观众区域各声压级的影响。

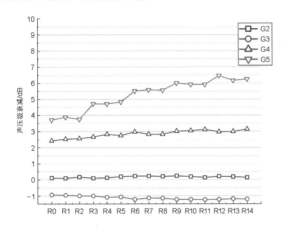

图 10　各点位声压级衰减图
（图片来源：作者自绘）

3.1.4　语言传输指数分析

将模拟所得各声学改造阶段的语言传输指数进行对比分析（图 11），地面、后墙声学改造对语言传输指数影响不大，而对侧墙、吊顶声学改造对语言传输指数产生了显著改善，分别提升了 0.2、0.15，从原本中等变为中上水平。但 G5 比 G4 语言清晰度低，说明原本的整体式平顶形的微穿孔双层纸面石膏板吊顶对提高语言清晰度比改造后的分列式折板形双层纸面石膏板吊顶效果更佳。阶梯教室的语言传输质量受到混响时间、声压级共同影响，G4 中频混响时间为 0.54s 无法满足规范标准。而 G5 在混响时间满足规范的条件下，可以调整吊顶吸声材料的布置位置、密度、角度等因素对早期反射声

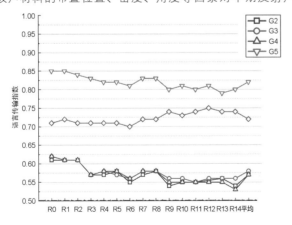

图 11　改造后语言传输指数图
（图片来源：作者自绘）

分布的影响，充分利用早期反射声进一步提高观众区改善语言传输指数。

3.2　光环境改造及模拟分析

3.2.1　光环境改造

改造前采光口过强的日光会对附近观众造成眩光干扰。考虑到外立面改造需要与校园周围环境相统一，无法做外立面遮阳构件，因此在室内窗口采用总透射比为 0.54 的 6Low－E＋12A＋6Low－E 高透明无色 Low－E 玻璃窗及总透射比为 0.62，反射比为 0.12 的 5mm 磨砂亚克力半透光材料来调节强阳光造成的眩光影响。

3.2.2　自然采光模拟分析

通过 GA、DGP 图可见改造后北侧窗口座位将不受室外强眩光影响；南侧近窗口一侧在 9 月至次年 3 月午间会受到眩光影响，但该时间段不在教室使用时间内，改造后较好解决了室外自然光眩光影响。分析 DA 图像与 sDA 数据后可以发现，改造解决眩光问题但室内获得的自然采光也相应减少，仅有在靠近采光口 7% 面积内的区域满足照度要求，需要人工照明辅助（图 12～图 15）。

3.2.3　灯具选择

改造前直接型灯具会对一定角度的观众造成眩光干扰。改造选择间接型灯具，将灯具藏于折板吊顶内，所有的光线均先射向折板吊顶顶部经其反射后照亮座椅，这种照明方式具有柔和光线、减少眩光的优势，改善室内光环境，此外将灯具与吊顶整合考虑使顶棚界面更加整体美观（图 15）。

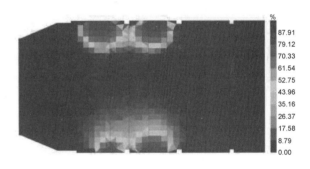

图 12　改造后 DA 图
（图片来源：作者自绘）

图 13　改造后 GA 图
（图片来源：作者自绘）

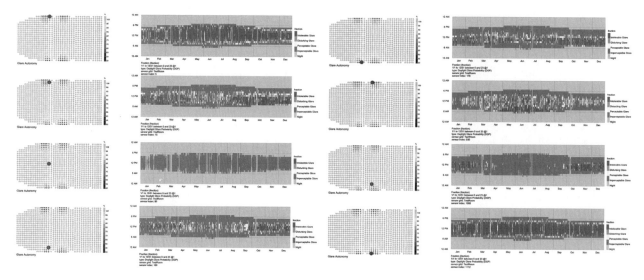

图 14　改造后 DGP 图
（图片来源：作者自绘）

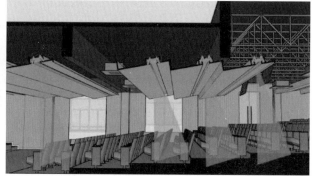

图 15　改造后室内人工照明图
（图片来源：作者自绘）

4　结语

本文对某阶梯教室室内声、光环境改造前后进行对比分析，总结出以下经验：

（1）为获得适宜的室内混响时间可从界面材料的种类、形状、安装位置等角度进行优化改造。

（2）为保持室内声场均匀度需要充分考虑声学材料的安装位置、角度、密度。

（3）改造过程中语言传输指数改善的同时也需综合考虑混响时间、声压级情况。

（4）自然采光对提升室内照度、环境质量、教学效果有利，但需调节采光口处的光线，减少强日光眩光干扰。

（5）当自然采光无法满足必要照度时，需要人工照明补充，间接型照明相比直接型具有光线柔和、减少眩光等优势，可以提高室内光环境舒适度。

参考文献

[1] 刘加平. 建筑物理 [M]. 北京：中国建筑工业出版社，2009.
[2] 中华人民共和国建设部. 中小学校设计规范：GB 50099—2011 [S]. 北京：中国建筑工业出版社，2005.
[3] 中华人民共和国建设部. 剧场、电影院和多用途厅堂建筑声学设计规范：GB/T 50356—2005 [S]. 北京：中国建筑工业出版社，2005.
[4] 中华人民共和国建设部. 建筑采光设计标准：GB 50033—2013 [S]. 北京：中国建筑工业出版社，2013.
[5] 中华人民共和国建设部. 室内工作环境的不舒适眩光：GB/Z 26211—2011/CIE55—1983 [S]. 北京：中国建筑工业出版社，2011.

城市商业广场声景观的舒适度评价及影响因素研究
——以重庆市三峡广场为例

■ 刘雨璇
■ 重庆大学建筑城规学院

摘要 面对当今国内人口的不断增长，城市作为当前国内人口的主要聚集地，城市环境质量的提高与改善是人们一直不断提出的需求，而作为环境的重要组分之一，声环境的质量水平同样需要不断提高，以实现更加良好的城市环境。城市商业广场通常位于城市的重要地理位置，是噪声影响较大的城市公共空间，其声景观品质设计对于城市人居环境质量有着较大的影响。因此，本文以城市商业广场空间为研究对象，以重庆市沙坪坝区三峡广场为例，通过实地调研、访谈，分析三峡广场城市商业空间声景观的特征与组成，并对其声音的产生源头及影响进行分析，最终对该空间的声景观品质形成整体性评价。从降噪、自然声、人工声、生活声等方面提出声景观的设计理念与改善建议。研究结论可以为城市商业空间声景观的优化提升提供理论参考依据，以期为提升人居空间品质、建设美好家园提供新的思路与尝试方法。

关键词 声景观 商业广场 设计策略 三峡广场

1 相关概念界定及国内外研究进展

1.1 城市声景观相关概念

1.1.1 声景观的概念

声景观，字面意思上是指声音与景观的结合，在听觉层面意义上的景观元素，是环境声学组成中的一部分[1]。利用对声音的处理而形成的景观，即为声景观，是以声音为重点和基础，以人感官中的听觉系统为最主要的角度，进行多方面、多角度的景观处理与营造[2]。

1.1.2 声景观与城市的关系

声音是城市组成中不可或缺的一个重要元素，不同的功能有不同的声音属性[3]，如公园的自然声为主导、广场的人工声为主导，而居民区则比较安静、以生活声为主导等，城市中不同属性的区域其所需的声环境也大有不同，生活区需要安静的声环境、商业区需要喧闹的声环境以达到宣传的目的，交通区域的交通噪声会不可避免地存在，因此，城市中多种多样的声音组成与排布，决定了城市中多样声景观设计的可能性，声景观的营造会为城市声环境带来更高品质的提升，提高城市整体的使用体验感。

1.1.3 城市声景观的组成

城市中声景观的组成要素主要包括自然声、人工声、生活声等[4]，这三类声音互相作用、影响，共同组成了城市声环境中的声音。

（1）自然声。由自然因素产生的声音，如风声、雨声、水声等[5]。

（2）人工声。人类所创造的工具及设备等产生的声音，如广播声、交通工具声等。

（3）生活声。人们的生活行为所产生的声音，如谈话声、售卖声、集会声等。

1.1.4 城市声景观的影响因素

（1）自然因素。受自然气候、地理条件等的影响，声环境会具有不同的组成和特点。如雨天与晴天，声环境中自然声的组成有所不同，雨天的雨声会成为主要的基调声；高原与平原地区的声景观特性也会有所不同，如不同地势所带来的风向、风强会影响自然声的性质，不同地域的人们生活方式的不同会影响人工声与生活声的性质。

（2）人为因素。人类的活动与行为会对城市的声景观产生影响。如设备的发声机制与范围、交通流线与活动流线、民俗习惯等，都会对当地的声景观产生相应的影响。不同声源的物理性质不同，其产生的声音效果与性质也会不同。

1.2 国内外研究现状

国内将古典园林作为对声景观研究的主要方向，通过对具有中国文化特色的古典园林形式声景观的研究[6]，与西方目前的声景观进行对比分析，发现二者的异同之处。同时，国内还通过对中国古代诗词歌赋等文化艺术形式进行研究，从而研究古人营造声景观的方式及其设计原理与方法。

国外声景观的研究范围主要根据人们愿意接受和不愿意接受的声音来划定[7]，提出声景观是由包含不相同的信息的元素所组成的，许多国家都建立了专门从事声景观研究的协会，以进一步探讨声景观的应用方法以及研究范围。

2 重庆三峡广场声景观调研分析

2.1 调查对象

2.1.1 调查对象区位概况

三峡广场位于重庆市沙坪坝区，其平面布局呈十字形，三面与车行干道相邻，是沙坪坝区的主要商圈，日常人流量大，面积大约8万 m²，其中主要的商场有新纪元购物中心、王府井购物中心、重百购物中心、凯德广场以及金沙天街等，室外公共空间主要分为三峡观景区、名人雕塑区、绿色艺术区、商业步行街区和中心三角碑区五部分，三峡广场是一个集商业、文化、休闲和景观于一体的大型城市广场。本次调研选取了中心三角碑区、三峡观景区、名人雕塑区和商业步行街区四个区域进行调研与分析。

2.1.2 调查区域现状

1. 中心三角碑区

三角碑位于整个三峡广场的中心位置，是其余几个区域的交汇节点，也是人流交汇的主要场所，雕塑旁设有一处下沉广场，观景区的水流参照三峡大坝的形象，泻入下沉广场，主要人群活动有休闲、叫卖和行走等（图1）。

图1　中心三角碑区现状

（图片来源：作者自摄）

2. 三峡观景区

三峡观景区位于三峡广场的东侧，由一景观水道组织人流，反映了三峡的历史发展进程，象征三峡微缩景观，常有行人和儿童在水中玩水枪等，主要人群活动有行走、叫卖、嬉戏等（图2）。

图2　三峡观景区现状

（图片来源：作者自摄）

3. 名人雕塑区

名人雕塑区位于三峡广场南侧，在中心三角碑区与绿色艺术区之间，与永辉超市的入口及地铁一号线入口相邻，有一车行道从旁边穿过，偶尔有车辆驶过，中央设立了一些主题名人雕塑、绿色景观和休憩设施，两侧有部分商业和居住服务设施。主要人群活动有行走、休闲、叫卖等（图3）。

4. 商业步行街区

商业步行街区位于三峡广场的北侧，集中了大量的

图3　名人雕塑区现状

（图片来源：作者自摄）

商业店铺和设施，步行街一侧为新纪元商场的主入口，另一侧有小型店铺排列，中部设有观演平台，常有活动在此做宣传，主要人群活动有行走、宣传、叫卖等（图4）。

图4　商业步行街区现状

（图片来源：作者自摄）

2.2 调查工具及方法

本次调研采用现场问询和声学测量的方法对三峡广场商业步行街的四个区域进行主要调查分析，分别为：中心三角碑区、三峡观景区、名人雕塑区和商业步行街区。

本次调查选用的声学测量工具为手机App"分贝仪"，现场问询采取的方式为抽选行人询问其当前听到的声音有哪些，从客观测量和主观评价两方面进行调查分析。

2.3 调查结果统计分析

2.3.1 中心三角碑区

1. 现场分贝测试结果

中心三角碑区的现场分贝测试平均值为60dB左右，相当于距离三英尺的谈话声音强度，声强较为舒适（图5）。

图5　中心三角碑区分贝测试结果

（图片来源：分贝仪App截图）

2. 声音的特征与组成

该区域中，声音的组成见表1，其特征为生活声所占比重较大，自然声分布范围广，但强度较弱、不易察觉，人工声所占比重仅低于生活声。

表1 中心三角碑区声音组成

类别	组 成
基调声	行走声、谈话声、风声、树叶声
信号声	叫卖声
标志声	落水声、店铺音乐声

3. 声音的产生原因及影响效果

该区域中，声音的产生原因见表2，其中，自然声中的风声和树叶声作为整个场地的基调声，声音较为低调，不易察觉；落水声影响范围较小，仅限于该区域内，能让人清楚地感知到周围水流排放的特征。生活声中的行走声和谈话声作为整个场地的基调声，充分体现了三峡广场的公共性质，给人以热闹、兴奋的感觉；叫卖声在场地中分布较为广泛，但频率较低，作为信号声存在，充分体现了三峡广场的商业性质。人工声中，多家店铺同时宣传，因此外放音乐的声源有多处，且声音较明显，在整个场地内都会受到来自不同声源的音乐或广播声的影响，在体现三峡广场公共性质的同时，使场地显得有些嘈杂，降低了人的声景体验感和满意度。

表2 中心三角碑区声源分析

声音种类	声音组成	产 生 原 因
自然声	风声、树叶声、落水声	(1) 由气候、天气因素影响产生的风声、树叶声； (2) 下沉广场水流排泄处产生的落水声
生活声	行走声、谈话声、叫卖声	(1) 周围人群活动产生的行走、谈话声； (2) 传单发放及个人摊贩产生的叫卖声
人工声	店铺音乐声	店铺宣传，由音箱外放音乐声、广播声等

2.3.2 三峡观景区

1. 现场分贝测试结果

三峡观景区的现场分贝测试平均值为52dB左右，相当于安静的办公室、安静的街道声音强度，声强较为舒适（图6）。

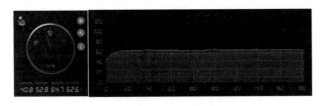

图6 三峡观景区分贝测试结果
（图片来源：分贝仪App截图）

2. 声音的特征与组成

该区域中，声音的组成见表3，其特征为生活声所占比重较大，自然声分布范围广，但强度较弱、不易察觉，人工声所占比重仅低于生活声。

表3 三峡观景区声音组成

类别	组 成
基调声	行走声、谈话声、风声、树叶声、设备噪声
信号声	叫卖声、小孩嬉戏声
标志声	流水声、店铺音乐声

3. 声音的产生原因及影响效果

该区域中，声音的产生原因见表4，其中，自然声中的风声和树叶声作为整个场地的基调声，声音较为低调，不易察觉；流水声能让人清楚地感知到周围水流的特点，在展现历史文化与地域特色的同时，为该区域带来了清爽、自然的感受。生活声中的行走声和谈话声作为整个场地的基调声，充分体现了三峡广场的公共性质，带来热闹的感受；叫卖声在场地中分布较为广泛，但频率较低，作为信号声存在，充分体现了三峡广场的商业性质；小孩的嬉戏声为该区域带来了活力，但也一定程度上使环境变得吵闹。人工声中，外放音乐的声源有多处，且声音较明显，在整个场地内都会受到来自不同声源的音乐或广播声的影响，在体现三峡广场公共性质的同时，使场地显得有些嘈杂，降低了人的声景体验感和满意度；设备噪声对场地的声景观带来了负面影响，影响人的购物体验与身体健康。

表4 三峡观景区声源分析

声音种类	声音组成	产 生 原 因
自然声	风声、树叶声、流水声	(1) 由气候、天气因素影响产生的风声、树叶声； (2) 景观水道内产生的流水声
生活声	行走声、谈话声、叫卖声、小孩嬉戏声	(1) 周围人群活动产生的行走、谈话声； (2) 传单发放及个人摊贩产生的叫卖声； (3) 景观水道内有许多儿童在玩耍，有时会发出较大声的嬉戏声
人工声	店铺音乐声、设备噪声	(1) 店铺宣传，由音箱外放音乐声、广播声等； (2) 空调外机、风箱等产生的设备噪声

2.3.3 名人雕塑区

1. 现场分贝测试结果

名人雕塑区的现场分贝测试平均值为58dB左右，相当于距离三英尺的谈话声音强度，声强较为舒适（图7）。

2. 声音的特征与组成

该区域中，声音的组成见表5，其特征为人工声所占比重较大，自然声强度较弱、不易察觉，生活声分布范围广，所占比重仅低于人工声。

表5 名人雕塑区声音组成

类 别	组 成
基调声	行走声、谈话声、风声、树叶声、设备噪声、施工噪声
信号声	叫卖声、汽车行驶声、鸟叫声
标志声	店铺广播声

图7 名人雕塑区分贝测试结果

（图片来源：分贝仪App截图）

3. 声音的产生原因及影响效果

该区域中，声音的产生原因见表6，其中，自然声中的风声和树叶声作为整个场地的基调声，声音较为低调，不易察觉；鸟叫声在一定程度上为该区域提升了活力，但由于频率和声强不高，多被噪声所掩盖。生活声中的行走声和谈话声作为整个场地的基调声，充分体现了三峡广场公共性质的氛围，给人以热闹、兴奋的感觉；叫卖声在场地中分布较为广泛，但频率较低，作为信号声存在，充分体现了三峡广场商业性质的氛围。人工声中，整个场地内都会受到来自不同声源的广播声的影响，在体现三峡广场公共性质的同时，使场地显得有些嘈杂，降低了人的声景体验感和满意度；设备噪声、施工噪声声音大，影响范围广，极大程度地影响了该场所的声景舒适度；交通噪声被其他声音掩盖，不易察觉，但一定程度上存在对该区域内声景舒适的影响。

表6 名人雕塑区声源分析

声音种类	声音组成	产生原因
自然声	风声、树叶声、鸟叫声	（1）由气候、天气因素影响产生的风声、树叶声； （2）由于该区域景观树木较多，出现了鸟结队栖居的现象，因而存在鸟叫声
生活声	行走声、谈话声、叫卖声	（1）周围人群活动产生的行走、谈话声； （2）传单发放及个人摊贩产生的叫卖声
人工声	店铺广播声、设备噪声、施工噪声、汽车行驶声	（1）店铺宣传，由音箱外放音乐声、广播声等； （2）空调外机、地铁站风箱等产生设备噪声； （3）周边建设施工产生施工声； （4）广场内有车道穿过，偶尔有汽车驶过，产生轻微的交通噪声

2.3.4 商业步行街区

1. 现场分贝测试结果

商业步行街区的现场分贝测试平均值为55dB左右，介于距离三英尺的谈话与安静的办公室、安静的街道声音强度之间，声强较为舒适（图8）。

图8 商业步行街区分贝测试结果

（图片来源：分贝仪App截图）

2. 声音的特征与组成

该区域中，声音的组成见表7，其特征为生活声所占比重较大，自然声分布范围广，但强度较弱、不易察觉，人工声强度较大，所占比重仅低于生活声。

表7 商业步行街区声音组成

类 别	组 成
基调声	行走声、谈话声、风声、树叶声、施工噪声
信号声	叫卖声
标志声	店铺广播声、店铺宣传敲打声

3. 声音的产生原因及影响效果

该区域中，声音的产生原因见表8，其中，自然声中的风声和树叶声作为整个场地的基调声。生活声中的行走声和谈话声作为整个场地的基调声，叫卖声作为信号声存在。人工声中的嘈杂广播声降低了人的声景舒适感；周边施工噪声较大，影响范围广，降低了该区域声景观的舒适度。

表8 商业步行街区声源分析

声音种类	声音组成	产生原因
自然声	风声、树叶声	由气候、天气因素影响产生的风声、树叶声
生活声	行走声、谈话声、叫卖声、店铺宣传敲打声	（1）周围人群活动产生的行走、谈话声； （2）传单发放及个人摊贩产生的叫卖声； （3）周边店铺进行活动宣传产生的手工敲打声，频率较低
人工声	店铺广播声、施工噪声	（1）店铺宣传，由音箱外放音乐声、广播声等； （2）周边道路施工引起施工噪声

2.4 三峡广场声景观的整体性评价

在社会特征方面，三峡广场是重庆市几大重要商业区之一，是沙坪坝区的中心商圈，代表着整个沙坪坝区的商业地位，甚至一定程度上影响着重庆市的商业定位，三峡广场各区域的谈话声、行走声、叫卖声等生活声营造了休闲的购物氛围,广播声、音乐声等人工声为商业街增添了宣传、热闹的商业色彩,较好地体现了三峡广场商业中心的特点。

在历史特征方面,三峡广场以三峡人民艰苦奋斗的历史文化为主题背景,场地内的景观水道塑造了一个历史发展的三峡微缩模型,其流水声、落水声等声景的营造,为该场地声环境引入了三峡文化的历史特征。

在地域特征方面,三峡广场的叫卖声、商店宣传敲打声等生活声代表了川渝地区的人文气息,方言式的叫卖声能充分展现出三峡广场的川渝地域特征,使当地人文文化能够与现代商业模式在一定程度上融合。

三峡广场商业广场空间的声景观能够在一定程度上体现其社会、历史、地域特征,同时基本满足购物人群的需要,但多声源的宣传广播声、声强大、范围广的施工和设备噪声,降低了三峡广场在使用时的舒适感。总体来说三峡广场目前的声景观可以基本满足其定位和使用需求,但并没有达到良好的声景观水平,在声景观的使用体验上还有待改进,争取在满足人群基本需求的同时,带给人们良好舒适的活动感受。

3 设计理念与改善建议

3.1 理想声景观设计理念

声景观作为城市人居环境改善的途径之一,应充分考虑人的感受,通过对场地内人群的访谈,发现大多数人喜欢的声音为水流声、树叶声等自然声,不喜欢的声音为设备噪声、交通噪声等人工噪声,基于此,理想的高品质声景观的设计理念应如下所述:

(1)声景观与人们的活动需求相匹配,以商业广场空间举例来说,其声景观应营造出整体休闲、宣传、愉悦的环境氛围,对于前来休闲购物的人群,声景观应满足其休闲活动、购物活动等的需要。

(2)声景观与人们的心理需求相协调,考虑到商业广场空间主要服务人群的购物心理应是以放松、休闲为主要目的,因此商业广场的声景观应满足人们所需的舒适感、放松感,起到减缓其购物疲劳感的作用,从而提升人群购物体验。

(3)声景观与其社会、地域、时代特征相适应,商业广场作为一个区域乃至一个城市的核心商业空间,是该区域的活动中心,也是该地域具有标志性的重要场所。除了规模、客流量等商业利益方面外,声景观应符合该区域的社会特征,体现该区域的地域特色,彰显该区域的时代定位,应在提升该区域自身商圈的空间感受和商业利益的同时,带动周边区域的整体经济发展,提高该区域所在地的社会地位,在更长远、宏观的角度实现提升。

总而言之,高品质的声景观应在满足主要服务人群活动需求和心理需求的同时,营造一个舒适、愉悦的环境氛围,提升整个空间的使用感受,在微观和宏观上都能够产生益处。

3.2 城市声景观的改善建议

3.2.1 降噪设计的应用

以三峡广场商业广场空间的声景观需求为例,城市声景观进行相应的降低噪声设计,使真正有意义的、包含信息的声音成为声景观的标志声。降噪设计应将影响人们活动的不舒适声音、不为人所喜爱的声音进行降低、改造或去除处理,将良性的、为人所喜爱的声音进行保留、创造,建立一个能良好服务于人们正常活动的舒适声环境。

(1)限制机动车的行驶时间区段或路线,尽量降低交通噪声对步行街内部的影响。

(2)对步行街内的产生噪声设备进行降噪处理,如增加隔音罩,或增设消音器等。

(3)建造隔音设备间等,将产生噪声的设备集中布置,便于噪声的集中处理。

3.2.2 自然声的合理利用

在商业广场空间中,用于放松的室外场地应主要考虑到人的休闲活动需求,此区域应避免喧嚣的声环境,应保持以自然声、谈话等生活声为主导的声景观,可在此区域增大有叶植物的比重,结合风声产生树叶拂动的沙沙声,能较好地起到放松心情与休息的作用;例如在三峡观景区中,可充分利用水景资源,除了静水景观资源外,可适当增设动水景观资源,结合游客步行流线引入水流,在步行的过程中引入水的基调声,能够在放松、休闲、愉悦人们心情的同时,起到缓解人们购物疲劳的作用。

3.2.3 人工声的合理应用

人们在商业街购物时常会听到广播声、音乐声等人工声,这些声音是商业街吸引人流、宣传商品的重要手段,也是其声景观的重要组成部分。合理地应用这些声音,使之能够形成不互相影响,避免形成嘈杂、混乱的声景观的同时,尽量形成井然有序,突出重点的声景观。例如:

(1)音乐声可根据不同的时间和主题进行选择,选择与当下商业街环境相协调的音乐声。

(2)不同区域的声景观进行分区处理,避免各区域声音相混杂,以致形成混乱、嘈杂的声环境。

3.2.4 生活声的保护与应用

商业广场空间中存在着许多人声叫卖的声音,富含当地特色的方言语调能够很好地吸引购物者的注意力,随着城市空间不断地商业化及科技化,聒噪的音箱声和设备声代替了原有的人声叫卖,城市中许多浓厚的人文文化正在不断流失,因此,笔者认为,应适当的保留原始的生活声,例如三峡广场的双巷商业街附近,有几处小吃街,这些区域可以进行生活声的保护与应用。

(1)售卖当地特色小吃的区域可以继续保留叫卖声等生活声,体现本土文化特色。

(2) 同时，小吃店的店铺间距较小，若利用音箱宣传，设备距离很近，容易产生设备噪声，对声景观产生不良影响。

3.3 商业广场空间的声景观需求

商业步行街通常位于交通地段良好的位置，其临街面的交通声是不可避免的，同时商业步行街的功能多样，因此声景的组成部分也多样，易形成嘈杂、喧闹的声景观，但嘈杂的声环境会降低人们休闲、购物的欲望，因此各区域应避免互相影响、形成不良声环境。商业广场空间中的声景观普遍由人工声和生活声等共同组成，其中人工声包含交通声、设备声、音乐声等，生活声包含售卖声、谈话声等，其良好的声景观需求为：商业广场空间中不同卖点的区域声景观不会互相影响，各区域存在其最主要的声音组成，同时不会互相嘈杂，声景观应处于喧闹但有序的情况，形成丰富多样、但良好有序的声景观。

参考文献

[1] 李文竹. 城市公共空间中声景元素的运用与营造 [D]. 西安：西安建筑科技大学，2017.

[2] 杨璐，马蕙，于博雅. 城市商业街声景的特征与评价：以天津市五条知名商业街为例 [J]. 新建筑，2016，8：87-89.

[3] 赵警卫，杨士乐，张莉. 声景观对视觉美学感知效应的影响 [J]. 城市问题，2017 (4)：41-46，51.

[4] 郭以德. 园林声景观设计初探 [D]. 南京：南京林业大学，2010.

[5] 戴茜，陈存友，胡希军. 城市公园声环境调查与评价：以长沙湘府文化公园为例 [J]. 地域研究与开发，2019，38 (5)：80-84.

[6] 苏贵君. 城市综合商业街声景观的初步研究：以太原市柳巷商业街为例 [D]. 太原：太原理工大学，2012.

[7] 王静. 声境在园林中的应用研究 [D]. 重庆：西南大学，2009.

[8] 康健，杨威. 城市公共开放空间中的声景 [J]. 世界建筑，2002，6：76-79.

[9] 葛坚，赵秀敏，石坚韧. 城市景观中的声景观解析与设计 [J]. 浙江大学学报（工学版），2004，38 (8)：994-999.

[10] 秦佑国. 声景学的范畴 [J]. 建筑学报，2005，52 (1)：45-46.

在地性理论在室内设计中的运用研究
——以南泥湾劳模工匠学院为例

■ 康夏源　李乃琪
■ 中国建筑西北设计研究院建筑装饰与环境艺术工程设计研究院

摘要 在地性是指在设计中融入当地的自然环境、历史文化和人文氛围的元素。在室内设计中运用在地性，可以让空间更契合当地的情调与精神，满足人们对家乡文化的情感需求，创造独特的空间体验。在地性室内设计能营造出独特的文化氛围和情怀，是当代室内设计中值得探讨的课题，在室内设计的过程中融入在地性的考量，可以使设计更富含文化内涵，让使用者感受到"故乡"的气息，这也将是新时期室内设计的发展方向之一。

关键词 在地性　室内空间设计　场域精神　南泥湾劳模工匠学院

引言

在当今全球化的语境下，在地性设计理念的提出拥有重要的现实意义。它强调设计应根植于当地的自然环境与人文情境，体现独特的地域文化，并激发人们的故乡情怀。在室内设计领域，在地性设计理念的应用尤为重要。作为人们生活与工作的直接空间，室内环境应满足人们对家乡氛围的情感需求，唤起人们对当地历史与记忆的联想，营造出独特的空间感知。因此，室内设计师需要对项目场地的自然条件、历史文化以及社会背景有深入的理解，在创作中融入在地元素，演绎出具有地方特色的空间。在地性室内设计值得在当代室内设计实践中加以探讨与倡导。它将室内环境的人性化发展提升到文化的高度，使设计回归生活，更契合人们的精神需求。本文将在此理论架构下，探讨在地性理念在室内设计中的具体应用与实践。

1　在地性的理论概念

在地性是一种文化态度和价值理念。它强调对本地自然、历史和社会环境的理解、尊重和继承。在地性意识认为，每个地方都有其独特而富有价值的自然属性、历史遗存和人文传统，这些在地资源构成了地域的灵魂和人们的认同感。只有深入理解和欣赏在地性，人们才能真正扎根于这个地方，拥有属于自己的文化认同。在地性强调个性与差异性，它主张每个地方都应发展出自己独特的自然和人文特征，而不应随意抹杀，也不应随意模仿其他地方的属性。只有坚守在地性，社会才能达到多样化发展，人们才能拥有真实的文化归属。在地性是一种生态意识，它认为环境与人群应和谐共生，人类活动应适应环境承载力，发展方向应符合自然属性和文化传统。在地性意识可以促使人们采取更加可持续和生态友好的方式生活于某个地域。在地性还意味着一定的地方情怀和乡土气息，当人们对一个地方的自然景观、历史记忆和生活氛围产生情感依恋时，在地性就体现出来了。这种地方情感可以激发人们的创造力，推动社会进步。在全球化进程中，在地性意识的弘扬对保障各地的文化特色和生态平衡具有重要意义。它是可持续发展的文化基础，值得社会进一步重视和弘扬。

2　在地性在设计中的运用

2.1　在地性与设计的关系

在地性与设计有着密切的关系，相互依存和促进。在地性为设计提供了重要的理论基础，指导设计应根植于当地的自然环境、历史文化和人文精神，符合场所属性与用户需求。设计作为人们生活和工作的重要组成部分，是在地性理念的重要载体，可以通过理解运用在地性，将其意识体现于空间与产品之中。

在地性理念的提出促进了设计的生态化与人性化发展。它倡导尊重自然生态和人文环境，追求人与环境的和谐共生。这要求设计在创作中使用本地资源，考虑自然条件，体现历史记忆，回应人文需求，使设计更加可持续与人性化。在设计实践中不断探索运用在地性的新手法与表达，也为在地性理论的完善提供了实证基础，推动理论不断丰富与发展。

在地性设计也提高了设计的经济社会效益。它利用本地资源，满足用户需求，体现区域文化，这可降低成本，产生营销效应，创造出较高的社会效益，为区域的经济发展作出贡献。理论与实践之间形成相互依存、促进的关系，共同推动着设计的可持续发展。

在地性为设计提供理论基础，设计又是在地性理念的载体与推动者。二者之间构成密切的相互依存关系。在地性设计理念的系统阐释，将为设计界的可持续发展提供重要的理论支撑。这是设计研究中极具意义而又值得深入探讨的重要课题。

2.2　在地性运用于室内设计的意义

在地性理念运用于室内设计具有重要的理论与实践意

义。它可以营造出独特的空间体验和地方情怀，唤起人们对家乡的记忆与归属感。室内设计师通过对当地文化和生活方式的深入理解，将在地元素有机地融入空间设计之中，使空间使用者可以感知到属于那片土地的氛围与精神；在地性室内设计更能满足人们复杂的情感需求。作为人们直接生活的空间，室内环境常常承载着人们对家乡和故乡的记忆与向往。在地性设计通过对这些心理需求的理解，创造出符合区域文化的空间，唤起人们的乡愁与归属感，达到心灵的慰藉，在地性室内设计还具有较高的实用价值和使用寿命。它采用当地资源，考虑地域条件，贴近生活方式，使设计方案既切合实际使用，也易被人们接受，从而具有更长的使用寿命。这种设计也更易于维护，成本更低；在地性室内设计有利于保护区域文化和生态环境，通过对在地要素的利用与演绎，它可以增强人们对本地文化与环境的认知与理解，促进人们对其加以保护。这对于保留地方文化特征和维护生态平衡具有重要作用，在地性室内设计还富有较高的文化内涵和美学情趣。它体现了属于那个地方的文化主题和审美意蕴，使用者可以在空间中感受到独特的韵律之美和高度的观赏性。这也使得在地性设计作品具有较高的市场价值和经济效益。

在全球化语境下，在地性设计理念的提出具有重要的现实意义。它使设计更贴近自然与人文，体现区域个性，激发人们的故乡情怀。这有利于保护地域文化特征，推动设计的生态化发展，也使设计服务于提升整体社会文明的需要，拥有重要的生态伦理意义。这是设计理论建构中的重要组成部分，也是设计可持续发展的重要途径，值得设计研究加以深入探讨与实践。

2.3 室内设计中的在地性设计思路分析

第一，选用当地建筑材料。如使用当地产的木材、石材、竹材等，这可以呈现出独特的材质肌理，也具有极高的环境友好性。这种材料的使用还可以减少运输成本，促进当地经济。

第二，采用区域传统的装饰工艺。如使用当地的刺绣、木雕、泥塑等工艺品进行空间装饰，这可以体现出独特的手工文化与地方精神。也使空间布置更加真实可持续。

第三，延续区域建筑的空间布局，如中轴线对称的北方布局、四合院的中庭布局等，这种空间布局可以唤醒人们对传统建筑的记忆，激发地方归属感。但布局的表达方式要符合现代空间构成原理。

第四，融入当地生活文化元素。室内设计师可以将当地独特的生活习俗、工艺品、家具等文化要素融入空间创作，如设置茶室、将老照片或工艺品置于空间之中，营造生活氛围。这可以增强空间的文化内涵与使用者的身份认同。

第五，呈现当地景观风貌。设计师可以在室内设计中模拟和表现当地独特的自然景观或城市风貌，从而唤起人们对家乡景色的记忆与情感，赋予空间更多的文化内蕴和意境之美。

3 在地性理念在南泥湾劳模工匠学院中的运用

3.1 设计背景

3.1.1 区位背景

南泥湾劳模工匠学院位于陕西省延安市南泥湾开发区，南泥湾开发区是延安中心城区的南大门，地处西安、黄陵、壶口、延安黄金旅游环线上，南泥湾是延安精神的发源地，是劳模精神的发祥地，着力打造新型旅游示范区和新经济增长极。经过多年的发展，南泥湾风景区核心区域已完成部分建设，其中，接待中心、农垦教育基地、陕西工运学院会议中心（水稻科学实验中心）、党徽广场、炮兵学院旧址已建设或改造完成，干部培训学院（一期）、桃宝峪村改造也在进行当中。

3.1.2 文化背景

陕北南泥湾的文化背景复杂而丰富，红色文化、延安精神、北方传统文化等多种因素交织影响，形成独树一帜的地方文化风格。

（1）受红色文化的影响。陕北南泥湾属于中国革命的发祥地，红色文化浓郁，体现在思想观念、生活方式和精神面貌上，红色文化显著影响着南泥湾的传统文化。

（2）受延安精神的影响。南泥湾文化受到延安精神的深刻影响，崇尚艰苦奋斗、勤俭节约和服务人民的精神面貌，这种精神内核影响着人们的价值观和行为方式。

（3）受中国北方传统文化的影响。南泥湾属于中国北方文化圈，保留了典型的北方传统文化特征，如方言、节俗、信仰等都带有浓郁的北方风格。

（4）具有浓郁的乡土气息。南泥湾依然保留着浓厚的乡土气息，生活节奏慢，人情味浓，这些都彰显出乡土文化的影响。

（5）南泥湾有丰富的民间活动。南泥湾有着丰富的民间文化活动，如庙会、家祭祖、传统戏剧等，这些活动反映出本地独特的民俗风情和文化习俗。

（6）南泥湾具有秀美的自然景观。南泥湾自然景观秀美，山川林泉环抱，这种自然环境也对当地的文化产生一定影响，构成独特的文化景观。

3.1.3 建设意义

基于此，南泥湾劳模工匠学院的设立具有重要的历史责任和使命。其目的在于继承红色文化，培养红色建设人才，弘扬延安精神，为地方经济社会发展提供人才保障，传承民间手工艺，服务新农村建设，提高农村生活质量。这些历史使命共同催生了学院的设立，使其创办具有深刻时代意义。可以说，劳模工匠学院肩负起红色文化的传承与革命事业的发展重任，其设立是历史的必然，也是社会进步的需要。

3.2 项目概况

3.2.1 项目背景

延安南泥湾劳模工匠学院建设项目位于延安市南泥湾红色文化旅游景区西北侧红色教育组团区内，西邻农垦酒店，东邻居住商品房，南邻延壶路，北侧以河为界，占地面积79.1亩（约52734m²）。分为综合楼，文体楼，1#、

2#公寓，作为红色教育基地，其功能空间有报告厅、活动室、讨论室、教室、展厅、阅读研讨室等。

3.2.2 建筑分析

在建筑设计中凸显了南泥湾劳模工匠学院"标志性、至高性、文化艺术性"的设计愿景，在此基础上建筑设计借鉴了中国古典园林和书院建筑的空间特征，选取基地最大进深区域，形成主入口至大礼堂的南北向礼仪轴线。同时，沿东西面阔方向形成功能轴，以短捷高效的方式贯穿教学区、住宿区和生活配套区，共同形成有机整体的校园空间（图1）。校园在核心区域有着登堂入室的空间序列和多重层次，强调校园的至高性和唯一性，而基地两翼的生活区域则与自然地形及山水环境取得和谐的对话关系，严谨之中不失活泼，力求为学员提供氛围独特、印象深刻的学习生活场所。在建筑立面设计中以简明的几何图形作为立面语言的内在逻辑，结合工会元素，进一步优化各建筑单体的立面形式，在统一的设计语言中寻求变化，呈现丰富的建筑表情（图2）。

3.3 室内设计分析

3.3.1 设计愿景

在室内设计中强调南泥湾精神、劳模精神的文化理念，打造具有独特文化艺术感的主题空间；提取延安南泥湾"陕北小江南"的独有地域风貌，打造独具特色的休憩、学习空间；力图通过巧妙的设计手法，为受众营造一个具有秩序感与礼仪感的精神空间。

3.3.2 在地性理念在室内设计中的实践表达

南泥湾劳模工匠学院位于红色文化发源地，室内设计应以红色精神、劳模精神和陕北地域特色为基调，强调地域性。在空间造型上，室内沿用建筑语言中的拱形空间造型，呼应陕北窑洞建筑元素，这种造型形式虽不能直接对应陕北窑洞，但可以在视觉上唤起人们对传统窑洞形态的联想，产生间接的历史对应，增强空间的文化底蕴。以门厅为例，在设计过程中设计师反复推敲拱形的尺度比例，做到与整体空间比例相协调，最终选用单拱造型搭配夯土岩板构成大气磅礴的空间气势，夯土板呼应延安黄土高坡的地域特色（图3）。

在材料选择上，整体空间选用微水泥涂料，公寓采用土黄色肌理漆等现代材料。其中，微水泥的色彩和质感设计对应建筑外观，产生整体性，土黄色肌理漆的运用模拟黄土地貌的粗犷质感，唤起人们对当地自然景观的记忆（图4）。这些现代材料的运用在体现现代美学的同时融入地方属性，是在地性设计理念在现代语境下的创新实践。

图1　南泥湾劳模工匠学院鸟瞰图
（图片来源：设计团队自绘）

图2　南泥湾劳模工匠学院外观
（图片来源：设计团队自绘）

图3　门厅墙面采纳方案
（图片来源：设计团队自绘）

图 4　公寓走廊效果
（图片来源：设计团队自绘）

图 5　石狮子展厅
（图片来源：设计团队自绘）

在装饰方面，可以选择陕北窑洞常用的砖、石、木雕装饰图案进行运用。这些装饰手法简朴乡土，具有鲜明的地域特点，可有效营造出浓郁的地域文化氛围。砖石材质与拱形结构体现出古朴质朴的情调，也具有装饰性，可为室内空间带来强烈的地域特色。收集当地匠人制作的石狮子艺术雕塑陈列在展厅中，展示当地艺术文化的同时，石狮子展厅的设计采用了延安民居的青砖元素搭配夯土板元素，强调着延安独有的风貌（图5）。室内展厅中则是加入了大面积红色，搭配微水泥涂料的粗糙质感，体现延安革命圣地的红色精神（图6）。客房沿用拱元素与建筑语言，保留顶面拱形造型，软装中加入当地玉米、辣椒等农作物元素，加强南泥湾"陕北小江南"的地域印象（图7）。

图 6　室内展厅
（图片来源：设计团队自绘）

项目室内设计在现代设计语言的运用下，通过空间与材料手法的创新，依然体现出较高的在地文化内涵。这使建筑不仅提供当代功能，也在一定程度上唤起历史记忆、加强文化情感、产生精神寄托。该项目展现了在地性设计理念在现代环境下的变革方向，既满足时代发展，也不失去历史文化的联系，这对其他现代设计也是一个值得借鉴的成功范例。这也使建筑在回应社会使命的同时达到更高的文化内涵，彰显出较高的环境教育意义和社会价值。从整体来看，该项目室内设计通过对在地性设计理念的理解与变革，实现了现代设计语言下的文化延续，这是在地性设计理念发展的方向，也使设计在追求时尚体验的同时不失文化底蕴，具有重要的理论研究价值和实践借鉴意义。

4　结语

在地性设计理念在室内设计中的应用，使建筑在追求时尚与功能的同时具有文化内涵，产生深厚的精神价值。这也使设计在满足当代社会需求的同时，发挥环境教育的作用，唤起人们对自然与历史的记忆与情感，彰显设计的社会责任与文化使命，值得持续关注与探索。这是未来设计领域实现可持续发展的重要方向，也是中国设计走向世界的重要途径。在地性设计理念的深入研究与广泛应用，必将推动设计领域的进步与发展，也使中国设计在国际舞台上展现独特魅力，这是建筑设计师和理论研究者共同探求的方向与目标。

图 7　客房效果
（图片来源：设计团队自绘）

参考文献

[1] 邱海东. 地域性符号元素在室内设计中的应用 [J]. 美术大观, 2013 (7)：96 - 97.

[2] 李莉. 探析室内设计中地域文化的融入 [J]. 现代装饰 (理论), 2013 (4).

[3] 张会平. 新农村建设中的地域文化与室内设计融合：评《地域文化与空间设计》[J]. 中国食用菌, 2020, 39 (10).

[4] 崔茜. 浅谈室内设计中的地域文化 [J]. 现代装饰 (理论), 2016 (11).

预制混凝土挂板在室内空间设计中的应用研究

■ 王 鑫 屈银侠 郑 文
■ 中国建筑西北设计研究院有限公司建筑装饰与环境艺术工程设计研究院

摘要 本文重点探讨预制混凝土挂板在室内空间设计中的具体应用，主要从艺术性及工艺性两个方面来表现预制混凝土挂板区别于其他材料的属性特征，根据其应用技术要点、难点及创新点，结合室内空间设计中对项目的不同要求，整理出具体的施工技术方法，从而促使预制混凝土挂板在室内空间设计中发挥更好的作用，以此达到空间的整体艺术性。

关键词 预制混凝土挂板 双碳目标 空间艺术性 施工工艺

1 研究背景与发展趋势

面对全球生态环境和气候变化的挑战，哥本哈根气候大会的召开使"低碳"问题成为全球关注的焦点[1]。随后在第75届联合国大会上，中国提出了"双碳"战略发展目标，并向全世界承诺到2030年前要力争实现碳达峰，到2060年前要努力实现碳中和。作为一项重大的战略决策，"双碳"目标将成为中国经济社会实质性转型发展的驱动力，推动其向环保、绿色、低碳方向不断发展。城市作为人类活动的中心，是高耗能、高碳排放的集中地，因此城市是实施"双碳"全球战略的核心。而城市的主体是建筑，是因人类活动而创造出来的空间，现如今建筑设计也在遵循绿色生态、健康环保的理念[1]，全球源自建筑建造和运营的二氧化碳排放占全球与能源相关碳排放的比重超过60%，建筑行业是实现整体碳达峰的关键因素，深入开展绿色建材评估和标识工作，加快将绿色建材要求纳入绿色建筑政策和标准，实施切实可行的上下游联动，无疑将实现绿色建筑带动绿色建材的双向发展模式。这一发展模式有利于引导绿色技术创新，使绿色建材、新型工艺等成为了建筑行业的市场需求，为行业的发展转型提供了动力。

"双碳"目标的提出，使高能耗、高排放的建筑业面临着越来越高的节能环保要求，进一步提高建筑材料的环保性能已成为建材领域研究和产业发展的重要走向。预制混凝土挂板作为一种新型的绿色环保建筑材料，在国家政策和双碳目标的背景下，具有广阔的应用前景。预制混凝土挂板通过获得 LEED 认证证明其符合环保要求，并通过节能减排、低污染等方式实现了双碳目标，从发展上不断进行技术创新、多样化设计、系统化应用；从空间上也由室外建筑的运用不断引入到室内空间设计中，更多地运用于高大公建类室内项目。

2 预制混凝土挂板的属性特征

预制混凝土挂板具有多种属性特征，与其他板材的

本质区别在于，混凝土挂板是一种高强度的板材，具有预制性、防污、防水、防火性以及环保性等特征，在室内空间设计中具有广泛的应用潜力，设计师们可以根据所需选择适合空间的挂板材料和表达形式，从而创造出独特的设计效果，同时满足功能性和艺术性的双重要求。

2.1 预制性

预制混凝土挂板是提前在工厂预先制作好的产品，然后以干挂的形式直接装饰在空间表面，具有标准化和规模化生产的特点，可以根据设计师的不同需求进行现场定制，尺寸精确，质量可控。这种预制性特征使得挂板的制作和安装过程更加高效，不仅缩减了施工周期，同时还提高了施工进度。在室内空间设计中，预制混凝土挂板的预制性让设计者可以更好地把控材料的质量和外观效果，通过定制的形状、纹理和颜色等方面的变化丰富室内空间表现力，可以创造出独特的设计效果。

2.2 防污性

预制混凝土挂板具有较好的防污性，其表面光滑平整，不易吸附灰尘和污渍。其原因在于这种挂板的表面涂有专用的渗透型保护剂，如防污涂层或者抗污染剂，它可以渗透到挂板内部，并在其表面形成防护网，不仅能有效防止污渍的渗透和附着，易于清洁维护，同时还能保证挂板的透气性，使其性能得到有效的保障。将此材料运用于室内空间设计中，可适当减少场所的清洁频率和难度，提高场所的使用效率和使用年限。

2.3 防水性

预制混凝土挂板具有很强的渗水性及防渗水性能，通过涂刷清水混凝土保护剂可以有效阻止水分的渗透和漏水现象。挂板在其制作过程中可以添加防水剂或者采用特殊的防水处理，使挂板的防水性能进一步提高。在室内空间设计中，预制混凝土挂板的防水性使其能运用于很多材料都无法满足的潮湿环境或需要防水处理的区域，不仅空间运用范围广泛，同时还可以有效防止水分渗透到墙体内部，保护墙体结构的完整性和稳定性。

2.4 防火性

预制混凝土挂板具有良好的防火性，在板材制作过

程中,可以添加防火剂或者采用特殊的防火处理,提高其防火等级。在室内空间设计中,预制混凝土挂板的防火特性使其能够适用于需要满足防火要求的区域,如公共场所、商业建筑等空间。

2.5 环保性

预制混凝土挂板具有绿色环保的特性,不含对人体有害的矿物质,不会产生辐射和散发任何有害气体,这种板材能够依靠其自身性能实现"双碳"目标,主要体现在以下方面:

(1)节能减排。预制混凝土挂板的环保性主要体现在预制这一特点上,在制作过程中可以有效控制材料的使用量,尽量减少能源的消耗和废弃物产生,从而降低碳排放。此外,它还具有良好的保温性能,可以有效隔离室内和室外的温度,减少建筑物的能耗,这种节能效果对于降低碳排放有着非常重要的作用。

(2)低污染。预制混凝土挂板采用的材料和工艺对生态环境的污染较小,在制作过程中更加规范化和集中化,与传统的现场施工相比,减少了粉尘、噪声和废水等污染物的排放。在室内空间设计中,预制混凝土挂板的绿色环保性使其成为可持续设计的重要组成部分,此材料的运用减少了对自然资源的耗损,对生态环境保护有着积极的作用,符合绿色建筑设计的标准和要求。

3 预制混凝土挂板的空间艺术性应用分析

室内设计的本质是对空间艺术性的塑造,所有空间都要从实体要素中获得存在的依据和特点,材料作为实体要素中的一环对空间艺术氛围起着重要的作用,因此挑选合适的设计材料进行空间塑造是尤为关键的环节。预制混凝土挂板作为一种新型的绿色环保材料,在空间设计中可以从多个角度发挥出空间的艺术性。

3.1 从空间层面分析

(1)空间种类的运用。预制混凝土挂板因其特性不仅可以用于建筑外立面设计,也可以运用于各种室内空间中的艺术表现,其施工速度快、质量可控也非常符合大型项目对于效率和质量的要求,如一些大型公建类项目、艺术博物馆类项目的内墙、天花板、隔断等设计。同时在公共空间中,预制混凝土挂板也可以作为大厅、通道等空间的艺术装饰,在视觉上起到聚焦的作用。比较典型的案例有中国国家版本馆杭州分馆(图1)、沭阳美术馆(图2)以及西班牙巴达洛纳医院等,设计采用的都是预制混凝土挂板。其中,国家版本馆杭州分馆采用的是预制竹纹清水混凝土挂板。这些大型项目无一不体现出预制混凝土装饰挂板在艺术类建筑中的应用价值。

(2)空间效果的展现。其空间艺术性可体现在空间层次感和光影效果等。例如,可以通过在挂板表面做出镂空、雕刻或浅凹陷等艺术装饰和细节处理,以此和周边墙体形成不同的材质和层次,增强空间的立体感和艺术性;又如,还可以通过挂板表面的光泽度和向光效应带来独特的光影效果。在室内设计中,可以将其用作墙

图1 中国国家版本馆杭州分馆

图2 沭阳美术馆

饰或天花板,使其与灯光等元素相互呼应,营造出空间艺术感。

3.2 从质感表现分析

预制混凝土挂板的各种设计形式也能够带来艺术上的丰富性,它采用模具成型,通常用于外墙、内墙和天花板等部位的装饰,其表面可以采用多种工艺手法来处理,如抛光、酸洗、喷砂等,因此其可以根据设计的需求制作出不同的造型样式、表面肌理、立体效果及装饰颜色等,使空间的艺术风格更加丰富多样。预制混凝土挂板除可以展现出逼真的现浇混凝土肌理效果外,还可以表现出较为鲜明的肌理效果,赋予其不同的纹理和质感,使之更具有触感和视觉上的吸引力。例如,在中国国家版本馆杭州分馆设计中,采用的就是预制竹纹清水混凝土挂板。设计师利用天然的竹子纹理进行挂板表面的艺术塑造,其肌理自然生动,完美呈现出竹子的纹

理和质感，营造出极富风格特色的空间效果。除此之外，挂板表面还可以通过模具形成席纹、麻面纹、木纹、磨砂纹理、金属纹理、仿石材纹理等多种天然或人造纹理，这些设计形式的选择和运用，可以根据空间的整体风格和设计需求来进行搭配和调整，以达到最佳的艺术效果。在功能上，这种预制装饰挂板与现场现浇板相比，质量更容易得到控制，施工现场更加环保。

3.3 从应用手法分析

预制混凝土挂板采用多样性、模数性、灵活性等应用手法来创造空间艺术性。

（1）多样性。多样化设计使其可以根据设计师的要求进行定制，也可以根据空间的尺度进行切割和拼接，以实现各种形状和尺寸的设计效果。此类挂板一般板幅较大，能够在空间的立面上形成大面积的装饰效果，增强空间的整体感和艺术性。设计师还可以通过合理的布局和组合，将预制混凝土挂板与其他材料元素相结合，形成丰富多样的立面构成，从而创造出艺术感的空间。

（2）模数性。预制混凝土挂板更多地应用于建筑系统化和模块化设计中，通过将挂板与其他建筑构件进行组合和拼接，可以实现快速、高效的施工，提高工程进度和质量。

（3）灵活性。预制混凝土挂板的材质具有韧性，易于加工，可被制作成不同的形状，如平板、弯曲、异形拼接等形式，可实现各种艺术效果。这些形态可以灵活运用于室内外空间设计中，营造出独特的空间效果。

总之，预制混凝土挂板在空间设计中的艺术性体现在多个方面，包括从空间层面的艺术体现、质感表现的多样性以及应用手法的灵活性等。它的独特性和可塑性使得设计师可以通过其创造出丰富多样的艺术效果，为室内空间增添美感和个性。

4 预制混凝土挂板的施工工艺性应用分析

4.1 制作工艺

预制混凝土挂板的制作工艺主要包括材料的选择、配比、模具制作、混凝土浇筑、养护和后续加工等步骤，但具体的制作过程还需要根据实际情况和设计要求进行调整和优化。首先，在材料选择上通常选择适合挂板制作的高强度混凝土，同时选择优质的骨料、纤维材料和高性能添加剂，以确保其耐久性；其次，可以根据设计要求制作不同的挂板模具，可采用铝模、木模或者 PVC 模具等材料，需具备良好的刚性和表面平整度；再次，混凝土的浇筑可以采用手工浇筑或机械浇筑的方式将其浇筑到模具中，并使用振动器进行振捣，确保它的均匀性和充实性；最后，混凝土浇筑后要进行养护和后续加工，适当的温度和湿度是确保混凝土强度和耐久性的良好养护环境，通过 7～14 天的养护时间后可进行后续加工，如通过切割、打磨、喷涂（如刷涂保护剂）等处理手法，增加挂板的使用寿命和美观度，以满足设计和安装的要求。

4.2 安装工艺

预制混凝土挂板是在工厂预先制作好的产品，然后再以干挂的形式进行安装，因此为了能够保证后期工程的完美展现，需要在工程前期设计阶段就进行安装点的预留预埋工作，比较常用的安装体系是龙骨体系。

龙骨体系一般应用于非特殊挂板的安装预埋，它是通过均匀分布的钢架作为预制混凝土挂板安装的结构骨架，竖向龙骨为主受力龙骨，横向龙骨为调节龙骨。根据横向龙骨的位置就可以对不同高度、大小的预制板进行安装（图 3 和图 4）。这种安装体系的好处是前期工作量较少，后期安装调节便利，只需要根据特定的距离来进行钢架的预留预埋即可。但龙骨体系也存在一定的缺点，其对于钢材的使用量比较大，使整体设计费用增高，因此，设计师应该严格地把控每个设计阶段，合理地运用安装体系来展开设计，以保证工程的完整性。

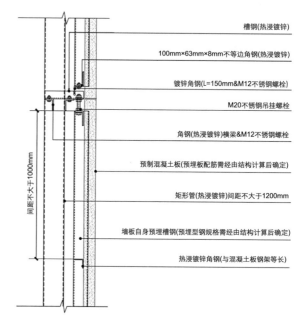

图 3　龙骨体系连接方式竖剖详图
（图片来源：作者自绘）

4.3 施工过程中的难点及创新点

（1）预制混凝土挂板在大型公建类项目中运用较多，这类建筑的典型特点是内部空间高大，为了体现空间效果，设计师会对所用材料的尺寸、规格、样式有严格要求。预制混凝土挂板这一材料运用在高大空间中，其难点在于板幅过大、质量过大，挂板受本身材料自重的影响，每平方米的重量都很大，再加上其中的钢筋网片和槽钢背附龙骨，使其重量更为增大，所以在设计过程中合理地控制板幅大小也就是控制了重量，同时也减轻了施工难度。设计师要在前期设计阶段就将其控制在一个合理的范围内，首先要根据设计模数来确定预制混凝土挂板的标准宽度，其次要根据设计对应关系来对过大的预制混凝土挂板进行竖向划分，将超高的板材分块进行生产及安装。

（2）预制混凝土挂板背部采用的是幕墙龙骨体系，挂板背附龙骨和定制连接件通过转换件挂接方式与横向槽钢龙骨连接，横向槽钢龙骨与竖向龙骨连接，竖向龙骨与主体预埋件连接。其中预埋件安装是整体施工过程

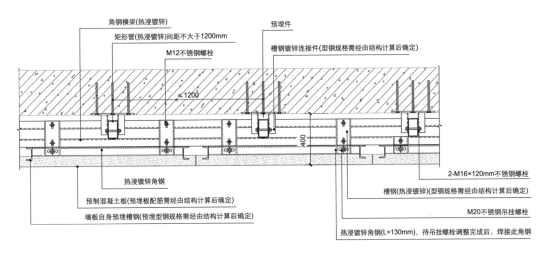

图 4　龙骨体系连接方式横剖详图
（图片来源：作者自绘）

中的重难点之一，埋件的规格、爪件数量要满足设计要求；埋件与爪件使用塞孔焊，应根据设计焊缝等级要求进行检测；埋件表面应采用热浸镀锌防腐蚀处理，锌膜厚度不小于85μm；水平埋板上应按设计要求采取开透气孔的措施，水平位置偏差不得大于±10mm，埋件垂直位置偏差不得大于±15mm，并保证埋板底部混凝土密实并与主体钢筋点焊或绑扎固定，以防偏位，同时要注意预埋件埋设时应避开箍筋。这些条件的满足都需要设计师在施工前充分先了解其形式、位置和数量，然后按照标准要求制作并固定预埋件。

5　结语

随着全球对环境保护和能源消耗的重视，新型节能材料在未来的设计中将会应用得越来越广泛，预制混凝土挂板作为绿色建筑的新型材料之一，依靠其特有的耐久性、环保性、预制装配式等性能被广泛应用于建筑、室内设计等领域。在实践中，预制装配式施工具有显著优势，既简化了施工方式、提高了施工效率、保证了施工质量，又比传统的建筑施工方式更加低碳环保。而设计工作需要的是持续地总结、积累和改进。随着制作技术的不断创新，这些新型材料的性能也在不断地提升。高强度混凝土就是一种比预制混凝土挂板强度更高、重量更轻、施工更便利的环保材料，其性能更加完善，但目前应用还不够广泛，相信在未来，其在设计领域的应用范围将会不断扩大。这种良好的发展趋势不仅可以提高设计领域的整体水平，而且可以加快建筑业的绿色转型和可持续发展，从而实现"双碳"目标。

参考文献

[1] 潘科，徐海涛，冯祥奕 . "双碳"目标下我国新材料重点方向发展研究 [J]. 信息通信技术与政策，2022，48（3）：74 - 81.

[2] 张伟莉 . 低碳概念下的绿色建筑设计策略 [J]. 城市住宅，2020，27（4）：125 - 126.

[3] 朱晓博，冯明水，唐其斌，等 . 预制竹纹清水混凝土挂板在杭州国家版本馆中的应用 [J]. 浙江建筑，2023，40（2）：58 - 62.

[4] 卢保树，曲崇杰，李昊，等 . 大型清水混凝土挂板在高层公共建筑中的应用 [J]. 建筑技术开发，2018，45（1）：70 - 72.

办公建筑室内装修中的消防常见问题

■ 洪慧慧　陈　亮
■ 大连松岩建筑设计院有限公司

摘要　办公建筑室内装修中，消防设计关乎人身和财产安全，必须严格重视。为了加强装修设计的安全性与完整性，本文对办公建筑室内装修中的消防常见问题加以论述。

关键词　室内　办公　装修设计　消防

办公建筑是一种非常常见的建筑类型，是机关、团体、企事业单位办理行政事务和从事各种业务活动的场所[1]。针对不同的使用对象和业务特点，在装修设计中都会体现出差异。提高办公效率，营造符合办公人员的心理和生理需求的工作环境，适宜建筑形象的展示，都是装修设计的目标。无论新建办公楼，还是改建办公楼，在追求建筑室内装修审美效果的同时，消防设计也不容忽视。消防设计关乎人身安全和财产安全，完善的消防设计将为建筑内的人员和财产提供安全保障。但消防问题往往被某些设计师忽视，导致很多装修工程看起来非常美观，而消防验收时不达标，存在各种安全隐患，给建设者和使用者带来诸多困扰。现就办公建筑装修中存在的消防常见问题注意事项总结如下。

第一，防火分区不得随意改动。

办公建筑分为多层和高层。不同高度范围内的办公建筑对于消防设施的配备要求各有不同。在实际工程中要对号入座，不可千篇一律。

防火分区是利用建筑的平面和空间内符合防火要求的墙、门窗以及楼板等分成的若干防火区域，具有一定的防火能力，从而阻止火灾蔓延。对于钢筋混凝土结构或钢结构这类耐火等级为一、二级的单、多层办公建筑，防火分区的面积会大一些，比如建筑物每层的面积不超过2500m²时，通常每层为一个防火分区。超过了这个范围，可以设置自动灭火系统而使防火分区的建筑面积提升一倍。对于一、二级耐火等级的高层办公建筑，防火分区的面积比单、多层的办公建筑相对要缩减一些。对于地下或半地下建筑，由于建筑通风和自然采光没有地上建筑那么灵活，所以防火分区的面积更小，其划分更加受限。防火分区的划分对于建筑的空间组合起到一定的约束作用，但也不能一味地追求建筑空间而破坏防火分区的划分原则。

根据上述防火分区的概念、作用以及面积控制的要求，室内装修设计时，建筑平面内的防火墙、防火门不能随意拆除。调整防火分区还影响到消防设施的变动。

第二，安全疏散的三原则不得违反消防要求。

安全疏散在不同高度的办公建筑中要求各不相同。装修设计时要严格重视，加以区分，不可随意改动。

（1）疏散楼梯间。对于多层办公建筑来讲，楼梯间不仅是办公建筑的垂直交通枢纽，更是火灾发生时人员疏散的重要通道。所以保证楼梯间的绝对安全，就是对人员逃生过程中最大的安全保障。通常，我们在办公建筑的首层大堂会看到没有围合的楼梯，称为敞开楼梯，这种没有围合的楼梯只能作为日常办公交通使用，它不具备阻挡火灾烟气和热气的作用，故不能用作疏散楼梯来使用。那么，用作疏散的三种楼梯间如何加以判别呢？

第一种形式为防烟楼梯间，用于32m以上的高层办公建筑。此楼梯间入口处设有前室，前室内设有加压送风系统，前室和楼梯间的门均为防火门。

第二种形式为封闭楼梯间，用于6层及以上的办公建筑。此楼梯间入口处设置防火门。

第三种形式为开敞楼梯间，用于5层及以下的多层办公建筑。敞开楼梯间，有三面墙体进行围合，通常正对上梯段的一面没有门。

特别强调一点，楼梯间无论哪种形式，都需要在首层直接通向室外。需要注意的是，首层开向扩大封闭楼梯间和扩大防烟楼梯间前室的其他房间的门均要设成乙级防火门，以保证人员疏散的安全。

（2）疏散走道。疏散走道作为办公建筑的水平交通枢纽，还承担着火灾时输送人群安全到达附近楼梯间或安全出口的重担。所以疏散走道不能过长，让建筑内人员在短时间内能够快速到达最近的楼梯间。

办公建筑内的房间，若能向两个不同方向分别到达疏散楼梯间，那么疏散门到楼梯间门的最短距离控制在40m。如果是5层及5层以下的办公建筑设置敞开楼梯间时，因敞开楼梯间在阻断火灾的烟气和热气的方面能力较弱，所以疏散距离缩短，房间疏散门至最近敞开楼梯间的距离为35m。若房间疏散门位于走道尽头，只能通过一个方向到达楼梯间，那么对于高层办公建筑，直线疏散距离需要控制在20m以内；对于单、多层办公建筑，房间疏散门至最近安全出口的直线距离不能大于22m。对于此区域设置自动灭火系统时，安全疏散距离还可以增加。

（3）疏散门。每个房间疏散门的数量不是凭感觉而设。严格来说，房间疏散门的数量是经过计算来确定的，通常不少于两个。如果因为某些原因只能设置一个的时候，那么需要严格控制房间的规模和可容纳的人员数量。比如两个疏散楼梯间之间的房间建筑面积小于或等于120m²，疏散门的数量可以设一个。走道尽端的房间，原则上也要设置两个疏散门，而且两个疏散门之间的距离不能太近，至少间隔5m以上才行。如果房间面积小于50m²，只设一个疏散门，那么疏散门门扇开启后的实际通行净宽度不能小于0.9m。对于端部的大房间，面积不足200m²时，室内最远点至疏散门的直线距离可控制在15m范围内，这时可设置一个双扇的疏散门，疏散门的净宽度需不小于1.4m。

除了注意疏散门的个数以外，还需要注意的是疏散门的宽度。办公建筑内房间的疏散门和安全出口的通行净宽度往往也不被设计师所重视，门扇开启后的通行净宽度不满足0.8m的最低要求，这些都是不符合安全疏散要求的。此外，首层的疏散门通行的最小净宽度要求1.1m，疏散楼梯间内扶手中心线到对面墙上或者对面扶手中心线之间的梯段净宽度也不能小于1.1m。对于高层办公建筑，不仅层数多，且各层容纳的人员总数量也多，疏散门的净宽相比多层办公建筑有所提高，净宽需1.2m以上。疏散走道单面布房时走道净宽不能小于1.3m，疏散走道双面布房时

走道净宽不能小于1.4m。这些都是常用的数据，装修设计师们要牢记在心。

疏散总净宽度，也不是随便想给多少给多少。需要根据每层的疏散人数进行计算确定。常用数据为：地上一、二层，每百人最小疏散净宽度0.65m；地上三层，每百人最小疏散净宽度0.75m；地上四层及以上，每百人最小疏散净宽度1m。

疏散门的样式应为向疏散方向开启的平开门。推拉门、卷帘门、旋转门等都不具备安全疏散的功能，不能作为疏散门来使用。经常会见到装修设计师将大堂的门设成旋转门或电动门，且旁边还没有其他的平开门作为疏散，这些都是不符合消防要求的。

此外，除消防电梯外，其他电梯不能作为安全疏散梯来使用。自动扶梯也不具备防烟功能也不能作为疏散梯使用。

第三，内部装修材料的燃烧性能要严格按照消防要求进行控制。

装修材料种类繁多，但按建筑的使用部位来划分，主要有顶棚、地面、墙面、隔断、固定家具、装饰织物和其他装饰装修材料等七大类[2]。按材料质地划分，有塑料、金属、陶瓷、玻璃、木材、涂料、纺织品、石材等。装修材料不仅能改善室内的艺术效果，还能使人们得到美的享受。在选择各部位装修材料的时候还要关注它的燃烧性能，详见表1。

表1 办公建筑室内装修各部位装修材料的燃烧性能一览表

序号	类别	装修部位	燃烧性能	备　注
1	单层、多层建筑	顶棚	A（B1）	设有送回风管道的集中空气调节系统（若无送回风管道的集中空气调节系统时，采用括号内的数据）
2		墙面	B1（B1）	
3		地面	B1（B2）	
4		隔断	B1（B2）	
5	高层建筑	顶棚	A	
6		墙面	B1	
7		地面	B1	
8		隔断	B1	
9	疏散走道、门厅	顶棚	A	
10		墙面	B1	
11		地面	B1	
12		隔断	B1	

注　无窗房间的内部装修材料燃烧性能应提高一级。

第四，办公建筑装修不得擅自改动、减少、拆除、遮挡消防设施、防烟分区、疏散指示标志等。

（1）对于高度大于15m或面积大于1万m²的办公建筑，室内均设有消火栓系统，消火栓位置不得随意更改。

（2）室内设有自动喷水灭火系统时，室内装修设计时不得随意更改喷头位置。对于重新划分的新房间，原

有喷头的保护范围不满足时，应由具有消防设计资质的单位重新进行系统和点位布置。

（3）对于设有机械排烟系统的办公建筑和一类高层办公建筑，室内火灾自动报警系统，不得随意拆除或遮挡。

（4）排烟管道的设置会影响室内装修的净高，装修设计时要重视中庭、面积大于100m²的房间以及长度大

于 20m 的疏散走道。

（5）消防应急照明和灯光疏散指示标志在办公建筑中可以大大提高人员的疏散速度和安全疏散条件。装修设计时应充分考虑疏散指示标志的安装位置，根据人行走时目视前方的习惯，能够起到引导的作用，设置的位置应便于人们辨认，防止被烟气遮挡。

第五，其他需注意的问题：

（1）办公建筑内往往设有厨房和餐厅供办公人员使用，厨房因为有明火，必须严格遵守防火要求，厨房的隔墙和门窗不得违反消防要求，围护结构采用防火隔墙和乙级防火门窗。

（2）室外疏散楼梯 2m 范围内的墙面除了疏散门以外，不得有其他任何门窗洞口，如果有，一定要进行实体墙封堵，且通向室外楼梯的门应为乙级防火门。

（3）当原始建筑的使用功能与装修设计的使用功能不同时，消防设施须重新按新功能进行设置。

（4）改建项目进行装修设计时，应注意原有消防设施大多无法满足现行相关规范的要求，大多存在消防水池、消防泵房等一系列消防设施缺乏、容量不足等问题。如消防设施达不到现有装修时期的消防要求，老旧设施应当更换，新增消防设施须按现行相关规范的要求重新进行消防设计。应选择具有消防设计资质的正规设计院进行消防设计。

总而言之，消防乃民生大计，办公建筑室内装修设计对消防安全一定要高度重视。只有充分重视，才能发挥出建筑内的各种消防设施的功能和作用，让建筑更加安全，让使用者在此办公更加舒心。

参考文献

［1］中华人民共和国住房和城乡建设部 . 办公建筑设计标准：JGJ/T 67—2019［S］. 北京：中国建筑工业出版社，2019：2.

［2］中华人民共和国公安部 . 建筑内部装修设计防火规范：GB 50222—2017［S］. 北京：中国计划出版社，2017：3.

［3］中华人民共和国公安部 . 建筑设计防火规范：GB 50016—2014［S］. 北京：中国计划出版社，2018.

材质与建造：解读卒姆托建筑实践中的栖居

■ 童天志
■ 重庆大学建筑城规学院

摘要 现代主义的"国际式"风潮过去之后，地域主义思想崛起，引发了对现代主义广泛的批判以及对人的关怀，本文将卒姆托的建筑实践置于地域主义兴起的背景下讨论，并从材料以及建造两个层面来分析卒姆托建筑中的场所、氛围，以及人的栖居。

关键词 地域性 栖居 卒姆托 自然环境

1 海德格尔与栖居

海德格尔在《筑，居，思》中将栖居描述为一种审慎的和守护的态度相关的存在方式，栖居就是保护栖居者与天、地、人、神四重整体的关系，所谓"栖居"的人，就是那个向着"存在"的基本维度敞开的人。随后舒尔茨借由海德格尔发展了他的场所精神理论，他认为通过一种隐喻性的建筑可以创造出场所，从而唤起人们对意象和意义的感知。而场所的创造离不开对地点的关照，因为人的存在和居住离不开一个具体的地点，地域属性是唤起场所归属感和方向感的重要因素，也是对个人生活经验和集体记忆的揭示，所以地域性中天然地带有海德格尔式的栖居思想。在卒姆托的文字和建筑作品中不难发现他的现象学思考以及海德格尔对他的影响。

2 历史视角下的地域转向

建筑不同于桥梁、道路等构筑物只有地点没有空间，也不同于汽车、火车等只有空间没有地点，建筑使空间这一抽象模式在具体的场地中存在，从而实现了人的居住，所以地域性是建筑的本质属性[1]，只是在某个历史阶段它被忽略，而另一阶段又占据主导。从 17 世纪启蒙运动开始，西方确立了理性与人文的思想，逐步开始迈入现代化的进程当中，19 世纪末 20 世纪初，工业革命带来了技术和科学巨大的发展，火车和飞机的发明让世界联系成为一个前所未有的整体，在经济和文化上的发展都趋向同一化[1]。除此之外，工业革命的成功也让人们陷入了技术崇拜当中，人类改造自然和统治自然的野心越发膨胀。现代建筑就诞生在这样的背景之下，它鼓励技术理性，赞成标准化、工业化的大生产，在这样的风潮下"国际式"建筑风格席卷全球，现代建筑这种单一、同质化的倾向还源于它本质上是一项乌托邦运动，现代建筑希望通过自身的技术理性和功能主义构建起一个现代社会，而这种理想是乌托邦性质的。由于技术理性和工业发展造成了严重的环境问题，社会开始反思人与自然的相处方式，进而出现了 20 世纪中叶理论的转向。

大城市的拥挤和千篇一律使得功能主义的城市理想破产，建筑理论从单一走向多元，文丘里提出了建筑的复杂性和矛盾性，认为现代主义思想是对建筑问题的抽象简化，并且鼓励对历史元素和流行文化的使用，这也是一种精神上的"在地"，意在把建筑和个人的生活经验联合起来。"国际式"的钢和玻璃的方盒子逐渐使人厌烦，建筑理论的发展呈现多元化的趋势，其中地域性和人情化是重要的一支，地域性的兴起代表着建筑思想从理性至上走向了人文关怀，建筑的地点和空间的二元特性中，地点开始得到关注。弗兰姆普敦在其著作《建构文化研究》中说到"建造无一例外是地点、类型和建构三个因素持续交汇作用的结果。建构并不属于任何风格，但它必然要与地点和类型发生关系"[2]。弗兰姆普敦所言的建构是一种"建造的诗学"，他认为建造是先于空间存在的，属于建筑的第一性，而建造是无法脱离自然和地点的，"诗学"二字意味着弗式把建造问题从理性的技术维度提到了艺术的维度[3]，建造活动简言之是将自然空间转化为人造空间的过程，所以建造的艺术氛围离不开人的体验和经验以及人与自然的关系，建构与场所精神都不能脱离对自然的关照。由此可见，无论是建构还是场所都强调了建筑与自然的关系，地域建筑的"在地"就是通过对自然或地点的回应，从而上升到对人的情感、记忆以及生活经验的揭示，最终使人能够获得栖居。早期现代主义试图用技术将人的生活从自然中剥离，创造一种基于抽象美学的乌托邦，但这种傲慢终究导致了人的体验的断裂，陷入一种无根的生活状态。人类就是从自然中走出来，或许基于某种生物特质和集体记忆的传承，人的安定和栖居终究要依靠自然，建筑作为栖居的载体也应该以谦卑和积极的态度应对自然。

建筑作为人类在自然中构筑的最显著的人工形态，始终承担着建立人与自然对话的介质，人类早期建筑都有着自然特性，气候地形这些自然地理特质赋予了建筑以形式，比如为了防雨才有了坡屋顶，为了适应地形才有了吊脚楼，但技术崇拜让人和自然的关系变成了一种对抗，而这种对抗终究是机械性和冷血的。除了诚恳地回应和适应自然条件之外，人性化的栖居还需要建筑唤醒人的归属感和身体经验，这就需要建筑对自然作出象征性和再现性的回应。在卒姆托的建筑中深刻体现了地域性、自然、材料以及对栖居的思考，场所和氛围等与人相关的内涵成为他建筑的基调，而不是现代主义时期抽象的功能和美学，理解卒姆托需要回到地域主义发展的时代语境中。

3 卒姆托建筑中的栖居

卒姆托的职业经历造就了他对建筑的敏感性，他最初受到的是木工训练，然后学习了艺术和建筑，后来又从事历史建筑保护，直到很晚才开始建筑设计。木工训练使他对材料和工艺有了娴熟的掌握，而历史建筑保护锻炼了对历史和人的经验的认识，这些前期的工作经验都为卒姆托后期走向现象学的设计路径埋下了铺垫[4]。以卒姆托的代表作瓦尔斯温泉浴场为例（图1），该建筑位于瑞士阿尔卑斯山一个边远村庄，项目于1986年开始，1996年建成开放历经10年之久，卒姆托在自己的文章中这样描述这座建筑："浴场仿佛是存在了很久的建筑，它和地形与地理相关，对应瓦尔斯山谷的石材，被挤压的、有断层的、折叠的、破碎成无数片的……"卒姆托在一次采访中说到希望浴场和沐浴的感受是从瓦尔斯生长出来的，就像温泉是从瓦尔斯生长出来的一样。可见卒姆托对自然和场地的重视，整个建筑有一半的体量嵌入山体像一个浑然天成的巨石从场地中生长出来（图2），建筑材料也对应着当地的石材，建筑是对场地氛围的延续，而这种氛围是根植于场地的自然环境之中的，由此通过建筑将人的感受意识和所属的自然联系起来，人就获得了归属感和栖居[5]。为了实现这种氛围建筑，卒姆托尤其关注材料以及建造问题。

图1　山谷中的温泉浴场
（图片来源：Peter Zumthor, 1990—1997）

图2　温泉浴场立面
（图片来源：Peter Zumthor, 1990—1997）

3.1　材料：地域特质的再现

舒尔茨认为材料和细部可以解释环境，并且可以使环境特征表现地更为明显，通过对材料的操作可以使建筑获得环境属性，这一点在瓦尔斯温泉浴场中体现得很明显，卒姆托第一次去到瓦尔斯就注意到当地盛产的一种夹杂白色云母的灰色片麻岩，这种石头在当地有很长的历史，并且广泛地用于建筑当中（图3），卒姆托对材料做了广泛的了解甚至还咨询了地质学家，地质学家认为"这里最初的片麻岩的历史在3亿年以上，但在5000万年前，阿尔卑斯山的形成过程中，将岩层挤压变形，而这些岩石的肌理记录了山体运动的过程"也许正是这句话坚定了卒姆托使用当地片麻岩，因为它记录了这片土地的形成[6]。但是卒姆托对片麻岩的使用方式却是特殊的，他并没有直接沿用当地的传统砌筑工艺，也没有把石材加工成纯粹的装饰物，而是加工成了水平的片麻岩石条，在抛光打磨后质地细腻仿佛变成了截然不同的

图3　瓦尔斯当地的片麻岩屋顶
（图片来源：引自文献 [6]）

物质（图4），整个建筑在这种条状贴面下，体现出了类似岩层的视觉印象，而每一个块贴面又是当地岩石所造，这是一种对材质的艺术性再现，将自然本质和艺术氛围结合在了一起。片麻岩贴面不再是一种空洞的表皮，其温度、质地等属于材料本身的特质建立起了人的感觉与传统、历史的关联，但其材料的美学表现形式又实现了对传统的超越。

3.2 建造：总体氛围的实现

建造是一座建筑实现的过程和方法，从图纸到具体的建筑物的实现是通过建造完成的。建筑师的工作不仅仅是完成纸面上的设计，更重要的是实现建筑物的建造，由抽象到具体物的实现是诞生建筑氛围或场所的关键。建造包含着建造行为、材料、结构、施工工艺等。在克劳斯兄弟教堂项目中，卒姆托把建造推到了极致（图5）。当地人希望亲自参与教堂的建造来表达他们对圣徒克劳斯的爱戴，112 根由当地居民提供的树干支起了建筑主体的模板，在混凝土主体浇筑完成后，用火烧掉了内部的支撑模板（图6），经过3周的燃烧，木材的气息、色彩、纹理已经和混凝土融为一体（图7），而燃烧行为本身使得整个建造充满了仪式与宗教感，这种仪式会成为参与建造者的共同记忆，也会成为这座建筑不可磨灭的一部分。在空间氛围上，这座建筑也呼应了海德格尔"天、地、人、神"的四重整体，幽暗狭窄的入口通向一个垂直的尖塔似的空间（图8），顶部的洞口接纳了阳光和雨水，墙面上预留的光孔通过玻璃球折射着光线，地面上专门为雨水的收集做了凹陷，在这样一个空间中，人的感官和情绪都得到充分的调动，脚底的幽暗潮湿和头顶的明亮形成鲜明的对比，头顶的天光将整个空间神圣化（图9），仿佛是信仰对人的拯救，宗教的神秘、肃穆在空间中得到了升华。

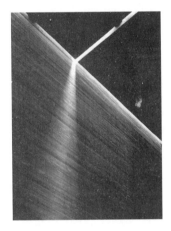

图4 浴场内的片麻岩贴面
（图片来源：Peter Zumthor，1990—1997）

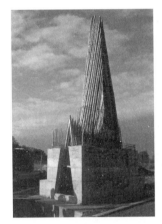

图5 建造中的教堂
（图片来源：Peter Zumthor，1998—2001）

图6 木模板
（图片来源：Peter Zumthor，1998—2001）

图7 内部纹理
（图片来源：Peter Zumthor，1998—2001）

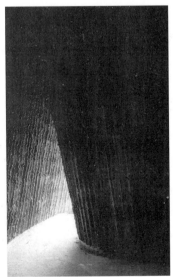

图8 教堂入口
（图片来源：Peter Zumthor，1998—2001）

图9 顶部天光
（图片来源：Peter Zumthor，1998—2001）

4 栖居：让精神靠岸

栖居与居住最大的差别在于对精神的关照，栖居强调精神上的安定，而这种安定仅靠技术和功能是无法实现的，人作为一种生物天然和自然界联合在一起，历史演进和生物进化形成的心理结构决定了人对自然的亲近，人的栖居就要回到自然，回归到原初的感觉和场所中。而对场所的塑造则要尽可能地调动人的感官、情绪以及记忆。卒姆托的建筑作为一种回应自然、地方以及个人的建筑可以为人的栖居提供一种可能。

参考文献

[1] 张彤. 整体地域建筑理论框架概述 [J]. 华中建筑，1999 (3)：20 - 26.
[2] 肯尼斯·弗兰姆普敦. 现代建筑：一部批判的历史 [M]. 张钦楠，等，译. 北京：生活·读书·新知三联书店，2004.
[3] 刘宏志. 材料的地域性表达 [D]. 西安：西安建筑科技大学，2012.
[4] 贺玮玲，黄印武. 瑞士瓦尔斯温泉浴场建筑设计中的现象学思考 [J]. 时代建筑，2008 (6)：42 - 47.
[5] 王国光. 基于环境整体观的现代建筑创作思想研究 [D]. 广州：华南理工大学，2013.
[6] 刘东洋. 卒姆托与片麻岩：一栋建筑引发的"物质性"思考 [J]. 新建筑，2010 (1)：11 - 18.

基于老年人满意度的城市社区养老服务设施适老化设计

■ 刘令贵[1]　周锦蓉[1]　左家玥[1]　何　静[1T]
■ 1　西安交通大学人文社会科学学院　T　通讯作者

摘要　面对老龄化的挑战，我国城市社区养老服务设施的规划、配置、建设不健全的情况普遍存在。大量学者致力于研究各个层面的适老化设计，使得养老服务设施适老化的相关理论相对成熟并且将理论应用于实践取得了较好的成就。本文研究的适老化设计针对城市社区的养老服务设施，以西安市为例，调研设施空间现状以及老年人满意度，分析目前养老服务设施存在的问题，并且对设施的适老化建设提供策略与方法。其意义体现在两个方面：一是发掘西安市养老服务设施现存的问题；二是为西安市社区养老服务设施从规划到功能服务再到建筑细节不同空间尺度的适老化提供策略，形成完整的适老化设计策略。并通过设计实践以期为西安市社区养老服务设施的建设提供参考。

关键词　城市社区　养老服务设施　适老化设计

引言

根据第七次全国人口普查数据显示，相比于 2010 年的第六次全国人口普查，60 岁及以上人口为 2.640 亿，占比 18.70%，提升了 5.44 个百分点；65 岁及以上人口为 1.906 亿，占比 13.50%，提升了 4.63 个百分点❶。说明我国老年人人口基数大，增长速度快，老龄化呈明显加快态势。

随着人口老龄化问题日益严峻和家庭养老负担的不断加重，如何建设老年友好型城市、提升老年人生活品质正成为亟待解决的难题。胡惠琴等[1] 提出家庭结构的变化导致传统的家庭养老和社会养老已经不能适应我国高龄化趋势，社区逐渐成为养老服务的依托和载体；周典[2] 针对我国城市养老居住环境面临的问题，提出了城市社区养老居住环境规划的策略与方法；周燕珉等[3] 提出社区是老年人日常活动的重要场所，社区适老性营造对于老年人的身心健康具有重要意义。诸多学者从城市社区养老环境建设展开相关学术研究，说明进一步提升城市社区宜居宜养环境品质符合我国国情，具有十分重要的理论和现实意义。

此外，2021 年 12 月，国务院印发的《"十四五"国家老龄事业发展和养老服务体系规划》中强调加快健全"居家社区机构相协调、医养康养相结合的养老服务体系"，并进一步提出要有序推进城镇老旧小区改造，统筹推进社区配套养老服务设施建设。因此，在国家的大力引导和推动下，面向社区供给的养老服务成为应对人口老龄化的主推方向[4]。社区既是城市构成的基本单元，也是老年人日常生活和接受各种服务的主要活动场所，推进养老服务设施建设，不仅能够为老年群体提供高质量的养老服务和社会支持，又能真正地将老年宜居环境建设落在实处。

1　西安市养老服务设施调研

1.1　西安市养老服务设施分类

2007 年发布的《城镇老年人设施规划规范》（GB 50437—2007）和 2018 年局部修订的条文对各种老年人设施的定义以及老年人设施的分级、配建指标等做出规范，但并未针对养老服务设施做出具体的分类标准。

目前我国对于养老服务设施类型的研究主要有以下几种：贺文[5] 认为养老服务设施可以分为社会类和居家类，其中社会养老模式下的养老服务设施主要包括养老院、老年公寓等；而居家类的养老服务设施主要包括提供社区老年卫生服务中心及老年康复站、提供日常生活照料的老年服务中心、提供社区老年文体娱乐的老年活动中心等设施。陆明等[6] 认为支撑社区养老的养老服务设施包括活动类的设施（老年活动中心、老年大学等）和照料类的设施（老年人日间照料中心、养老公寓等）两种。王安[7] 则将养老服务设施分为：①照料类：日间照料中心、养老服务站等提供照料服务的设施；②活动类：老年活动中心、老年大学等提供综合文化娱乐的设施；③管理类：养老服务信息中心等提供线上和线下服务的设施。

综上所述，针对社区的养老服务设施的分类总体上分为活动类和照料类两类，但对为老年人提供综合性服务（文化娱乐、康复训练、医疗保健等）的居家养老服务介于两类之间，并未做出准确的归类。据此本文将西安市养老服务设施按照其具体功能和名称划分为照料类、服务类和活动类。

---

❶ 数据来源：国家统计局 2021 年第七次全国人口普查公报（2021 年 5 月 11 日国务院新闻办公室人口发布会）。

1.2 西安市养老服务设施现状调研

西安市城六区的老龄化率较高，养老服务设施分布密集且类型较为完善，因此笔者对西安市城六区的 12 个设施 240 位老年人进行问卷调研。调研问卷分为以下两个部分：设施基本属性和空间现状调研、老年人对设施的满意度调研。设施分布如图 1 所示。

调研老年人对设施的满意度是为了反映各类养老服务设施在各个层面的适老化设计是否为老年人所需。满意度调研包括设施安全性、设施服务内容和质量和老年人的总体满意度评价，共设置了 10 个相关问题及 10 个意思相反的形容词评价因子。为了使设施使用者更加准确地做出评价，通过问卷让各个设施内的老年人进行打分，其次汇总得出各项因子的平均结果，最后分服务类、照料类、活动类进行统计，绘制出三类设施的老年人对设施的满意度 SD 法评价折线图（表 1）。不同类型设施的空间现状见表 1。

图 1　设施分布图
（图片来源：作者自绘）

表 1　设施满意度与空间现状（作者自制）

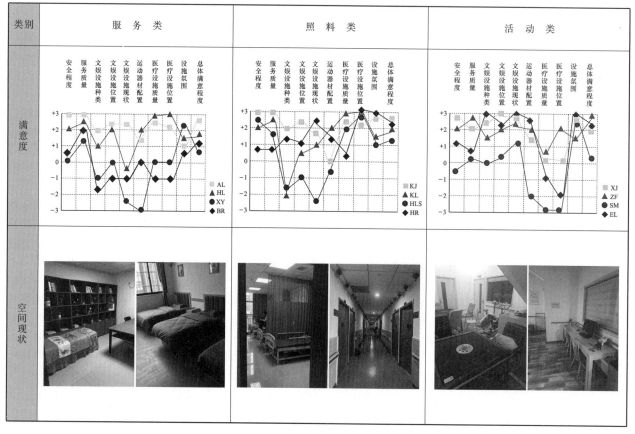

依据西安市养老服务设施现状以及老年人的满意度调研可以看出，各类养老服务设施层级差别较大：服务类设施服务内容单一，不能很好满足老年人的需求，设施内部适老化措施不够完善；照料类设施内部适老化措施较完备，功能空间也基本能满足老年人的需求，老年人总体满意度最高，但机构感过于强烈，设施氛围较为冷清；活动类设施普遍较小，文娱设施不够丰富，布置较为杂乱，以棋牌室为主，大多不适合行动不便的老年人进行康复锻炼。

2 养老服务设施适老化策略与方法

2.1 养老服务设施适老化策略

通过调研西安市养老服务设施的现状环境，笔者发现设施周边环境的适老化仅局限在无障碍这一单一角度。设计师缺乏对老年人的深度了解，对老年人生理和心理需求的考量欠缺；外环境设计滞后于室内环境，忽略老年人的户外活动需求；对老年人的重视程度不够，设计师对室外街道环境的适老化设计理解不够深入，不利于老年人的身心健康。

针对以上问题，笔者总结出相应的指导原则：一是安全性，安全性原则强调规划设计设施户外环境时应该注重空间安全感的营造，使街道充满活力，通过控制街道的几何特性、街道两侧环境设计等限制车型速度，设置充足的照明设施，保持路面平整，构建安全的步行空间；二是舒适性，街道的舒适性是老年人是否停留的重要因素，减少噪声的干扰，完善夜间照明系统，合理处理地面高差、植物搭配、功能布局等措施都能满足老年人在室外舒适感的需求；三是可识别性，可识别性原则是指街道应各有不同的特色，通过简单的指示牌、雕塑、花坛等形成连续、符合当地文化内涵并易于老年人理解的独特街道空间，可以提高老年人对街道的辨识和记忆；四是参与性原则，参与性原则要求街道能够满足不同活动的需求，避免老年人的被隔离感。

2.2 养老服务设施适老化方法

2.2.1 景观层面的养老服务设施适老化设计方法

1. 步行道及无障碍化设计

养老服务设施周边街道应从老人出家门至设施形成连续而系统的无障碍系统，以防老年人摔倒，并且可以方便利用辅具进行行动的老年人出行，而街道中的道路高差往往是导致老年人摔倒或不方便出行的主要因素。消除道路高差有三种处理方式：第一种是缘石坡道，其往往设置在人行道端口，较为常见；第二种是将人行道与车行道统一标高，用花坛、栏杆、止车桩、地灯等设施进行分隔；第三种是抬高车行道的局部，形成一个通道，路面起拱还可以限制车辆行驶速度。"路面起拱"和"降低标高"这两种方式相比"缘石坡道"，步行道高度不会改变，对于半自理、需要辅具行走的老年人来说比较方便。

2. 活动场地及景观的适老化设计方法

(1) 景观环境。舒适的景观环境可以大大改善老年人的生活水平，减轻他们的不良情绪。营造可参与式景观（治愈景观）是景观适老化设计的方法之一。现如今大多数的景观设计只考虑植物的味道、颜色、种类的安全性等方面，较少考虑老人可触碰、可参与的景观设计。一方面，感知能力逐渐下降的老年人不仅需要通过视觉、嗅觉了解周围环境，而且需要通过触摸来了解和亲近环境；另一方面，大多数老年人在退休之后有园艺种植的兴趣和需求，可参与式景观为生活在城市社区中的老年人增添了乐趣与幸福感。

(2) 户外活动区。户外活动区域是街道景观适老化中不可缺少的一部分，其功能包括锻炼区域、私密交谈空间，以及类型、尺度多样的活动空间。在具体设计过程中，应注意以下几点：第一，活动场地的选择应充分考虑日照等因素，以便夏天能有更多荫凉的地方供老年人休闲，冬天获取更好的阳光，并且避开寒风；第二，场地必须和附近的社区居民楼保持一定的距离，以免影响附近居民的休息。

(3) 户外休憩区。为了营造一个相对私密和安静的户外休憩区域，可以在场地中利用绿化、墙体、廊架等形式，划分出安静的休闲区域，并且要保证与外界要有视觉联系，以免出现危险时无法及时发现；休息座椅旁边可以利用遮阳伞或者树池进行遮阳，座椅应设置无障碍扶手且适宜选用长条形，方便人与人之间的交流、看护儿童以及暂放物品等；此外，户外休憩区周围应保留轮椅空间，供半自理老年人进行康复锻炼。

2.2.2 建筑层面的养老服务设施适老化设计方法

1. 建筑空间使用性能适老化方法

建筑功能设置上，设施入口门厅处应设置更衣、换鞋、储物、洗手消毒及轮椅停放空间；借住居室可以设置淋浴；储藏区遵循就近和专用原则，利用入口处、阳台端部、坐便器旁、房门背后等；阳台宜作为紧急避难通道，宜设便于老人使用的晾衣装置和花台。

2. 配套设备适老化方法

安防设备上，卫浴、床头等易有安全隐患的地方应设置紧急呼救装置，以便护理站能够及时收到消息；入口处宜设置可视对讲机；相关辅具的配备上，厕所淋浴区应设置凳子，方便护理人员协助，按需求设置可移动式餐桌或者是带有餐桌的护理床。

3 城市社区养老服务设施适老化设计实践

3.1 项目现状调研

设施位于社区西门门口，人流量大，交通拥挤，常常出现车辆随意停放的问题；街道景观比较单一，仅仅依靠行道树来满足绿化需求；路边仅设置少量临时搭建的休闲设施，不能够满足老年人基本的娱乐需求；街道边常常出现街边售卖的情况，导致原本不宽敞的街道更加拥挤。

3.2 适老化设计方法与步骤

3.2.1 适老化设计采用的方法

街道景观首先从老年人的生理需求出发，通过街边走访调研，老年人普遍希望能在设施周围进行散步、打牌（下棋），其次是静坐和聊天，此外，广场舞、健身、茶饮、阅读等也是众多老年人的日常休闲项目，在设施周围设置相应的功能，可以提升街道的整体氛围（图2）。

3.2.2 适老化设计的步骤（配给－环境－建筑）

养老服务设施的适老化应从多维尺度下进行规划和设计。首先，规划层面上，提升该设施的交通可达性，800m生活圈内应涵盖医院、菜场、公园、广场等配套设施。其次，环境维度上，根据老年人行为和需求出发，设置合理的活动零件，组成一个个适老化设计节点（图3）。最后，建筑层面上，设施入口门厅处应设置无障碍坡道，门厅内部设置消毒、洗手区域、储物区域以及轮椅停放区域。从宏观尺度到微观尺度，为该养老服务设施的适老化设计实践提供完备的策略。

3.3 梧桐家苑适老化设计展示

3.3.1 环境尺度效果

环境尺度的适老化设计范围是该设施的南北向的两侧街道，根据需求在场地中设置社交广场、健身场地、康复锻炼等区域，合理设置活动零件，使不同行为能力的老年人可以在街道中享受不同的活动，提升街道活力，老年人和年轻人可以在一个空间中活动，加强不同年龄段的人之间的链接。步行道分为内侧活动区域、跑道区域和车辆停放区域，并运用鲜艳的颜色，有助于老年人的识别，并且可以提升环境的氛围（图4）。

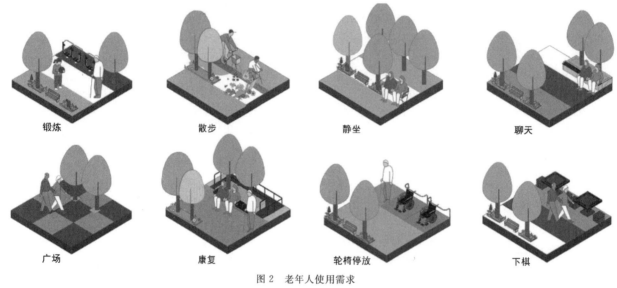

图 2　老年人使用需求
（作者自绘）

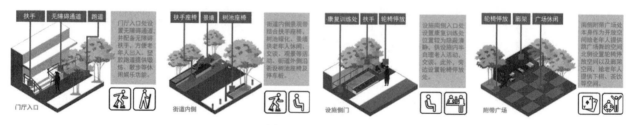

图 3　适老化设计节点
（图片来源：作者自绘）

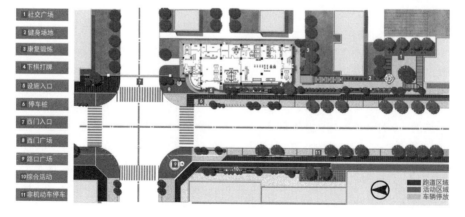

图 4　街道景观平面图
（图片来源：作者自绘）

功能上，道路主要分为内侧活动区、快速通行区和车辆停放区域，人车分流，对路边停放的车辆进行集中管理，防止老年人受来往车辆的影响。红色跑道贯彻了中心的几个区域，连接了老年人的各个活动，将各个景观节点联系在一起，形成一个完整的街道绿化带（图5）。

颜色上，选取瞩目的红色，提升街道的可识别性，以及增添街道的活力，吸引各个年龄段的人休憩、逗留，加强不同年龄段人群的链接（图6）。靠近设施的一侧街道从门厅出口的无障碍扶手到设施南侧的康复锻炼区以及锻炼广场都有相应的适老化策略，如休闲座椅的扶手、康复锻炼区以及广场廊架旁的轮椅停放区等，便于半自理老人进行活动。街道的另一侧则设置更加有活力的休闲设施，吸引不同年龄段的人群。廊架采用曲线形式，在廊架上上下下的起伏之中可以结合休憩、锻炼等功能，并结合绿化，使得街道更有记忆点。

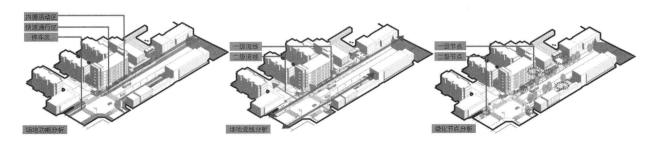

图5 街道景观分析图
（图片来源：作者自绘）

图6 街道鸟瞰图
（图片来源：作者自绘）

图7 入口门厅效果图
（图片来源：作者自绘）

3.3.2 建筑尺度效果

建筑尺度的适老化主要集中在入口门厅处，入口应设置无障碍通道，并配置无障碍扶手，门口应设置相应的座椅，方便设施内老年人在外晒太阳、交流。门厅内部应设置消毒区及洗手池、储物空间、轮椅停放空间，方便老年人的日常出行。此外，为了老年人的安全，设施内部设置防滑扶手以及防滑地板，谨防摔倒（图7）。

4 总结与展望

本文通过对养老服务设施的空间现状调研以及老年人满意度调研指出西安市养老服务设施的现存问题。接着针对相关问题提出适老化策略与方法，并通过设计实践为西安市社区养老服务设施的建设提供参考。但关于城市社区养老服务设施适老化策略与方法的整理是一个复杂和系统的工作，本文通过文献整理总结了多维度的策略与方法，但并未全面列出，在具体细节和指标的设置上仍存在一定的不足。养老服务设施适老化设计研究是一个较大的课题，本文的研究成果较为单薄，希望能结合更加深入的调研，为西安市养老服务设施的发展添砖加瓦。

［本文系陕西省社会科学基金项目"'人因工程'视角下老龄友好型社区空间环境设计研究"（2023 J 008）研究成果。］

参考文献

［1］胡惠琴，徐知秋，傅岳峰．社区闲置住宅改造为老年公寓的空间适应性研究［J］．新建筑，2017（1）：59-64.

［2］周典．适宜"老有所居"的城市社区居住环境规划与设计［M］．北京：中国建筑工业出版社．2016.107-113.

［3］周燕珉，王春彧．营造良好社交氛围的老年友好型社区室外环境设计研究：以北京某社区的持续跟踪调研为例［J］．上海城市规划，2020（6）：15-21.

［4］汪洋，陈辉．政策驱动视角下失能老人社区养老服务政策供给研究［J］．河海大学学报（哲学社会科学版），2022，24（4）：125-133.

［5］贺文．对老龄设施在城市和村镇规划设计中的思考：老龄设施体系和内容的探讨［J］．城市发展研究．2005（1）：21-24.

［6］陆明，邢军，郭旭．适应我国养老模式的养老设施分级规划研究［J］．华中建筑．2011，29（8）：192-195.

［7］王安．基于老年人需求的养老服务设施配置优化研究［D］．西安：西安建筑科技大学．2020.

《全本红楼梦》闺阁空间环境设计分析

■ 任康丽　窦　怡
■ 华中科技大学建筑与城市规划学院数字光影技术湖北省工程研究中心

摘要　清代孙温《全本红楼梦》绘本吸收清代宫廷新体绘画所长，通过多场景并置、"画框"造景等艺术构图模式，增强《红楼梦》小说叙事多样性与独特性图景。通过分析绘本中起居空间布局模式、家具陈设内涵、装饰书画象征寓意，探究明清时期闺房情感空间的细腻表达，对研究中国古代女性风俗文化具有史料价值，同时对现当代女性居住空间设计也具有借鉴意义。

关键词　《全本红楼梦》绘本　居住空间　闺阁设计

清代孙温《全本红楼梦》❶绘本是一部反映中国明清时期文学、艺术、生活的重要绘本古籍，具有极高的艺术文化价值。绘本基于《红楼梦》小说进行视觉再现，以大量图绘的形式展现清代文人对于女性闺阁空间的设想，表现人物性格与空间场所的寄寓。本文通过图像分析法对《全本红楼梦》中闺阁的图像叙事、空间构成、人物尺度、家具陈设比例进行分析，探讨女性空间设计与社会经济、封建礼法、等级制度、人物性格的相关联系。

1　《全本红楼梦》绘本艺术价值

1.1　《全本红楼梦》背景分析

《全本红楼梦》在诸家画史和地方志中皆未记载作者名，刘广堂❷先生据画面钤印❸考证，该作品为二人合作完成，孙温❹为主绘者，孙允谟❺辅助完成。作者使用"画中画""画中书"特殊形式将作画年份等信息隐于画中。通过考释其纪年、藏款可得知，画册创作年代始于1877年之前，结束于1930年之后，横跨清代、近代两个历史时期[1]。

《全本红楼梦》绘本以工笔重彩设色方式表现《红楼梦》主要故事情节。全图为推篷装❻，24册，共计230张，现收藏于旅顺博物馆[2]。绘本画面多为全景式呈现，内容涵盖山水、人物、花鸟、楼阁、舟车、博古、杂项等，几乎覆盖中国古代全部画科内容。绘本中着重笔墨，营造闺阁空间，采用更为直观、适宜的绘画透视手法进行空间艺术分类与表达。

1.2　《全本红楼梦》居住空间图式

研究《全本红楼梦》居住空间图式对明清时期居住环境和布局方式具有借鉴价值。《说文解字》中将"图（圖）"释为"画计难也。从口从啚。啚，难意也"。"式，法也"，即绘图布局样式法则。《中国百科大辞典》中"图式"表征特定概念、事物或事件的认知结构。《全本红楼梦》中的图式是孙温经过长期训练、演化提炼而形成的一种相对稳定的绘画样式，为《红楼梦》空间布局法则的书面文字内容的丰富空间呈现。他用中国古代绘画图式中一种平面性语言界定画面中的三维空间区域。正如明代《玉簪记》❼中，画面通过屏风、栏杆等图式将构图分为人物、近景、远境空间，具有透视三维视觉感受。孙温继承了明代绘本中的空间技法，在《全本红楼梦》图式语言中大量运用这类构图模式，运用屋宇、栏杆、门窗、墙垣、铺地等建筑空间样式，塑造故事场景，与人物结合形成绘本中的三维成像[3]（图1）。

《全本红楼梦》绘本画面图式多采用散点透视构图方式，主观能动地将多场景组合，画面具有动态叙事特征。绘本中也融入西方透视学焦点透视构图方法展现故事情节，如第八十五回"贾芸送书宝玉忽怔"采用一点透视展现厅堂室内布局陈设，居住人物处理手法上依旧遵循中国画尊卑构图原理。又如第八十七回"坐禅寂走火入邪魔"这幅画面中采用西学透视中的两点透视，以广角视点同时展现妙玉打坐、仆妇道婆休憩等不同场景空间（图2）。

❶　清代画家孙温所创作的一幅绢本工笔彩绘画，此画现收藏于旅顺博物馆。
❷　现任大连现代博物馆馆长，原旅顺博物馆馆长，是孙温画册的最早研究者。
❸　中国古代官方文件或书画、书籍上面的印章符号。
❹　丰润人，生于嘉庆二十三年，即1818年，经历了从嘉庆到光绪等几个朝代，卒年不详。从全图绘画风格和技法看，孙温应为民间画师中的高手。
❺　字鹭波，号小洲、晓舟。丰南人。善画人物、花鸟，尤以画红楼梦人物见长。
❻　古书的一种装帧形式，外形与经折装近似，以折叠而成书本形式，前后粘以封面，上下翻页，文字竖排。推篷装多用于手绘书画作品的装裱，形式为上下翻页，书名横书。
❼　明代作家高濂创作的传奇（戏剧），刊行于明万历年间。

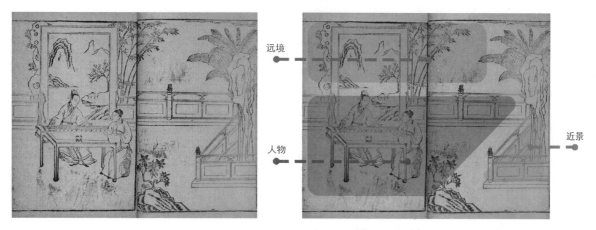

图1　明代高濂《玉簪记》绘本中空间场景区域界定
（图片来源：作者自绘）

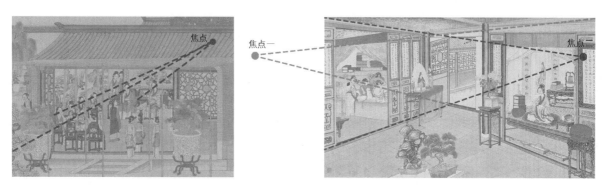

图2　《全本红楼梦》绘本第八十五、八十七回中焦点透视场景分析
（图片来源：作者自绘）

2　孙温绘本叙事空间图式构成

2.1　"画框"造景叙事

中国园林空间布局常以框景形式进行空间规划设计，孙温在绘画过程中也运用"画框"造景将小说情节清晰呈现。实景"画框"灵活运用墙面、屏风、窗户、山石、树木等分割画面叙事内容，如在一幅画面中呈现出不同"时空"情节。"门""窗"造型在"画框"造景叙事中是一个极其重要且设计巧妙的空间分割物，如第十七回"黛玉莽撞自悔绞袋"，画面通过门窗的"画框式"构图

将故事情节串联，墙垣外宝玉赏赐小厮、中间贾母关怀宝玉、左侧居住空间内黛玉赌气剪香囊等，人物与故事情节的巧妙结合，运用"画框"形成三个不同的故事内容，并有主次情节的生动比较（图3）。

《全本红楼梦》所绘框景的门的图式包括方门合角式、方门圆角式、券门式、八方式、圆门（月洞门）式这五种。框景的窗的图式包括方形短窗、收角四方式、八方式及月窗式四种[5]（图4、图5）。绘本中大量门窗始终处于半开或全开，定格人物千姿百态。第六回"刘姥姥投奔周瑞家"这幅画中，以方门为"画框"造景，

图3　《全本红楼梦》第十七回、第六回中实景"画框"图式设计
（图片来源：《孙温绘全本红楼梦》[4]）

门内是以贾府为背景的周瑞家所代表的"高门",门外是刘姥姥和板儿代表的"柴门",小小的一扇门不仅是对画面空间的界定,更隐喻封建社会权力地位、性别身份的神圣疆界。

《全本红楼梦》绘本中还运用立柱、墙垣等建筑构件起到"画框"构图空间效果,尤其是处理大场景的空间结构。绘本第十八回"贵妃筵宴题大观园",画面采用绿色立柱设计空间分隔,以宫人、主仆、男女等进行分组布局,正厅席位以元妃为中心,贾母、王夫人及宫内侍女伴其左右;贾府内其余众女眷在厅内两侧席位依次落座,视觉中心为宝、黛、钗诸人,画面人物按照"主从"关系分区,解决画面构图人物繁杂的视觉问题(图6)。明仇英《汉宫春晓图》也是运用此方法,通过利用建筑柱与柱、柱与墙之间空间组织画面结构,使居住空间中

的大场景构图模块化、尽显空间设计的层次分明。

2.2 虚幻空间与居住意境叙事

梦幻、虚构场景在中国传统小说插图中运用广泛,其表现手法具有程式化特点。虚空间意境中多画面同时呈现模式居多,通过空间错位、重叠表现场景空间深度。《全本红楼梦》第五回"警幻仙曲演红楼梦"出现虚幻、缺失的庙宇、楼阁形象,是画面虚空间区别于其他空间的一大特色,其描绘手法始于东汉大量佛教图像,如敦煌莫高窟《献花伎乐飞天》等壁画中就有将云纹、仙界与凡间分隔的线条描绘,营造出典型佛教虚幻仙境[6]。

孙温绘本在实景闺阁空间中穿插虚幻空间设计,通过现实景观映衬虚空间缥缈朦胧,虚实对比场景,增强画面可读性与趣味性。"烟云渲染为画中流行之气,故曰空白,非空纸,空白即画也"❶,云气作为闺阁太虚幻境

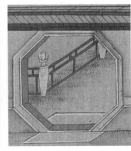

图4 造景门图式:方门合角式、方门圆角式、券门式、八方式、圆门式
(图片来源:《孙温绘全本红楼梦》)

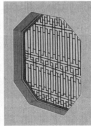

图5 "画框"造景窗图式:方形短窗、收角四方式、八方式、月窗式
(图片来源:《孙温绘全本红楼梦》)

图6 第十八回立柱组合形成的"画框"图式
(图片来源:《孙温绘全本红楼梦》)

❶ 清代张式《画谭》。

存在于图像的边界与边框，同时也是区别"虚幻"与"现实"的视觉符号。如第五回"贾宝玉神游太虚境"中，作者通过上升的团状叠云将太虚幻境包裹，实景存在的庙宇楼阁隐隐露出一角，将建筑的"实"与云雾的"虚"结合，营造与世绝境、远离世俗的意境美感。另外，他用细节写实描绘呈现出幻境空间，其表现方法有云雾线条、色彩对比等方式。如在第十七回"秦鲸卿夭逝黄泉路"这幅画面，引线从秦钟头侧引出，虚境空间与现实空间环境迥异，从亮度、构图上均有明显界限区分，创造出独特虚幻美与神秘感。

2.3 多场景空间并置叙事

《全本红楼梦》中画面使用"多场景并置"空间设计布局，其中包括厅堂、闺房、亭、院的结合，其目的是将整体空间进行总览，穿插叙述情节，将时间的流动性融入静态画面之中。所谓多场景空间并置，是指将故事各阶段的要素结合在一起，在同一画面中呈现一个或多个人物在不同时间、地点、活动的场景描绘[7]。同一画面多场景并置的布局模式让画面空间在静态艺术表现中呈现多角度变化，展示人物在居住环境中的各式生活景，如第七回"周瑞送各姐妹宫花"这一画面中，周瑞家去黛玉、迎春、探春各姐妹处送花，画面中各家闺房绘制有所不同，迎春、探春窗边下棋，宝黛二人共解九连环，不同闺房空间独立叙事，整体画面呈像丰富（图7）。此外，多场景并置打破了文本的叙事时空，不同场景之间会有隐喻对比，强化表达效果。例如在第二十四回"西厢记妙语通戏语"中将宝黛二人共读西厢记的场景与贾政训诫宝玉的两处情景并置，一墙之隔，两番景象，表现自由情感发展对于传统封建礼教的挑战，颇具反讽意味。

图7 第七回多场景并置画面
（图片来源：《孙温绘全本红楼梦》）

3 孙温闺阁空间绘画设计模式

3.1 闺阁布局风水流变

中国古代先哲"仰观天文，俯察地理，近取诸身，远取诸物"，居室空间通过修建、布局和陈设方式体现吉祥象征性寓意[8]。《全本红楼梦》绘本中翔实再现闺阁空间，是研究古代风水理论的重要图像物证，同时空间布局的风水流变对人物性格及命运有多处隐喻设计。《说文解字》中称"闺"为"特立之户上圆下方有似圭"，《尔雅·释宫》曰："所以止扉谓之阁"，绘本整体闺阁空间布局体现出传统风水中的"气场"与"阴阳"理论。大观园蔚为大观讲究"藏风聚气"，闺阁空间"动""静"分区合理设计，家具组团围合放置，形成聚合阳气的女性空间。以"床"为中心的卧室空间中，床榻贴墙南北朝向，顺应地磁引力，有助眠保健功效，挂画为山水画寓意"床要有养山"，通过室内狭小的"形"与陈设的"意"来聚卧室空间中的"气"[9]（图8）。

《红楼梦》中"以花草喻人"，反映在绘本中是闺阁空间植物设计，闺阁空间中植物等客观外物同样对人体心理及情绪也有指向作用。如林黛玉居所潇湘馆"翠竹夹路""苍苔满地"，以"竹"作为典型特征的植物配置，长此以往导致潇湘馆因采光不足而阴气过重，对黛玉身体和心理上都具有负面影响。而绘本中宝钗蘅芜苑无花无木、朴素乏味的布局陈设，贾母评价："年轻的姑娘们，房里这样素净，也忌讳"[10]，寓意闺阁空间摒弃情趣、荒凉青春是为不吉。后贾母将"石头盆景儿和那架纱桌屏，还有个墨烟冻石鼎"与原先"土定瓶"一起成双成对放置于几案上，配上"水墨字画白绫帐子"，化解闺阁空间的素净冰冷的气场（图9）。

3.2 女性家具私密性内敛呈现

《全本红楼梦》绘本中闺阁空间女性家具以其形制多样、精致华丽，兼具实用性和教化意义而独具特色。闺阁在空间规划上最大特点即为空间的私密性。如床具大多使用架子床，两侧环屏形成一个半包围式的私密空间，床屏和枕屏的设置进一步强化闺阁空间的私密性特点。绘本中反映出明清时期女性家具造型柔美且功能多样。以女性坐具为例，坐墩又称绣墩、鼓墩，整体造型圆润内敛，形似腰鼓，与女性形体表现相得益彰，"是战国以来妇女为熏香取暖专用的坐具"。此外，女性家具用色艳丽，或为布艺装点，或上彩色大漆，又或是瓷器直接烧制而成。这些家具都影响女性的情感与归属感，极具女性色彩。明清时期家具形制与装饰是封建社会对女性伦理教育、规范礼教的一种载体[11]。如高门望族盛行的玫瑰椅在《全本红楼梦》绘本中多次出现，"短其倚衡"是其最主要特点，即靠背较矮且坐面较小。玫瑰椅在使用时只能坐其三分之一，要求女性坐姿端庄，腰背挺直，彰显大家闺秀风范（图10）。

3.3 书画装饰内涵象征寓意

孙温《全本红楼梦》绘本中绘有大量书画，其装饰性使画面内容更具层次感。装饰书画取材丰富，主要有人物画、山水画和花鸟画，除人物题材外一般都以写意来呈现，而绘本中画面物象都以工笔方式呈现，虚实对比、有详有略，丝毫没有强加设置之感。绘本中居室空间装饰书画对于原著小说情节表达具有辅助、深化作用。此类书画既是画面的必要组成部分与装饰，同时也是小说情节的补充，隐喻人物命运，传达作者思想[12]。黛玉所居"潇湘馆"中，装饰书画为唐寅、东坡等人落款的松、竹、梅、菊等画面题材，彰显黛玉才华横溢、任情率性、超然情致的人物品格。另外，"图绘者，莫不明劝

图 8　第二十八回、第二十九回中居室空间讲究的"藏风聚气"
（图片来源：《孙温绘全本红楼梦》）

潇湘馆

蘅芜苑

图 9　黛玉潇湘馆、宝钗蘅芜苑空间景观
（图片来源：《孙温绘全本红楼梦》）

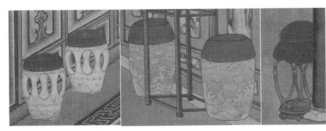

图 10　绘本中绣墩、玫瑰椅样式
（图片来源：《孙温绘全本红楼梦》）

戒，著升沉，千载寂寥，披图可鉴"❶，绘本中装饰书画同样具有教育性，在王夫人屋中的《米芾拜石图》寓意返璞归真、赏玩自然，探究人生哲理，此图的绘制表达作者对自然的敬畏、对真实和本真美的追求，通过感悟自然之道，探索人生悲喜离合，以及虚无与永恒等主题。这些绘画装饰作品在潜移默化中对观者的思想起到促进作用，特别是闺房情感文化烘托效果显著。

4　结语

孙温《全本红楼梦》绘本中关于居住空间的设计内容刻画丰富，其中闺房情感艺术描绘兼具典型性与生动性。深入分析每幅画的透视、构图、色彩、人物比例、建筑特色、陈设风格、花卉植物等还可发现其蕴含的更多内容。闺阁空间风俗文化是体现社会、人文、历史、经济、宗教等内在关联因素的空间表征，是研究明清时期女性生活空间的重要载体。认真研读《全本红楼梦》绘本，会发现与当代人居科学艺术不谋而合，具有真实的启发性，同时，对当下女性文化空间的设计与实践也具有借鉴价值。

［注：本文是教育部人文社科基金规划项目"明清古籍善本花谱考"（22YJA760067）的阶段性成果。]

---

❶　南朝梁谢赫《画品》。

参考文献

[1] 许军杰.《清·孙氏绘〈红楼梦〉画册》创作过程及绘者生卒年考论 [J]. 红楼梦学刊, 2023 (1): 276 - 296.

[2] 崔人元. 清代孙温绘《红楼梦》的价值分析 [J]. 中国书画, 2015 (11): 120 - 122.

[3] 计成. 园治 [M]. 北京: 中华书局, 2011.

[4] 曹雪芹, 孙温. 孙温绘全本红楼梦 [M]. 北京: 现代教育出版社, 2010.

[5] 莫军华, 徐晨, 徐婧. 孙温绘《红楼梦》叙事性的"画框"图式构成 [J]. 装饰, 2020 (2): 83 - 87.

[6] 胡同庆. 敦煌佛教石窟艺术图像解析 [M]. 北京: 文物出版社, 2019

[7] 唐妍. 红楼闺阁空间的图像叙事: 以孙温所绘《全本红楼梦》为例 [J]. 浙江学刊, 2016 (4): 114 - 126.

[8] 王其亨. 风水理论研究 [M]. 天津: 天津大学出版社, 1992.

[9] 天莱. 现代家居风水 [M]. 重庆: 重庆出版社, 2010.

[10] 曹雪芹. 红楼梦 [M]. 长沙: 岳麓书社, 2019.

[11] 夏桂霞. 红楼梦镜像下的清朝礼制文化 [M]. 北京: 中国经济出版社, 2013.

[12] 杨文心. 中国传统绘画中的"画中画"现象 [J]. 新美域, 2022 (9): 7 - 9.

清代扬州茶肆空间环境营造研究

■ 姚逸凡
■ 华中科技大学建筑与城市规划学院

摘要 本文针对清代扬州茶肆空间环境营造进行研究，概括清代扬州茶肆繁荣发展的历史背景，对其空间多元化需求进行剖析归纳，总结清代扬州茶肆空间环境营造方法，引申出清代扬州茶肆空间环境营造对当今的启示。

关键词 清代 扬州 茶肆 空间环境

引言

"茶肆"一词最早出自宋代邵伯温所著《闻见前录》，是茶馆的别称，指供人们品茗休憩、享用茶点、娱乐交际的空间场所。清代扬州运河流域日渐繁荣，康乾二帝六下江南，推动茶业发展，盛况空前。时至今日，许多百年老字号茶肆仍在营业。扬州茶文化在历史长河中延续与传承，而清代延续下来的扬州茶肆建筑数量较多、历史文化背景深厚、空间多元化设计丰富，值得全面深入研究。

1 清代扬州茶肆的繁荣发展

清代作家李斗于《扬州画舫录》记载"吾乡茶肆，甲于天下"，足以说明清代扬州茶肆繁荣发展的盛况[1]。清代扬州川泽纵横，依赖运河交通水利之便经济再次兴盛，成为两淮盐运漕运大本营，每年有十亿斤以上海盐经过扬州转运到安徽、河南、江西、湖南、湖北等地，两淮盐运使的官署也设在扬州。物产之丰饶、产业之兴盛、运河之便利为清代扬州茶肆的繁荣发展奠定了坚实基础。

清代扬州茶肆繁荣发展的一个重要因素便是城内名商巨贾的云集，各类商人中最具代表性的便是扬州的盐商。《清朝野史大观》记载："乾、嘉间，扬州盐商豪侈甲天下，百万以下者谓之'小商'。"[2] 可见清中期扬州盐商的财富和影响力可谓达到了极致。

以盐商为代表的名商巨贾聚集主要带动了当时社会中三种需求的日渐旺盛，从而促进了清代扬州茶肆的兴旺。一是百姓生活品质提升的需求，商贾的到来促进了清代扬州城经济腾飞，南北各地的茶叶茶食乃至茶文化在此流通，各类商品经营蒸蒸日上，市民生活水平、消费力提高，促进了茶肆发展。二是商业交往的需求，由于商贾对生活品质的要求较高，在生意往来中孕育了独具特色的生活方式和饮食习惯，在宅第之外往往也需要商业交流的平台，环境雅致的、具有一定私密性的茶肆

空间便愈发受到欢迎。三是文化交流的需求，商贾与文人开始交流，这是由于在当时封建社会以功名、官位和文采取定威望与地位的价值取向下，盐商往往被人视为暴发户。甚至在盐运使与文人墨客举行的盛会中，规定"凡业鹾者不得与"[1]。所以盐商为了攀附官府，争取自己的社会地位，便开始广交文友，仿效文人主持风雅活动，在经济上给予资助。而彼时文人举办活动、聚会吟咏选取的场所一般都是茶肆，以冶春茶社为代表的茶肆甚至成为了文人固定聚会的地点，商贾与文人的集聚无疑推动了清代扬州茶肆的发展（图1）。

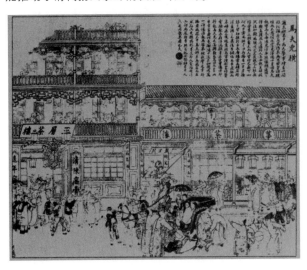

图1 《马夫凶横》中的扬州茶肆
（图片来源：《扬州画舫录》插图本）

康乾二帝分别六次南巡对清代扬州茶肆繁荣发展所带来的影响也是不容小觑的（图2）。"广陵风物久繁华"❶，经过清前期的百年润泽，至康乾二帝南巡之时，扬州已是美丽富饶、人文荟萃的名城。其中乾隆帝的六次南巡可以说是清代扬州茶肆发展到高潮的最大推动力（图2）。首先是御道的疏浚与建造，乾隆帝在扬州的游

---

❶ 出自清高宗爱新觉罗·弘历所作七言律诗《塔湾行宫恭依皇祖诗韵》。

览主要是从水上观景，两淮盐运使多次疏浚河道，使得保障湖（今瘦西湖）水体连贯，曲折动人。于是茶肆也多沿着御道广泛分布，从东向西贯穿城市，沿着城北的护城河和保障湖的水域开设[3]。可以说御道的建造使茶肆形成新的分布格局，促进了茶肆的繁荣发展。其次是保障湖周边园林群的打造，《水窗春呓》中载："扬州园林之胜，甲于天下。由于乾隆六次南巡，各盐商穷极物力以供宸赏，计自北门直抵平山，两岸数十里楼台相接，

无一重复。"[4] 再次便是康乾二帝的名人效应，"谁道江南风景佳，移天缩地在君怀。"❶乾隆十分钟情扬州园林，不仅吟诗作句，更命随行画师绘制下其中的六处园林，携图以归，仿建于皇家园林之中。清漪园（今颐和园）中的万字河一带便是仿造冶春园而建。康乾南巡过程中御道的疏浚建造、瘦西湖周边园林群的打造、康乾二帝的名人效应三者共同推动了清代以冶春茶社为代表的扬州茶肆的发展。

图 2　康熙南巡图之"御舟"（左）与乾隆南巡图（右）
（图片来源：《扬州画舫录》插图本）

清晚期，中国坠入萧条冷落的中衰之世，扬州的盐业也随之衰落，河工不修，盐漕不通。清政府的"借黄济运"使运河泥沙淤积，交通阻滞；"废运河，行海运"更使扬州地理优势完全丧失。但经济的衰退并没有使茶肆从此一蹶不振，彼时，"鬻故家大宅废园为之"，部分昔日富商的私家园林由于环境优美怡人，被收购成为面向大众的茶肆，可谓将"借景"发挥到了极致。合欣园茶肆便是一例，这里本是盐商私家园林——亢家花园，后改为茶肆。"文砖亚子，红阑屈曲"[1]，环境雅致，内厅"秋阴书屋"的匾额，更透出书卷气，其他的建筑或临水、或依城，进一步营造了舒适安逸的氛围。而社会变局下的末世文人则成了以惜馀春为代表的茶肆的常客，笔耕出身的茶肆主人高乃超与这些潦倒文人惺惺相惜，不仅将价格定得极低，还经常以赊账的方式照顾这些志同道合的文友。在动荡的时代，惜余春这间狭小的茶肆（图3）成了末世文人的最后避风港，他们在这间茶肆留下的作品时至今日仍在向我们展示扬州文人丰富的生活情态、文化风貌和思想境况[5]。

2　清代扬州茶肆空间多元化需求的剖析

2.1　茶肆选址及周边环境之利用

清代扬州茶肆空间产生多元化需求的原因主要是两淮盐运的影响下，茶肆选址与运河周边环境产生密切关联。清代扬州城市向东部扩张，紧贴运河，形成新旧二

图 3　惜余春茶肆旧址老照片
（图片来源：《扬州风俗》[6]）

城并立格局。同时城市布局开始呈现以北向为主，突破城墙向四郊发展的趋势，因为北侧是康乾二帝南巡时进城的路线，是城市官员和盐商们重点建设的区域。至此，扬州城主要可划分为盐商聚集区、商业中心区、政府机构区、官绅居住区、平民居住区、城外园林风景区六个区域（图4）。其中盐商聚居区主要分布在新城外靠近运河的河下街一带，商业街区由南而北连成一片，在教场附近形成了较为集中的商业中心区。官绅居住区主要分布在旧城小东门附近，平民居住区以较为分散的形态遍

❶　出自清代诗人王闿运所作长篇叙事诗《圆明园词》。

布新旧二城，城外园林风景区则在城市的西北郊。在清代扬州城市空间布局扩展变化的影响下，茶肆选址成了清代扬州茶肆空间多元化需求的重中之重，其次是周边环境的利用，清代扬州园林发展进入鼎盛时期，湖上园林群、私家园林建设如火如荼，如何利用周边环境，借景、造景以营造雅致宜人的茶肆空间也成为经营者们的课题。

2.2 茶客类别与饮茶习惯之差异

清代扬州茶肆茶客类别与饮茶习惯存在典型差异。隋唐以来，来自各地的官员、商人和旅行者就开始定居在扬州。经历元末明初的战乱以及清兵屠城后，扬州城市人口更是大幅减少。"扬以流寓入籍者甚多"[7]，至清代扬州已形成以外地移民为主体的人口构成特点，远至陕西、山西、甘肃、安徽等地的商人聚集于此，带来各地饮茶风俗习惯。同时清代扬州作为运河沿线商业消费城市，职业状况较为复杂，除社会上层各色官吏、文人、富商，以及中下层从事船运业、服务业人员外，大量宗教人士也集聚于此。茶客分为不同层次，自然也有饮茶习惯和对于茶肆空间需求之差异。

2.3 民间活动与茶肆空间之交融

"千家养女先教曲，十里栽花算种田"❶清代扬州民间活动类型丰富，茶肆空间融入多类民俗活动[8]。彼时的扬州百姓钟爱传统戏剧曲艺表演、赏花游园。"乾隆间曲坛之盛，除北京以外，首推扬州。"[9] 赏花游园也是清代扬州百姓爱好的民间活动之一，王观《芍药谱》云"扬人无贵贱皆戴花"，各式各样的花园、花会遍布扬城大街小巷，《扬州画舫录卷四·新城北录中》记载道："每花朝于对门张秀才家作百花会，四乡名花集焉。"[1] 由此可见，传统戏剧曲艺表演和赏花游园活动在清代的扬州俨然成为人们消遣娱乐、交流感情的纽带，而茶肆是市俗化的大众生活窗口，需要凭借以大众为服务对象又能多层次地适应大众需求才能"适者生存"。"大众化"可以说是茶肆的生命，茶肆也因此逐渐走上与民间活动空间相交融的道路。

2.4 供文人墨客诗词游冶之平台

清代扬州茶肆空间迎合文人对诗词、游冶平台的文化需求，在茶肆中开展各类雅集活动，也具有普遍娱乐型。以清代扬州最主要的文人团体"冶春诗社"为例，代表诗人结社、集会、唱和等活动的"红桥修禊""冶春唱和""冶春诗社"，可以说是清代文学界中的重要现象。冶春后社诗人董玉书在《芜城怀旧录》中记道："每值花晨月夕，醵金为文酒之会"[10]，也可窥见文人对于集会环境的需求。一是环境好、私密性高的空间环境可以激发文人墨客的创作灵感；二是吟诗作赋、集会游戏往往需要桌椅等陈设，文人墨客不似名商巨贾有私人府邸花园可供集会，

他们从事各行各业，甚至没有固定薪资。这样一来，清代文人墨客群体对于诗词游冶平台的需求便日渐凸显，可以满足"环境优美""空间充裕""价格低廉"三大条件的茶肆空间也在这样的需求下日渐发展起来。

3 清代扬州茶肆空间环境营造方法

在四大方面空间多元化需求驱动下，清代扬州茶肆空间环境营造衍生出相对应的四种方法。

3.1 倚花煎茶——结合园林空间

"两堤花柳全依水，一路楼台直到山。"❷ 一句足以见清代扬州园林发展之盛况[11]。（图4）彼时扬州园林蓬勃发展之热潮为茶肆与园林空间的结合奠定了基础，出现"花园茶肆"概念，扬州学者朱江定义道："扬州的茶社，早就与园林相依托。此类'园林'，在民间俗称作'花园'。它不同于专门莳花育苗的园圃，而是往昔所说的花园茶肆。"[12]《扬州画舫录卷一·草河录上》中记载清代扬州"多有以此为业者""出金建造花园，或釐故家大宅废园为之。楼台亭舍，花木竹石，杯盘匙箸，无不精美"[1] 可见当时茶肆与园林空间相结合的状况已十分多见。

总结清代扬州茶肆结合园林空间的环境营造方法主要有两大特点：一是"倚花木"，侧重人造景观；二是"傍水源"，侧重自然景观。

先谈"倚花木"。扬州人自古喜花木爱盆景，"烟花三月下扬州"❸ 中的"烟花"便是描绘春日扬州遍植烟柳琼花的烂漫景致。清代"湖上园亭，皆有花园，为莳花之地。养花人谓之花匠，莳养盆景。"[1] 许多茶肆最初便是从花园发展而来，最开始是每逢花季摆放花亭，后又于园中专门开辟区域设茶肆，打造更雅致静谧的空间。清代按察使衔程扬宗于莲花桥北岸"白塔晴云"内设十亩芍药园，每当"花时，植木为棚，织苇为帘，编竹为篱，倚竹为关。""有茶屋于其中，看花者，皆得契而饮焉，名曰：芍厅。"[1] 便是一例。空间环境营造上，经营者往往借旧园中自有景致或是自行营造花木竹石之景。扬州无山，为满足茶客对山景的向往，常使用叠石手段"造山"。五敌台的小秦淮茶肆便是以此打造，有"小屋三楹，屋旁小阁二楹，黄石嶙峋。石中古木数株，下围一弓地，置石几、石床。前构方亭，亭左河房四间，久称佳构。"[1] 清代扬州茶肆室内空间环境营造中还多使用花卉陈设装饰，起到隔断点缀作用，以满足茶客对茶肆雅致环境的需求。据李渔《闲情偶寄》记载，藤花竹屏作为室内间隔的布置便是从扬州开始逐渐向全国流行起来："近日茶坊酒肆，无一不然，有花即以植花，无花则以代壁，此习始于维扬，今日渐及他处矣。"[13]

---

❶ 出自清代书画家、文学家郑燮（郑板桥）所作七言律诗《扬州·其一》。
❷ 出自扬州瘦西湖"西园曲水""翔凫"石舫上的一副对联，此联是清人刘春池所撰，当代著名书法家沈觐寿所书。运用对比、夸张、对偶、互文等修辞手法，描绘出诗画扬州的旖旎风光。
❸ 出自唐代诗人李白所作七言绝句《黄鹤楼送孟浩然之广陵》。

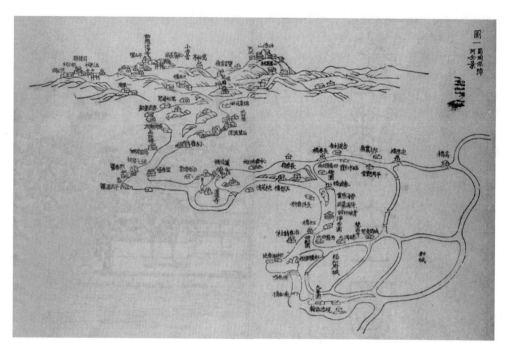

图 4 清乾隆时期扬州城外瘦西湖公共空间示意图
（图片来源：《平山堂图志》）

再谈"傍水源"。扬州是座水城，自古以来城市发展就一直与"水"密切相关，地理学家陈正祥就在《中国历史文化地理》一书中写道："在中国的同类型城市中，如果要找一个'水城'或'水都'，扬州可能比苏州更胜一筹。"[14]"桥外子云亭，桥内紫云社，皆康熙初年湖上茶肆也。"[1] 清代扬州茶肆多依靠水源而建，大抵有三个原因，一是便于取新鲜水源煎茶。"好来斗茗品泉水"，讲究的扬州人将烹茶之水分为若干等，以品泉家刘伯刍品评的大明寺"天下第五泉"之水为最佳，泉旁平山堂便设有茶肆，"以'天下第五泉'水"，泡'平山茶'待客，谈古论今之选，莫过于此。"[12] 城内茶肆烹茶用水则多是由独轮车于江水涨潮时从运河、保障湖、官河中取出运来的"活水"。例如，位于二钓桥南的明月楼茶肆，南岸外有两道沟，其中流淌着淮水，每逢潮汐时，江水会混入其中。茶馆内的茶叶就是用这样的水泡制而成的，因此吸引了众多的顾客来往不断。二是贴合园林水系，便于借景营造氛围。如清代扬州北门桥的双虹楼茶肆"楼五楹，东壁开牖临河，可以眺远……城外占湖山之胜，双虹楼为最。"[1] 此乃借湖山之景的例证；合欣园茶肆也因其借景之巧妙，颇受茶客青睐，"或近水、或依城，游人无不适意。"[1] 三是贴近画舫水上游览路线，便于经营。扬州游船产业十分发达，唐代诗人姚合在《扬州春词》中就写道："园林多是宅，车马少于船。"人们只需前往城门附近的码头登船，就可以随船至城里城外的市井和园林中品茗饮酒、赋诗游赏[3]。为了便于茶客停泊时饮食休憩，茶肆多邻河而设，北郊丰乐下街的庆升、香影廊便是如此。《扬州览胜录》载："香影廊，面河水阁数间……游人泛湖者，大率先来品茗，然后买舟而往。""游人泛舟湖上，多来（是）园购花而归""附

设茶肆。四方游人，多集于此。"[15]

"倚花木""傍水源"，既览园林之盛，又品天水之茗。清代扬州茶肆空间环境营造便是如此结合园林空间的，实现"茶境园林化"，手法之巧妙仍可为现世茶肆选址及周边环境利用做借鉴。

3.2 分室而座——堂口等级空间分类演变

茶客层次不同，相对应需求及购买力不同，空间环境营造上自然也有差异。因此清代扬州茶肆在经营和发展中逐渐衍生出堂口等级空间分类这一方法，即将茶肆和茶肆内空间分别进行分类：茶肆的档次有高低之分，每个茶肆又有堂口雅座分类，以适应不同层次茶客的需求。

《扬州市志》中详细记载了清代扬州茶肆的不同档次分类。其中华园、静乐园、富春和颐园经常成为商界和金融界人士交流市场行情、传递商品信息的平台。而月明轩、九如分座和碧螺春则是小商贩们常去的地方，他们在这里互相交流市场动态。龙海楼和正阳楼的客人几乎都是经营米行的生意人。而惜余春茶肆则是文人雅士们吟诗论画的聚会之地。有的茶肆在民间还作为解决纠纷的场所，扬州人称之为"吃讲茶"。当出现矛盾的双方需要解决问题时，他们会邀请家族中的长辈、当地有威望的人或邻居一起到茶肆共进茶点，并进行评理[16]。

堂口等级分类则以富春茶社最具代表性。往来富春的茶客来自四面八方、不同阶层，茶馆因而设置有不同堂口任其选择聚会。彼时富春堂口空间分类演变为"乡贤祠、土地庙、大成殿、义冢地、不了了斋"五个等级。"乡贤祠"招待的多是当地名望之人，专爱于茶肆北面的平房品茗，"富春茶社之所以经久不衰，而又无人敢于闹事，这不能不和这帮'乡贤'有关"[12]；"土

地庙"原称"商业厅",以工商界人士居多,盐商、钱庄客人,各种新兴的商业老板、管事和高级职员们都在这里接洽交流;"大成殿"即原被称作"教育厅"的茶室,顾名思义是文人墨客聚集之地;"义冢地"又称"乱葬坑",是鄙视取笑的称呼,此处是原本用来放花草的广场,仅有柴棚遮盖下的十余张桌子,多供底层市民饮茶小憩;"不了了斋"接待的多是些家道中落、玩世不恭的子弟,他们对一切都抱着"不了了之"的态度,因此得名[16]。

茶客类别与饮茶习惯之差异对应了清代扬州茶肆档次分类和堂口空间等级分类,这样的空间环境营造方法可以说是在当时的社会背景和市场需求下顺势形成的。

3.3 寓乐于饮——民间文化融合

在清代扬州民间活动百花齐放的盛景下,茶客对于休闲空间的需求更加多元,茶肆需要迎合茶客对于娱乐休闲空间的需求以求得更好的发展,因此其功能不再局限于饮茶,出现了"书茶肆""茶楼戏园",以及前文提到的"花园茶肆"等新类别。

书茶肆是兼带"说书"表演的一种茶肆,从清茶肆演变而来,其经营方式也类似清茶肆,上午接待茶客,下午茶客在茶肆内听扬州评话和扬州弹词(图5)。在书茶肆中,仍然保留着传统的茶肆习惯,例如书场里的收入被称为"茶资",不仅提供茶,还像清茶肆一样提供糖果、炒货等小吃。《扬州教场茶社诗》❶中的"戏法西洋景,开书说唱弹"一句便是对书茶肆的刻画。

图5 清代书茶肆
(图片来源:《扬州文化》)

"茶楼戏园"是经营模式上仿照京式戏园,于茶肆基础上进行戏剧演出的一种茶肆。"扬城戏园之设,始于嘉庆十三年……在大东门曰阳春茶社……闻风兴起,极一时之盛。"[17]可见清代扬州茶楼戏园一出现便受到人们青睐,彼时盐业经济衰落,盐商对园林投入缩减,一些园林无人打理逐渐废弃。因其地面阔大而又幽静,无疑成为开办戏园的良好选择。《邗江竹枝词》中描绘道:茶园是邗江戏馆的别称,茶票价格上涨至百钱一张,茶果自由品尝,时新的剧本往往引起热烈讨论[18]。一年之中,固乐园、阳春茶社、丰乐园三所基于旧园林改造而成的茶楼戏园相继开张,生意红火[19]。茶楼戏园和书茶肆一样,兼卖茶点,可以一边品茗一边看戏。

除了传统戏剧曲艺表演,扬州百姓还钟爱花鸟虫鱼,许多莳花卖鱼的花园便也兼营茶肆。史公祠西侧"柳林茶社"主人朱标便善养鱼种花,饲养有文鱼、蛋鱼、蝴蝶鱼、水晶鱼等名贵品种,到柳林茶社饮茶的当然以买鱼买花人为多,也有不少文人喜欢在此品茗赏花,名士田雁门为茶肆题诗云:"闲步秋林倚瘦筇,碧阑干外柳阴重。赖君乳穴烹仙掌,饱听邻僧饭后钟。"瘦西湖北面的傍花村也是花园比较集中的地方,"傍花村居人多种菊,薜萝周匝,完若墙壁。南邻北垞,园种户植,连架接荫,生意各殊。花时填街绕陌,品水征茶"[1]。

清代扬州书茶肆、茶楼戏园、花园茶肆的出现无疑是实现民间活动与茶肆空间交融的最佳例证,如此这般空间环境营造方法无疑是使清代扬州茶肆收益颇丰的一个重要因素。

3.4 品茗作赋——文人雅集与游艺路线穿插

清代扬州文人墨客雅集聚会,赋诗品茗之风盛行,随之产生的清代扬州茶肆空间环境营造方法的第四个特色便是结合文人雅集活动与游艺路线的穿插。

首先,茶肆结合文人雅集活动无疑是对于文人群体需求的精准把握,为茶肆空间带来了活力。追溯到康熙年间,王士祯、孔尚任组织虹桥修禊,即始于大虹桥西岸的虹桥茶社(冶春茶社)。王士祯有诗吟道:"红桥飞跨水当中,一字栏干九曲红。日午画船桥下过,衣香人影太匆匆。"❷可见虹桥茶社当时热闹非凡的盛景。后有盆景艺人汪氏将住宅"勺园"辟为茶室,其与文人雅士多交善,园内有"水廊十余间,湖光潋滟,映带几席"[1],郑板桥在此留下题联"移花得蝶,买石饶云"❸。此外丰乐下街著名茶肆香影廊因其幽绝的环境,也成为文人喜好的聚会之地,有"面河水阁数间,朱栏一曲,

❶ 出自清代诗人缪艮(缪莲仙)所作《文章游戏》二编卷一。
❷ 出自清代诗人、文学家、诗词理论家王士祯所作诗集《渔洋山人精华录》中七言律诗《冶春绝句》。
❸ 出自清代书画家、文学家郑燮(郑板桥)所作对联《勺园联》。

掩映于青溪翠柳间"，故"每岁佳辰令节，冶春后社诗人，往往于此赋诗"[15]。能同时满足文人墨客对于雅集活动平台"环境优美""空间充裕""价格低廉"三大核心需求的茶肆空间，便也顺理成章为文人所推崇，为其发展开辟了一条新的道路。

其次是茶肆与游艺路线的穿插。晚清文酒游戏之作《扬州画舫纪游图》❶便是极具代表性的作品。其作者为清代扬州文人，对应《扬州画舫录》绘制出此图以供文人群体集聚时消闲解闷，借此游览扬州名胜。该图绘制在正反两面的一张画纸上，系以游戏的方式，徜徉于扬州府城内外。游戏收录了百余个扬州景点，每一景点均根据典故或功能决定游戏规则[20]。如当时接驾供奉宸赏的园林名胜，到达这些位置，往往可以得到奖励再行几步，表达喜庆之意；以"小玲珑山馆"❷为例的书屋藏书甚夥，阅读秘籍需要时日，故而必须停掷一轮骰子；到达"丰市层楼"❸的买卖街则需"纳二，买物"。城内出名的茶肆也被设置为途经点之一。如小东门有"城中荤茶肆之最盛者"之称的品陆轩茶肆，西门被誉为"素茶肆之最盛者"的绿天居，两家茶肆均被纳入该图中，其中"品陆轩"注"茶肆，纳茶资二"，"绿天居"则注"素茶肆，纳茶资一"。即走到此二处，必须分别纳私注

二枚或一枚，供在荤、素茶肆的消费之用[21]。其玩法之巧妙令人惊叹，茶肆穿插在游戏路线中，既能满足游戏者途中休憩的需要，又顺道做了宣传，促进茶肆经营发展。

4　结语

本文剖析归纳了清代扬州茶肆选址及周边环境之利用、茶客类别与饮茶习惯之差异、民间活动与茶肆空间之交融、供文人墨客诗词游冶之平台四个方面的空间多元化需求，总结相对应衍生出的倚花煎茶——结合园林空间、分室而座——堂口等级空间分类演变、寓乐于饮——民间文化融合和品著作赋——文人雅集与游艺路线穿插四大空间环境营造方法，由此引申出清代扬州茶肆空间环境营造对当今的四点启示：其一是明确定位、扬长避短；其二是精研需求、空间划分；其三是元素融入、文化提炼；其四是注重体验、玩法开发。扬州有悠久的茶肆历史，林立的茶坊可谓精致江南生活的缩影，茶肆空间环境营造应在旧时的基础上，结合时代的需求，将传承非物质文化遗产、满足现代大众茶客需求作为经营使命，使茶肆成为文明健康的大众消费场所。

参考文献

[1] 李斗. 扬州画舫录 [M]. 北京：中华书局，2001.
[2] 小横香室主人. 清朝野史大观 [M]. 上海：上海文艺出版社，1990.
[3] 徐兴无. 乾隆盛世的城市指南：《扬州画舫录》中的园林与游赏 [J]. 文史知识，2018（3）：27-34.
[4] 欧阳兆熊，金安清. 清代史料笔记丛刊　水窗春呓 [M]. 谢兴尧，点校. 北京：中华书局，1984.
[5] 王宁宁. 近代扬州文人群体研究 1840—1945 [M]. 北京：社会科学文献出版社，2017.
[6] 曹永森. 扬州风俗 [M]. 苏州：苏州大学出版社，2001.
[7] 王逢源，李保泰. （嘉庆）江都县续志、光绪江都县续志 [M]. 扬州：广陵书社，2015.
[8] 刘兰英等. 中国古代文学词典：第5卷 [M]. 南宁：广西教育出版社，1989.
[9] 郭英德. 明清传奇史 [M]. 南京：江苏古籍出版社，1999：512.
[10] 董玉书. 芜城怀旧录 [M]. 蒋孝达，陈文和，校点. 南京：江苏古籍出版社，2002.
[11] 何小弟，边卫明，肖洁，等. 中国扬州园林 [M]. 北京：中国农业出版社，2010.
[12] 朱江. 扬州园林品赏录 [M]. 3版. 上海：上海文化出版社，2002.
[13] 李渔. 闲情偶寄 [M]. 李竹君，曹扬，曾瑞玲，注. 北京：华夏出版社，2006.
[14] 陈正祥. 中国历史文化地理 [M]. 太原：山西人民出版社，2021.
[15] 王振世. 扬州览胜录 [M]. 南京：江苏古籍出版社，2002.
[16] 黄继林. 从"皮包水"说起：扬州的茶文化及其他 [J]. 档案与建设，1999（12）：51-52.
[17] 徐谦芳. 扬州风土记略 [M]. 蒋孝达，陈文和，校点. 南京：江苏古籍出版社，2002.
[18] 潘超，丘良任，孙忠铨，等. 中华竹枝词全编 [M]. 北京：北京出版社，2007.
[19] 韦明铧. 扬州剧场考 [J]. 扬州大学学报（人文社会科学版），1999（4）：70.
[20] 赵昌智. 扬州文化研究论丛：第10辑 [M]. 扬州：广陵书社，2012.
[21] 王振忠. 游艺中的盛清城市风情：古籍善本《扬州画舫纪游图》研究 [J]. 安徽大学学报（哲学社会科学版），2013，37（1）：89-95.

❶ 古籍善本，现藏于复旦大学图书馆特藏部。
❷ 清代著名藏书家马曰琯、马曰璐藏书楼名。
❸ 《扬州画舫录卷四·新城北录中》载"天宁门至北门，沿河北岸建河房，仿京师长连短连、廊下房及前门荷包棚、帽子棚做法，谓之买卖街。令各方商贾辇运珍异，随营为市。题其景曰丰市层楼。"

近代上海 Art Deco 风格公寓建筑及其室内界面装饰特征初探

■ 朱俊毅[1]　左 琰[1T]
■ 1　同济大学建筑与城市规划学院　T　通讯作者

摘要　Art Deco 风格对上海近代建筑有着重要影响，本文聚焦于公寓建筑，结合实地考察与文献资料，对其分布位置与落成年代、立面装饰特征与高层化倾向以及室内界面装饰特征展开分析，揭示近代上海 Art Deco 风格公寓流行背后的时代原因，阐明其建筑立面和室内界面装饰的主要思路。

关键词　近代上海　Art Deco　公寓建筑　立面装饰　室内界面装饰

引言

20 世纪 20 年代末至 30 年代，Art Deco 风格是上海新建筑的主流风格，对上海的城市面貌产生了深远影响。公寓建筑则是 Art Deco 风格最大、最重要的表现领域[1]，本研究通过实地考察，结合书籍与旧报刊等文献资料，选取 48 处呈现明显的 Art Deco 风格或带有 Art Deco 风格装饰的公寓建筑展开研究。

1　公寓的分布位置与落成年代

1.1　分布位置

本研究通过逐一比对，并结合原租界时代地图，将 48 栋 Art Deco 风格公寓的位置在地图上标出。从分布位置上看，这些公寓大部分位于法租界 1914 年第三次扩界后纳入的区域（一般称之为"法新租界"或"法租界西区"），该区域内有 31 例，公共租界西区 10 例，公共租界北区 5 例，公共租界中区 1 例，租界外 1 例；其中特别是淮海中路、衡山路沿线，及石门二路（北京西路-南京西路段）是 Art Deco 风格公寓分布最为密集的地带。

造成这种分布模式的原因有以下两点：

1. 租界城市功能分布因素

总体而言，近代上海的 Art Deco 风格公寓分布特征呈现"集中于法租界西区，公共租界西区次之，其余区域零星分布"的特征，上述分布特征与租界空间所承担的不同城市功能密切相关。

公共租界中区承担的城市功能以金融及商业贸易为主导，该区域的 44 座 Art Deco 风格建筑也以金融、商业、办公或酒店功能为主，极少有住宅。公共租界西区开辟之初地价较低，又毗邻中区的繁华地带，有闹中取静的特点，因此兴建了大批标准较高的新式里弄和花园洋房；但在公寓流行的 30 年代，公共租界西区已几乎没有建房的空地了[2]，公寓虽有一定量的建设，但数量上远不及当时新开发的法租界西区。

法租界西区的市政管理受到了当局特别的重视，通过出台一系列规定与章程，如《法租界公董局管理路旁植树及移植树木章程》（1932）、《管理摊贩章程》（1933）和《整顿及美化法租界计划》（1938）等，使该地区形成建筑标准较高、绿化率高以及市政管理严格的特点，成为了聚集中外籍富人的高级住宅区。

2. 地价较低的后发优势

法租界西区在其开发之初，不仅是法租界内地价较低的区域，也是整个上海租界范围内地价较低的区域。当时上海的地价以南京路和外滩形成的"人"字形区域最高，向外围逐渐递减，法租界西区的地价仅高于公共租界最西端及工业用地为主的公共租界东区。而在法租界内部，较早开发的外滩一带，成熟度高，地价也最高；最后扩展的西区开发程度低，基础设施有待完善，地价较低。

上海作为当时全国最大的城市，吸引了大量中外资本家投资，投资的一个重要方向便是房地产。由于当时租界地价历年上涨的趋势，导致所有的投资人都认为在上海投资土地必定是赚钱的[3]。法租界西区地价相对较低，拥有更大的上涨空间，吸引了众多房地产商购置土地；再加之人口增长对住宅的需要，建筑密度较大、出租收益较高的公寓成为了建设的重要方向。

1.2　落成年代

将 48 座 Art Deco 风格公寓落成的年份进行统计（图1），可以归纳出这些公寓自 20 世纪 20 年代末逐步开始建设，1930—1937 年达到建设高峰，1937 年以后几乎停止建设的年代分布特征，这段建设高峰也正是上海的黄金时代。上海在 1927—1937 年间繁荣稳定的环境为公寓的建设提供了物质基础；这段时间恰好和国际上 Art Deco 风格流行的时间重合，上海作为国内接受西方文明的前沿，相当多的公寓采用了 Art Deco 风格。

综上所述，上海的 Art Deco 风格公寓之所以能在 1930—1937 年流行，是由于国内国外的多方客观因素，偶然性地汇聚在这段时间，共同产生作用而导致的结果。

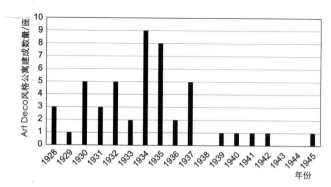

图 1 上海 Art Deco 风格公寓落成年份统计

2 立面装饰特征与高层化倾向

2.1 立面装饰特征

受国际式风格的影响,近代上海的 Art Deco 风格公寓大多没有繁复的装饰,而是通过体量变化、横向纵向线条及少量雕饰来展现 Art Deco 风格特征。因此,外立面的色彩成为塑造公寓建筑形象的重要因素,而立面色彩与其选用的材料存在密切关联,本节以色彩为线索,将 Art Deco 风格公寓的立面分为三类。

(1) 土黄色、乳白色系。

土黄色系是 Art Deco 风格公寓采用最多的一类颜色,达到 23 座,接近总数的 1/2。该色系饱和度不高,色调偏暖,明度适中,给人以温馨、和谐的感受,这也是公寓作为住宅所需要营造的氛围;乳白色外立面的公寓共 5 座,除了温馨的氛围之外,乳白色也能带来洁净高雅的感觉(表 1)。

表 1 土黄色、乳白色系公寓外立面示例

示例	材质
汉弥尔登大厦	白水泥人造石
盖司康公寓	面砖
毕卡第公寓	水泥砂浆
达华公寓	水泥砂浆

即使是相近颜色的外立面,其材质也有所不同。其中档次最高的是汉弥尔登大厦所使用的白水泥人造石,所有的公寓中仅此一例;中等档次的材质是面砖,8 座公寓采用这一材质;较低档次的材质是水泥砂浆,共 14 座公寓采用这一材质。由此可见大部分公寓在营建时对成本的控制,在相近的立面效果下,倾向选择较为廉价的材料。

(2) 红褐色系。

还有一类公寓外立面的颜色较深,如深褐色、砖红色、咖啡色,或采用清水砖墙和水泥砂浆均匀分色处理,本研究将其归类为红褐色系,共 17 例。该色系饱和度高,色相更偏红,明度较低,给人带来华丽、沉稳的感受;该色系外立面大多通过面砖和清水砖墙来实现,材质上更为高级。因此,采用红褐色系外立面的公寓整体

档次也较高,如峻岭寄庐和百老汇大厦均采用该种形式的外立面(表 2)。

表 2 红褐色系公寓外立面示例

示例	材质
峻岭寄庐	面砖
百老汇大厦	面砖
培文公寓	清水砖墙＋水泥砂浆

(3) 特殊颜色。

几乎所有的 Art Deco 风格公寓都采用了上述两类色系外立面,但也有一些特例。赛华公寓和密丹公寓分别采用了深灰色和浅灰色水泥砂浆外立面,属于无彩色系,尽管缺少一些温馨感,但灰色的抹灰搭配局部白色的装饰带,使这两幢公寓的外立面具有朴素、大气之感;贝当公寓采用绿色水泥砂浆外立面,虽然是冷色调,但绿色也可给人带来宁静、自然的感受,与住宅需要的氛围相符合(表 3)。

表 3 特殊颜色公寓外立面示例

示例	材质
赛华公寓	水泥砂浆
密丹公寓	水泥砂浆
贝当公寓	水泥砂浆

2.2 高层化倾向

即使以今天的标准来衡量,近代上海的 Art Deco 风格公寓也有相当一部分仍属于高层建筑。按照《民用建筑设计统一标准》(GB 50352—2019)第 3.1.2 条规定,建筑高度大于 27.0m 的住宅建筑为高层民用建筑[4]。根据图纸及现场调研数据显示,民国老公寓的层高一般为 3.3～3.5m,如道斐南公寓剖面图显示(图 2),该公寓层高为 3.3m;会斯乐公寓卫生间大样图显示(图 3),该

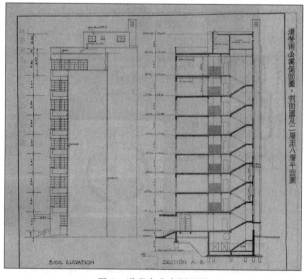

图 2 道斐南公寓剖面图

(图片来源:《建筑月刊》1935 年第 3 卷第 8 期,7 页)

公寓室内净高为 10.9 英尺，约合 3.32m，如加上楼板的厚度层高应在 3.4～3.5m；其他实例还有 3.3m 层高的盖司康公寓，3.45m 层高的亨利公寓，3.5m 层高的汉弥尔登大厦、毕卡第公寓等。

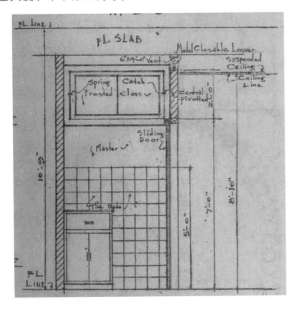

图 3　会斯乐公寓卫生间大样图
（图片来源：《中国建筑》1936 年第 24 期，25 页）

48 座 Art Deco 风格公寓超过 10 层的有 12 座，8～9 层的有 15 座，其中最高的是 22 层的百老汇大厦（77m）和 21 层的峻岭寄庐（78m），具体的层数情况见下表（表 4）。通过对层高和层数两个数据的统计，可估算出层数达到 8 层及以上的老公寓，在今天的标准下仍然属于高层建筑。特别是在 20 世纪 30 年代，上海的最高建筑国际饭店也仅有 83.8m 高，这些 Art Deco 风格公寓无疑是当时上海的摩天大楼了。

表 4　上海 Art Deco 风格公寓层数统计

分类	实 例	数量
10 层及以上的高层公寓	培文公寓、麦琪公寓、达华公寓、华业公寓、卫乐精舍、麦特赫斯脱公寓、华懋公寓、盖司康公寓、汉弥尔登大厦、毕卡第公寓、峻岭寄庐、百老汇大厦	12
8～9 层的高层公寓	年红公寓、阿斯屈来特公寓、亨利公寓、警察公寓、河滨大厦、爱林登公寓、赛华公寓、自由公寓、爱丽公寓、华盛顿公寓、道斐南公寓、凯文公寓、德义大楼、同孚大楼	15
7 层及以下的多层公寓	泰山公寓、中华学艺社、吕班公寓、黑克马林大楼、格莱勋公寓、良友公寓、林肯公寓、巢居公寓、密丹公寓、礼雪温公寓、伊丽莎白公寓、恩派亚大楼、白赛仲公寓、阿麦仑公寓、贝当公寓、卡尔登公寓、会斯乐公寓、大桥公寓、四行储蓄会虹口分行虹口公寓、卡德大楼	21

3　室内界面装饰特征

几何化的造型、奢华的材料、艳丽的色彩是 Art Deco 风格在建筑设计和室内装饰上的典型特征[5]，根据文献及调研的资料显示，上海的 Art Deco 风格公共建筑在公共区域的室内装饰都较好地展现了这种典型风格特征。如新亚酒楼的公共区域，石材和木饰面表现出奢华的气质，几何形装饰在天花板、柱子、栏杆上大范围运用（图 4）；国际饭店大堂的雕塑，以古埃及的风格表现都市题材，展现出 Art Deco 风格强大的包容性（图 5）。

图 4　新亚酒楼穿堂
（图片来源：《建筑月刊》1934 年第 7 期，14 页）

图 5　国际饭店大堂
（图片来源：作者自摄）

将视角切换到公寓建筑，会发现室内装饰所呈现的风格大多非常简朴，且具有极高的相似性，Art Deco 风格特征并不强烈。如赛华公寓某一住户室内（图 6），据

图 6　赛华公寓某一住户室内

该户主人表示，室内的装修未有改变，保持了1928年建成以来的原样；民国老电影的公寓室内界面装饰也呈现出类似的简朴风格（图7）。下面将对墙面构图及顶面地面的装饰特征分别解读。

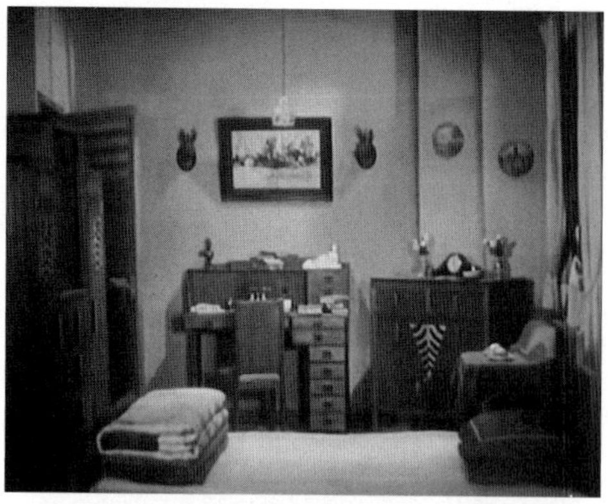

图7　民国时期Art Deco风格公寓室内实景

3.1　三条主要分界线与两段式墙面

根据老照片及现场调研的情况，可知Art Deco风格公寓室内的墙面为"三线两段"式：上端为石膏顶角线，以顶角线完成墙面与顶面的过渡；中间为挂镜线，距离地面的高度一般为2m，是民国时期居室墙面的重要特征，它一方面可以将墙面分段，视觉上降低过高的层高，另一方面也具有实用性，可悬挂装饰画、相框等陈设；下端的踢脚线是墙面与地面间的过渡，老公寓中的踢脚线较高，一般为15cm左右（图8）。三道分界线将墙面划为上、下两段，上段较窄，约占据墙面高度的1/4，该段一般作白色粉刷处理，没有过多装饰。下段较宽，约占据墙面高度的3/4，该段也是墙面装饰的重点。

3.2　下段墙面的装饰手法

下段墙面的主要装饰手法有三种：最为常见的是彩色粉刷，一般以浅黄、浅绿等淡雅的色彩为主；较为讲究的可以裱糊墙纸，民国时期墙纸称花纸，当时上海花纸商行之间竞争激烈，使花纸价格低廉[6]，裱糊花纸成为一种成本低但效果好的墙面装饰手段（图9）；也可进行墙面彩绘，这种装饰手法较为夸张，带有强烈的Art Deco风格特征，如钟熀曾为居室设计过几何线式的墙面彩绘（图10）；最为考究的是木饰面，不过木饰面成本较高，非一般家庭所能承受，大多见于公寓的公共空间以及花园洋房中。

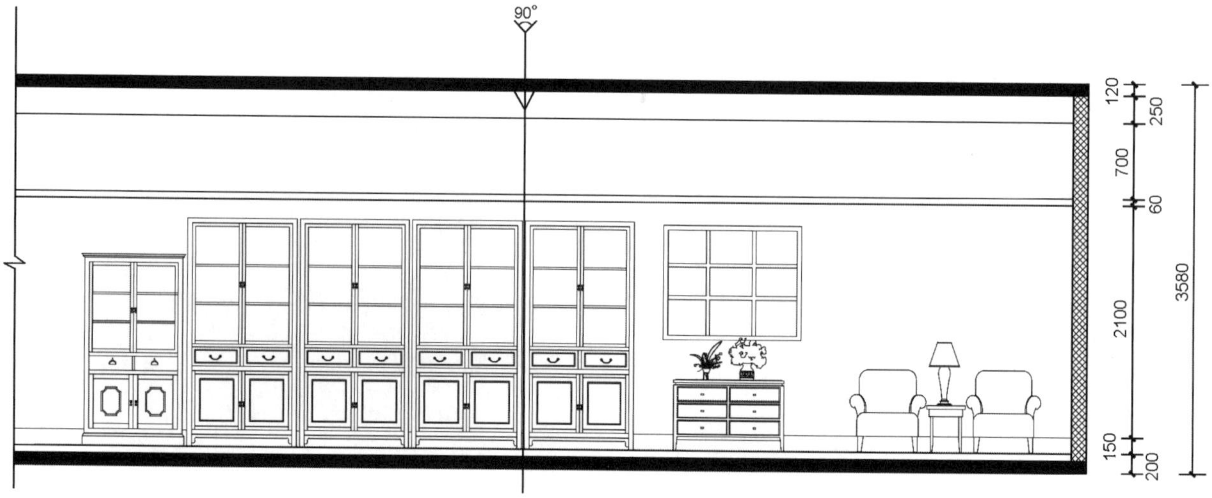

图8　赛华公寓某一住户客厅兼书房墙面
（图片来源：作者自绘）

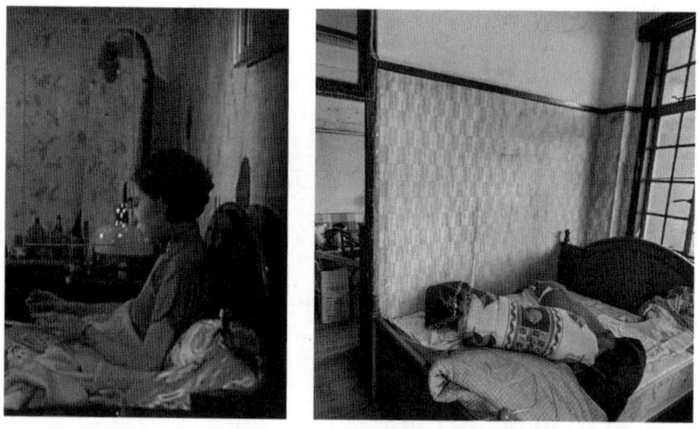

图9　民国墙面花纸

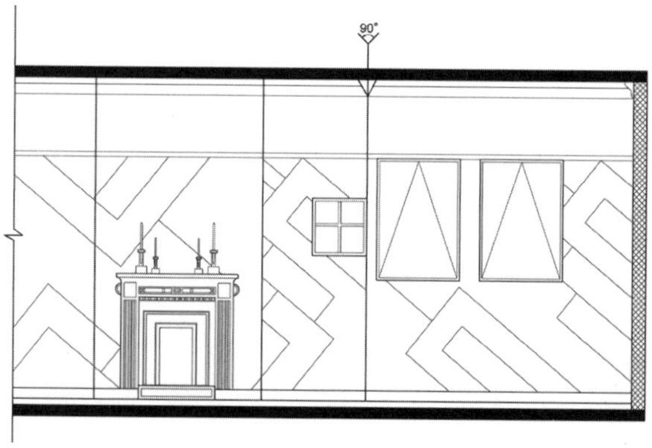

图10　钟熀设计的Art Deco风格墙面
（图片来源：作者改绘自《中华》1931年第6期24页图）

室内墙面的装饰思路和公寓外立面颜色的选用十分相近，简朴的装饰风格便于开发商控制成本，达到利润最大化。如果在 Art Deco 风格公寓中采用公共建筑室内那种强烈的风格，艳丽绚烂的色彩和放射的几何形状都会给人的心理带来极大的不安定感；奢华的装饰材料也会增加建造成本，与房地产开发商追求利润的初衷相悖。

3.3 宽大的石膏线与丰富的地板拼花

（1）顶面石膏线装饰。

公寓室内顶面一般涂刷白色，墙面与顶面相接的阴角部位，用石膏线装饰。如果有暴露的梁也不做吊顶，在梁与顶面相接的阴角同样铺设石膏线；如需要安装灯具及吊扇，则直接安装于顶面，未见使用石膏灯盘（图11）。值得注意的是，民国时期的石膏线大多较宽，面宽一般达到30cm，上墙后垂直下挂高度20～25cm。

（2）地面拼花木地板。

公寓中除门厅、厨房、卫生间及阳台外的居室，一般铺设棕黄色、深褐色的窄木条地板（本研究调研过程中未见铺设水泥花砖或瓷砖的案例，但不能完全否定这

二者的存在），最常见的是竖拼法，每块地板错开自身长度的1/3～1/10，另外还有正方形拼花、人字形拼花的铺法（图12）。

图11　河滨大楼室内顶面石膏线装饰
（图片来源：周璇　摄）

(a) 德义大楼地面竖拼地板　　(b) 卫乐公寓地面正方形拼花　　(c) 自由公寓地面人字形拼花

图12　地面拼花木地板
（图片来源：周璇　摄）

4　结语

上海作为我国 Art Deco 风格的中心，吸引了较多研究者的目光，但以往对 Art Deco 风格建筑的研究多集中于公共建筑，对存量极大的公寓建筑的研究较少。本研究通过实地调研和细致甄别，对前人研究的错误之处进行修正，补充分析了公寓建筑集中分布于法租界西区背后城市功能分布与地价两方面的原因，以及它们的落成年代、立面特征和高层化倾向。

Art Deco 风格公寓的室内界面装饰特征一改往常基于 Art Deco 风格公共建筑室内所产生的豪华、富丽的固有印象，具有简约和统一的特性。一方面展现了居住于公寓的中产阶层在家庭装饰方面对简洁实用的偏好；另一方面展现了在有限的建设成本之下，当时的设计师通过墙面分段、粉刷、裱糊墙纸、墙面彩绘、木地板拼花等手段，达成简约而具有品质的设计效果，这对今天的室内装饰装修具有一定参考价值。

[本文为国家自然科学基金面上项目（51878452）的成果之一。]

参考文献

[1] 郑时龄. 上海近代建筑风格 [M]. 上海：同济大学出版社，2019：539.
[2] 周武. "西区"的开发与上海的摩登时代 [J]. 上海师范大学学报（哲学社会科学版），2007（4）：97-100.
[3] 牟振宇. 民国时期上海法租界地价时空演变规律研究（1924—1934）[J]. 中国经济史研究，2021（5）：131-145.
[4] Dufrene M. Authentic Art Deco Interiors：From the 1925 Paris Exhibition [M]. Antique Collectors' Club；National Book Network [Distributor]，1990：224.
[5] 丁丁. 花纸行处处开，竞争剧烈：将来——两败俱伤 [J]. 卷筒纸画报，1928（140）：5.

精装修项目全过程设计模式分析研究

■ 彭 飞

■ 北京建院装饰工程设计有限公司

摘要 当前的建设项目越来越多的需要设计师具备综合素质，包括设计方案能力、技术能力、造价控制能力、现场管理能力等等。建设项目对设计团队的依赖也越来越多，设计人员参与项目建设全过程周期越来越有必要。多数项目设计阶段与施工阶段相对独立，依托建设单位统筹管理协调的方式也暴露出很多问题，预算超标、设计变更大、质量隐患多都是片段化管理弊端的体现，单纯的方案设计能力对项目建设的推动作用日渐乏力。这种情形下对设计工作全程化探索是十分必要的。要求设计师具备如此综合的素质并不容易，那么通过设计模式的探索形成具备综合素质的设计型团队是可行的。设计团队成员整合精装修、强弱电、智能化、建筑结构等所需专业的人员，组成具备专业协同并参与全过程管理的综合型团队，并对设计团队授权参与施工阶段的管理职责。通过对建设项目实行全过程设计模式的管理方式能让设计团队更多地参与到项目建设全过程中，以便更好地实现项目建设目标，更好地控制建设周期，控制质量，控制造价。全过程设计模式下的设计人员工作阶段不局限于设计阶段，向上延伸至立项咨询阶段，向下可延伸至验收移交阶段，在全过程中充分发挥设计人员的技术管理能力。目前这种模式在一些项目中已逐步开展并初具成效，但具备综合素质的设计人员仍需大量培养，才能确保全过程设计模式的充分应用和发挥。

关键词 精装修 全过程 设计模式

引言

全过程设计不仅需要考虑设计本身的事情，需兼顾投资预算、实施过程管理、质量管控等方面。现行的建设模式中，设计阶段与施工阶段相对独立，主要依靠建设单位的管理进行关联。各个环节角度不同，出发点不同，结果也更不可控。全过程赋予设计更多的权限和责任，是以实现项目目标为初衷的一种设计模式。这种模式的应用效果是否实用取决于多方面因素，在合规的前提下建设单位的信任度、设计团队的能力程度、设计人员对项目专业把控的力度、各个专业间的协同程度，全都影响全过程设计模式的推进，所以模式的细节能否更多地弥补或避免影响因素的发生，就成为了研究的关键。

1 设计模式现状

1.1 设计模式现状概述

目前精装修项目的实施大多采用的模式是单纯提供设计服务。设计服务包括方案设计、图纸深化、物料样板、驻场服务等；工作内容和范围限于设计工作本身，后期现场服务仅仅是对设计资料的解答以及解决施工过程中关于设计或图纸技术的问题，虽然可以结合现场实际情况进一步优化设计，但没有更多参与管理项目的权限和职责。而随着业主需求越来越综合化，需求的服务不再局限于设计方案，还包括项目的咨询、全过程的管理、后期的实施管控等。设计施工一体化的项目越来越多就是很明显的例子。这有利于项目整体的实现，有利于设计和施工环节的衔接和协调管理。但多数实施设计

施工一体化模式的项目中，其内部管理仍然是相对独立的工作性质，设计团队和施工团队相对独立，仅仅减少了业主的一部分统筹协调工作。

1.2 设计模式分析

管理模式的变化不能带来生产性质的本质变化，设计和施工仍然是相对独立的。虽然目前比较成熟的项目模式各方主体责任也比较清晰明确，但是对于建设单位而言通过管理流程解决阶段衔接的问题导致了很多工程项目后期变更多、工期延误、建筑品质降低、多方责任主体对工程责任互相推脱、建设单位疲于协调应对等情况。

为避免上述情况，一种方式是增加设计师的权限和责任，设计团队负责项目整体的落地，实施过程可由专业施工团队负责，施工过程中设计人员有一定的管理权限；但是设计团队是否有建设项目全过程的管理能力和专业能力是一大障碍。另一种方式是施工团队的负责人员全面负责，优势就是过程衔接、周期性、造价等方面好控制，但对设计的理解和目标的实现能否达成是最大的障碍。两种方式都不需要建设单位投入过多精力参与管控，劣势就是设计和施工管理人员是否具备全局思维和全专业的技术能力。很明显这并不能作为一种可以实施的生产方式推进。那么适当增加设计团队参与施工阶段的管理是可行的，也比较容易解决专业能力上的矛盾。

2 全过程设计模式

2.1 团队组成

全过程模式中，由于赋予设计团队更多的职责，设

计团队需多个不同专业人员组成，包括设计人员、商务人员、技术人员、项目管理人员以及若干顾问团队成员，顾问团队可包括施工管理、声学、光学、湿热环境等专业人员（图1）。

设计团队以设计工作为核心，全方位统筹考虑造价、施工管理和技术等，加强设计方案与现场结合深度，加强设计方案的落地性。团队内部明确各个岗位的工作内容和责任人，制定管理流程，阶段性评审设计成果。设计成果的评审包括方案评审、图纸评审、物料评审、造价评审、涉及现场施工管理的评审、项目建设全周期评审、质量管控预案评审等内容。总之，设计师引领全过程设计工作，设计阶段兼顾方案设计、图纸设计以及造价和施工管理等组织实施环节，参与施工过程管理过程，避免设计与现场脱节。

2.2 全过程设计模式体系及流程

全过程设计减少了各个阶段衔接过程的信息传递的不对等性。使得设计初衷最大限度得到表达，同时也能更全面地预判项目的经济性、可实施性。

为了控制项目风险，必须有规范合理的设计体系（图2）：

（1）组建团队：合适的人做合适的事，全过程设计涉及专业多，服务范围广，适的团队是最重要的。

（2）现场勘察：对现场条件充分勘察了解，使得项目在设计过程中能够充分考虑现场因素，避免后期施工过程中造成大量的变更改动。

（3）项目策划：针对项目特定的目标，制订项目实施的设计目标、进度计划、质量控制、投资造价等全部内容，应涵盖设计阶段、施工阶段的全部工作内容和涉及事项。

（4）设计方案：包括方案汇报文件、过程沟通资料、施工图纸、技术标准等设计阶段所涉及的全部内容。

（5）总体计划：全周期计划，项目可实施性的评估，设计工作的组织计划，概念性施工工作的组织计划。

（6）过程控制：依据全过程设计，引导和控制项目实施全过程，包括落实设计方案、施工过程的预估和评判等，并做好过程记录文件。过程控制中根据项目策划逐步落实项目目标，在项目整体进度、投资、质量等方面全过程参与和引导。通过设计介入施工更好地将设计方案落地实施，呈现完美结果。

（7）全过程设计工作直至交付使用，贯穿项目设计及施工全周期过程。

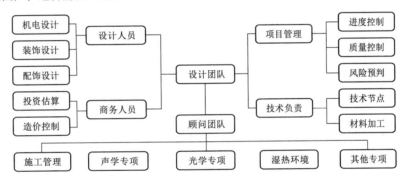

图1 团队构成

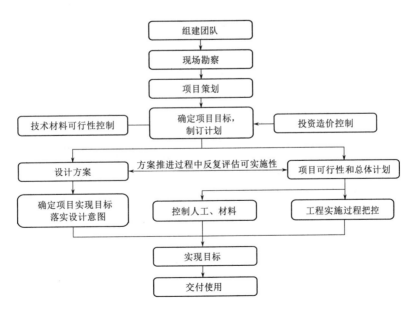

图2 全过程设计体系及流程

2.3 全过程设计模式工作要点分析

全过程设计需多专业协同。全过程设计模式最大的挑战有两方面。一是将项目的各个阶段通过前置或后置工作实现交叉衔接，有机结合。另一方面是各个阶段中包括项目设计和施工的进度、质量、预算的全面管控。

施工环节准备阶段之前，设计工作是主要工作内容，此阶段对于方案设计的策划、效果文件的制作、各专业设计文件的相互提资、深化设计的执行均需严格制订计划并按节点检查设计成果，同时预算人员、技术人员、项目管理人员全程参与方案设计过程并提出关于造价、技术难点及解决办法、实施组织的准备以及现场条件是否具备等因素综合评判方案设计成果。推进设计文件的可实施性、可落地性，同时确保预算可控、进度可控。

设计人员针对设计文件协同技术人员复合现场，确定设计文件的可实施性，即可进入施工环节准备阶段。此阶段工作重心逐步向施工组织倾斜，施工阶段设计人员摒弃作为配合的人员的角色定位，应主动推进施工样板打样，结合现场进行生产设计、细化技术节点、把控材料品质、动态调整设计图纸确保设计效果保质保量实现，确保项目进度按时完成，确保预算造价的可控。全过程设计模式工作要点如图3所示。

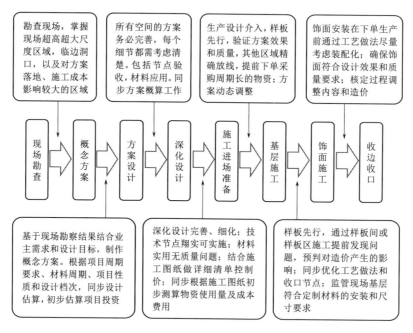

图3　全过程设计模式工作要点

2.4 全过程设计模式特点

设计工作的全程化特征主要体现在设计管理工作的全程化视野，不仅需要做好设计本身的工作还需有方案落地实施的全过程管控能力，包括物料选择与采购的全周期、参与项目建设施工组织管理、参与项目建设预算管控等。

全过程设计提供设计成果后仍需参与落地实施阶段的管理工作。设计成果的提交不意味着设计工作的完结，也并不是简单的现场指导。设计工作直至项目结束才可以视为完结。全过程设计模式通过管理模式优化推动生产方式的变化。组织实施方面重点解决流程化管理、标准化管理。设计工作突破原有边界又结合自身工作，延展至全程化视野。对设计能力的考验不仅仅局限于方案设计，毕竟项目实施的成败取决于设计效果、预算、技术细节、组织实施、专业协同等多个方面。在项目实施中做到造价控制的全过程动态管控、实时管控，物料也可以做到效果和技术特性兼顾采购周期和造价等因素。质量控制更是可以从方案源头考虑，通过方案细节、技术节点的优化和深化达成质量控制的目标。

全过程设计模式要求设计团队整合多个专业的技术人员，围绕精装修设计统筹协调建筑、结构、强弱电、智能化、软装配饰共同推进项目实施。在设计阶段将各个专业交叉的问题解决掉，确保现场实施过程中更少地出现专业冲突的问题。因此全专业化也是全过程设计模式重要的一个显著特征，全专业保障设计方案符合实际建设要求。设计阶段的图纸不仅要合法合规，还要确保结构、机电、精装修专业无冲突，各专业交圈且界面划分明确。确保项目实施顺利进行，满足业主需求，满足验收要求。全过程设计模式中应更多地采用如BIM技术、装配式应用技术等新技术、新工艺、新材料等创新工作方法，能够更容易推动实施。全过程设计模式具备一定的优势，可以有效提高项目建设效率、提高质量管控优势、增大造价控制优势。与此同时，设计团队工作量也大大增加；具备全程化视野的管理人员需要大量的培养，这都是全过程设计模式实施所面临的困难。赋予设计团队更多权限的同时也需承担更多的责任。全过程设计模式考验了团队的综合能力，当然团队成员的执行力欠缺也可能制约全过程设计模式的应用。

3 结语

全过程设计模式的研究从团队组成、模式体系和流程、工作要点分析、模式特点四个几方面对设计工作全程介入、深度介入,多专业覆盖以及引导和控制施工环节进行全面的探讨。全过程设计扩大了设计工作范畴也增加了对设计师的综合能力的要求,有效避免了室内设计片段化的弊端,起到了引导和控制项目全过程实施的作用。

全过程设计模式有利于设计目标的实现,同时也要求全过程设计团队具备更综合的素质。全过程设计模式下也需设计团队承担更多的责任,为项目整体的进度、质量、造价、效果负责。全过程设计模式管理的流程化、标准化建设还具有一定的难度,可以加强设计管理体系建设,通过设计管理体系保障弥补团队人员综合能力的不足。

参考文献

[1] 王新哲. 零缺陷工程管理 [M]. 北京:电子工业出版社,2014.
[2] 王丽群. 浅谈建筑装饰企业设计施工一体化 [J]. 科技资讯,2015 (13):70.